理工科电子信息类 DIY 系列丛书

模拟电子线路实验教程

周鸣籁　吴红卫　方二喜　夏　淳　编著

苏州大学出版社

图书在版编目(CIP)数据

模拟电子线路实验教程 / 周鸣籁等编著. -- 苏州：苏州大学出版社，2022. 12(2025. 1重印)
(理工科电子信息类 DIY 系列丛书)
ISBN 978-7-5672-4217-3

Ⅰ. ①模… Ⅱ. ①周… Ⅲ. ①模拟电路—电子技术—实验—高等学校—教材 Ⅳ. ①TN710-33

中国国家版本馆 CIP 数据核字(2023)第 005148 号

内 容 简 介

本书共分五章。第 1 章介绍了电子线路实验的基础知识，包括常用电子元器件、常用电子仪器设备、实验研究方法。第 2 章和第 3 章分别选编了低频电路和高频电路实验。第 4 章编排了综合模拟电子线路实验，包括一些实用的电子小制作。第 5 章简单介绍了常用的器件模型、电路设计软件和仿真软件。

本书涵盖低频和高频模拟电路，全面阐述了常用电路的设计方法，强化对学生设计能力的培养。实验内容设计突出理论和工程实践的联系，引导学生发现和探究实验现象。本书可作为电子、通信、自动控制类专业模拟电路、通信电路课程的实验教材，以及学生课外科技活动和电子竞赛的参考书籍，也可作为电子技术人员的参考用书。

模拟电子线路实验教程

周鸣籁　吴红卫　方二喜　夏　淳　编著

责任编辑　肖　荣

苏州大学出版社出版发行
（地址：苏州市十梓街 1 号　邮编：215006）
江苏凤凰数码印务有限公司印装
（地址：南京市经济技术开发区尧新大道399号　邮编：210038）

开本 787 mm×1 092 mm　1/16　印张 14.25　字数 347 千
2022 年 12 月第 1 版　2025 年 1 月第 2 次印刷
ISBN 978-7-5672-4217-3　定价：45.00 元

图书若有印装错误，本社负责调换
苏州大学出版社营销部　电话：0512-67481020
苏州大学出版社网址　http://www.sudapress.com
苏州大学出版社邮箱　sdcbs@suda.edu.cn

前　　言

模拟电子线路实验是电子、电气类专业在电子技术方面的一门实践性很强的技术基础课。实验教学能帮助学生运用所学的电子技术理论知识去处理遇到的实际问题，提高分析问题、解决问题的能力，获得工程技术人员必需的实验技能和科学研究方法，培养实事求是、勇于探索的科学精神。

本书共分五章。

第 1 章介绍电子线路实验的基础知识，包括常用电子元器件的分类、特性参数及测试方法，常用电子仪器设备的工作原理、功能、性能指标和使用注意事项，以及在实验电路设计、测试方案设计、实验系统构建、实验电路测试、实验数据分析等过程中的实验研究方法。

第 2 章和第 3 章从工程实用的角度出发，分类选编低频模拟电路和高频模拟电路实验，介绍实验电路的工作原理、性能指标及其测试方法、电路设计方法。

第 4 章编排由多个单元电路构成的综合模拟电子线路实验，包括一些实用的电子小制作。其中 4.12“无线传输系统”可作为模拟电子线路实验课程的考核题目，有详细的评分项目和评分标准，曾获 2021 年全国电工电子基础课程实验教学案例设计竞赛一等奖。

第 5 章介绍常用的器件模型、电路设计软件和仿真软件，包括商用软件和半导体制造商提供的专用软件。

与近期出版的同类教材相比，本书具有下述特点。

1. 全面涵盖低频和高频模拟电路。

模拟电路分为低频模拟电路和高频模拟电路，两者在电路类型、电路原理、性能指标等方面有很多联系和区别。本书涵盖低频和高频模拟电路实验，更为全面和系统，有助于模拟电路知识的融会贯通。同类教材通常仅涉及低频模拟电路或高频模拟电路。

2. 全面阐述常用电路的设计方法。

针对每一种常用模拟电路，本书单独用一个小节列写了设计方法，并将实验内容构造成设计性实验，强化对学生设计能力的培养。同类教材没有从设计角度阐述实验电路，或者仅用单独一章写少量设计性实验。

3. 详细阐述器件模型和仿真软件。

本书阐述了常用器件模型的种类，能够提高学生对仿真软件的深层次的应用能力。本书简单介绍了目前最新的电路设计软件和仿真软件，包括商用软件和各大半导体制造商的专用软件，同时强调了仿真软件的局限性，避免学生对仿真软件过度依赖。同类教材仅描述一种仿真软件的使用方法，或者将部分实验设计为仿真实验，并不介绍器件模型。

4. 详细阐述电子仪器原理、功能和性能指标。

本书阐述了目前最新的电子仪器的工作原理、主要功能和性能指标，以便学生正确选择和使用电子仪器，并了解仪器对被测电路和测量结果的影响。同类教材主要描述电子仪器的使用方法和步骤。

5. 实验内容设计突出理论和工程实践的联系。

本书介绍了电阻、电容、电感的等效电路，及其分布参数对器件高频应用的影响，为理解高频电路现象提供理论依据。实验内容设计中引入了元器件的离散性、参数的近似测量、元器件特性的非理想化、电路设计中的工程估算、分布参数的影响、电路的接地技术、前后级之间的相互耦合、测量仪器对实验电路的负载效应等工程实际问题，让学生在实验过程中自己发现和提出问题，激发学生深入思考和探究，以提高其解决工程问题的能力。

编者

2022 年 10 月

目录

第 1 章　电子线路实验基础知识

1.1　常用电子元器件

常用的电子元器件有电阻器、电容器、电感器和各种半导体器件(如二极管、三极管、集成电路等)。为了能正确地选择和使用这些电子元器件,势必要了解和掌握它们的种类、特性参数等方面的相关知识。

1.1.1　电阻器

电阻器一般直接称为电阻,其主要用途是稳定和调节电路中的电流和电压,另外还可作为分流器、分压器和消耗电能的负载等。理想的电阻器是线性的,即通过电阻器的瞬时电流与外加瞬时电压成正比。一些特殊电阻器,如热敏电阻器、压敏电阻器和敏感元件,其电压与电流的关系是非线性的。电阻元件的电阻值大小一般与温度、材料、长度及横截面面积有关。

一、电阻器的分类

电阻器按材料主要分为非线绕电阻和线绕电阻两大类。非线绕电阻器分为薄膜型和合成型。薄膜型电阻器分为碳膜电阻和金属膜电阻等。合成型电阻分为有机实心型和无机实心型。金属膜电阻应用最为广泛。按照性能,电阻器分为通用型、精密型、高阻型、功率型、高压型、高频型等。按照阻值是否可调,电阻器分为固定电阻和可调电阻。

(1) 线绕电阻。

线绕电阻由高阻合金线绕在绝缘骨架上,外面涂耐热的釉绝缘层或绝缘漆制成。线绕电阻具有较低的温度系数,阻值精度高,稳定性好,耐热耐腐蚀,主要作精密大功率电阻使用。缺点是分布电感和分布电容较大,高频性能差。

大功率线绕电阻包括水泥电阻和铝壳电阻。水泥电阻是一种陶瓷绝缘功率型的线绕电阻,是将电阻线绕在瓷棒上,用陶瓷填充密封而成的。水泥电阻外形尺寸较大,耐震耐湿,散热好,具有优良的绝缘性和阻燃防爆性。铝壳电阻是一种功率型无感电阻,电感量低于普通线绕电阻,外壳采用铝合金,表面具有散热沟槽,体积小,耐高温,过载能力强。

(2) 碳膜电阻。

碳氢化合物在高温和真空中分解沉积在瓷管上,形成一层结晶碳膜,构成碳膜电阻。改变碳膜的厚度和长度可以得到不同的阻值。碳膜电阻成本低,精度低,高频特性差,温度系数大。

(3) 金属膜电阻。

用真空镀膜或阴极溅射工艺,将特定金属或合金沉积于瓷棒表面,构成金属膜电阻,改变金属膜厚度可以得到不同的阻值。金属膜电阻比碳膜电阻的精度高,其稳定性好,噪声小，温度系数小，但耐压低。

(4) 特殊电阻器。

还有一些特殊材料制作的电阻器，如熔断电阻、敏感电阻等。熔断电阻在正常情况下起着电阻和保险丝的双重作用，当电路出现故障而超过其额定功率时，它会像保险丝一样熔断使连接电路断开。敏感电阻器是指其电阻值对于某种物理量如温度、湿度、电压、光照、机械力及气体浓度等具有敏感特性，当这些物理量发生变化时，敏感电阻的阻值就会随物理量变化而发生改变，呈现不同的电阻值。敏感电阻器由特殊的半导体材料制成，也称为半导体电阻。常见的敏感电阻包括热敏电阻、光敏电阻、湿敏电阻、压敏电阻、磁敏电阻、气敏电阻等。热敏电阻包括负温度系数电阻(NTC)和正温度系数电阻(PTC)。

二、电阻器的参数

电阻器的主要技术指标有标称值、额定功率、精度、额定工作电压、温度系数等。详细的特性参数、特性曲线，可查阅生产厂商的产品数据手册。

(1) 标称值和精度。

标准化了的参数值称为标称值。标准电阻、电容、电感大小按 E6、E12、E24、E48、E96、E116、E192 系列规范分度。E6 分度规范把标称值分为 6 挡，以此类推。E24、E48 是较常用的标准系列。表 1.1 为电阻、电感、电容的标称值系列。不同精度等级的电阻器有不同的阻值系列。不是任意大小阻值的电阻器都会被生产。

表 1.1 标称值系列

系列	标称值公式及有效数字	标称值大小	误差	用途
E6	$10^{n/6}$，$n=0\sim5$，2 位	1.0 1.5 2.2 3.3 4.7 6.8	20%	低精度电阻 大容量电解电容
E12	$10^{n/12}$，$n=0\sim11$，2 位	1.0 1.2 1.5 1.8 2.2 2.7 3.3 3.9 4.7 5.6 6.8 8.2	10%	低精度电阻 小容量电解电容 大容量无极性电容 电感
E24	$10^{n/24}$，$n=0\sim23$，2 位	1.0 1.1 1.2 1.3 1.5 1.6 1.8 2.0 2.2 2.4 2.7 3.0 3.3 3.6 3.9 4.3 4.7 5.1 5.6 6.2 6.8 7.5 8.2 9.1	5%	普通精度电阻 小容量无极性电容 电感
E48	$10^{n/48}$，$n=0\sim47$，3 位	1.00 1.05 1.10 1.15 1.21 1.27 …… 7.50 7.87 8.25 8.66 9.09 9.53	1% 2%	半精密电阻
E96	$10^{n/96}$，$n=0\sim95$，3 位	1.00 1.02 1.05 1.07 1.10 1.13 …… 8.66 8.87 9.09 9.31 9.53 9.76	0.5% 1%	精密电阻
E116	$10^{n/116}$，$n=0\sim115$，3 位	1.00 1.02 1.05 1.07 1.10 1.13 …… 8.87 9.09 9.10 9.31 9.53 9.76	0.1% 0.2% 0.5%	高精密电阻
E192	$10^{n/192}$，$n=0\sim191$，3 位	1.00 1.01 1.02 1.04 1.05 1.06 9.31 9.42 9.53 9.65 9.76 9.88	0.1% 0.25% 0.5%	超高精密电阻

(2) 额定功率。

电阻器的额定功率是指在规定的环境温度和湿度下，长期连续负载所允许消耗的最大功率。当超过额定功率时，电阻器的阻值将发生变化，甚至发热烧毁。为保证安全使用，一般选其额定功率比它在电路中消耗的功率高 1～2 倍。电阻的额定功率采用标准化的额定功率系列值：$\frac{1}{16}$ W、$\frac{1}{8}$ W、$\frac{1}{4}$ W、$\frac{1}{2}$ W、1 W、2 W、5 W、10 W、25 W、50 W、100 W。

(3) 额定工作电压。

由于尺寸结构的限制所允许的最大连续工作电压。

(4) 温度系数。

在某一规定的环境温度范围内，温度改变 1 ℃时电阻的相对变化量，一般用 ppm/℃表示。

(5) 绝缘电阻。

电阻引线与电阻壳体之间的电阻值。

三、电阻器的封装

按照封装技术，电阻器可以分为轴向引线直插式电阻（AXIAL 封装）和贴片电阻（SMD 封装）。

(1) 直插式电阻。

直插式电阻常见的封装规格有 AXIAL0.3、AXIAL0.4、AXIAL0.5、AXIAL0.6、AXIAL0.7、AXIAL0.8、AXIAL0.9、AXIAL1.0。后缀代表电阻体的长度，即引脚间距，单位是英寸(1 inch＝2.54 cm)。如 AXIAL0.4 表示引脚间距为 0.4 inch 或 400 mil，即 10.16 mm。表 1.2 列出了直插式电阻常见封装与额定功率关系。轴向封装元件引线较长，引线寄生电感大，占用电路面积也较大，但散热效果好。

表 1.2　直插式电阻常见封装与额定功率关系

封装	额定功率
AXIAL0.3	$\frac{1}{8}$ W
AXIAL0.4	$\frac{1}{4}$ W
AXIAL0.5	$\frac{1}{2}$ W
AXIAL0.6	1 W
AXIAL0.8	2 W

(2) 贴片电阻。

贴片电阻封装规格分为英制和公制，用 4 位数字表示，前两位为长度，后两位为宽度。英制单位是英寸，公制单位是毫米，一般采用英制。如公制 0603 封装表示电阻长 0.6 mm、宽 0.3 mm，英制 0603 封装表示电阻长 0.06 inch、宽 0.03 inch。常用的封装有英制 0805、0603、0402 等。贴片电容和电感也采用相同的封装规格。表 1.3 列出了贴片电阻常见封装与额定功率关系。贴片电阻的体积小，占用电路板空间少，元器件之间布线距离短，高频性能好。

同样封装规格的贴片电阻、电容、电感外形基本相同，贴片电阻、电感一般为黑色，贴片电容一般为灰色或米黄色。

表 1.3　贴片电阻常见封装与额定功率关系

英制/inch	公制/mm	长/mm	宽/mm	额定功率
0201	0603	0.6	0.3	$\frac{1}{20}$W
0402	1005	1.0	0.5	$\frac{1}{16}$W
0603	1608	1.6	0.8	$\frac{1}{10}$W
0805	2012	2.0	1.2	$\frac{1}{8}$W
1206	3216	3.2	1.6	$\frac{1}{4}$W
1210	3225	3.2	2.5	$\frac{1}{3}$W
1812	4832	4.5	3.2	$\frac{1}{2}$W
2010	5025	5.0	2.5	$\frac{3}{4}$ W
2512	6432	6.4	3.2	1 W

四、电阻器的标识

电阻器的标识采用色码标注法或字符标注法。

(1) 色码标注法。

色码标注法用不同颜色的色环来标注电阻的阻值和误差，用于直插式电阻。每一种颜色对应一个数字，色环位置不同，所表示的意义也不同，阻值大小采用科学记数法表示。常见的色环电阻有四环和五环两种。四道色环的电阻器，第一、第二色环表示阻值的第一、第二位有效数字，第三色环代表乘数，第四色环表示阻值的允许误差。五道色环的电阻器，第一、第二、第三色环表示阻值的第一、第二、第三位有效数字，第四色环代表乘数，第五色环表示阻值的允许误差。六色环精密电阻增加第六色环，表示该电阻的温度系数。离电阻器边端最近的是首环，另一端是尾环。图 1.1 是色环电阻示意图。

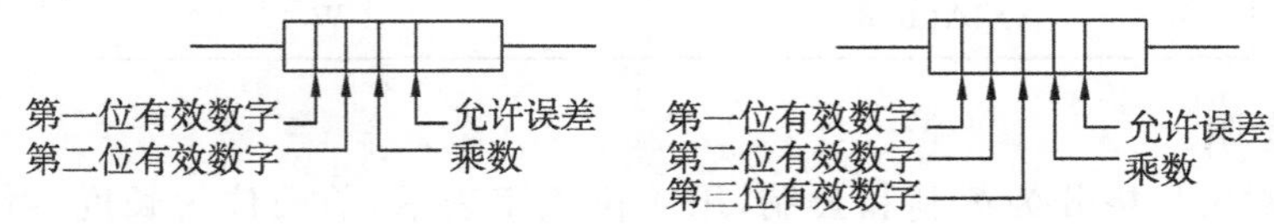

图 1.1　色环电阻示意图

色码标注法各种颜色所对应的含义见表 1.4，表中还列出了字符标注法中乘数和误差的字母表示方法。一个四色环电阻，其第一、第二、第三、第四色环分别为绿色、棕色、红色、金色，则该电阻器的阻值为 5.1 kΩ，允许误差为±5%。

表 1.4　色码标注法各种颜色所对应的含义

颜色	数值	乘数	误差	温度系数/(ppm/℃)	乘数的字母标注	误差的字母标注
黑	0	10^0	—	—	A	—
棕	1	10^1	±1%	100	B	F
红	2	10^2	±2%	50	C	G
橙	3	10^3	—	15	D	—
黄	4	10^4	—	25	E	—
绿	5	10^5	±0.5%	—	F	D
蓝	6	10^6	±0.25%	10	G	C
紫	7	10^7	±0.1%	5	H	B
灰	8	10^8	±0.05%	—	—	W
白	9	10^9	—	1	—	—
金	—	10^{-1}	±5%	—	X	J
银	—	10^{-2}	±10%	—	Y	K
本色	—	10^{-3}	±20%	—	Z	M

(2) 字符标注法。

字符标注法将电阻器的阻值和误差用数字或字母直接标注在电阻器上，一般用于贴片电阻。阻值大小一般采用科学记数法表示。

精度±5%的贴片电阻采用 3 位数字来标明其阻值，第一位和第二位为有效数字，第三位表示乘数，如 472 表示 $47\times10^2\ \Omega$。如果有小数点，则用 R 表示，如 5R6 表示 5.6 Ω。

精度±1%的贴片电阻采用 4 位数字来标明其阻值，第一、第二、第三位为有效数字，第四位表示乘数，如 4531 表示 $453\times10^1\ \Omega$。0603 封装精度±1%的贴片电阻，由于体积小，无法印刷四位数字，采用一种代码标注法，即两位数字加一位字母，其中两位数字表示电阻值代码（非电阻值有效数字），第三位用字母代码表示乘数（表 1.4），如 18A 表示 $150\times10^0\ \Omega$。

采用字符标注法时，电阻的误差标准一般采用字母，见表 1.4，标注在电阻值后。

五、电阻器的等效电路

考虑电阻器的寄生电感、寄生电容后，电阻器实际等效电路如图 1.2 所示。寄生电感 L 包括电阻体寄生电感与引线寄生电感。电阻体寄生电感与电阻结构有关，线绕电阻体寄生电感较大，非线绕电阻较小，贴片电阻体寄生电感最小。引线寄生电感与引线长度有关，轴向引线封装引线寄生电感较大，贴片电阻引线寄生电感较小。C 为电阻体寄生电容。

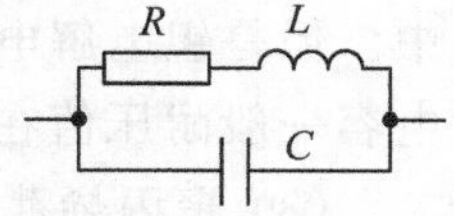

图 1.2　电阻器实际等效电路

对于高阻值电阻，当频率升高时，由于寄生电容的存在，电阻的阻抗下降，因此在高频电路中应避免使用大阻值电阻。对于低阻值电阻，当频率升高时，由于寄生电感的存在，电阻的阻抗可能增大，因此在高频电路中应避免使用小阻值电阻。高频电路中常用的电阻值为几十到几百欧姆。

六、电阻器的测试

测量电阻器阻值一般用数字万用表直接测量。测量电阻的高频性能时，可使用阻抗分析仪或矢量网络分析仪。使用万用表测量电阻应注意以下问题。

(1) 测量电阻时，不能双手同时捏住电阻或表棒，否则人体电阻将会与被测电阻并联在一起，读出的数值就不是被测电阻的阻值。

(2) 测量已焊接在电路中的电阻阻值，必须断开电源，将其一只引脚从电路板上焊下来后再测量，以避免受到电路中其他并联电阻的影响。

1.1.2 电容器

电容器是一种储能元件，也叫电容，它由两个导电极板中间夹一个绝缘介质构成。电容器在电路中用于调谐、滤波、耦合、旁路和能量转换等。

一、电容器的分类

电容器按绝缘介质材料划分，可分为电解电容、有机介质电容、无机介质电容、气体介质电容等。电解电容包括铝电解电容、钽电解电容、铌电解电容、钛电解电容及合金电解电容等。有机介质电容包括漆膜电容、混合介质电容、纸介电容、有机薄膜介质电容、纸膜复合介质电容等。无机介质电容包括陶瓷电容、云母电容、玻璃膜电容、玻璃釉电容等。气体介质电容包括空气电容、真空电容和充气电容。电容器按照电容量是否可调，可分为固定电容、微调电容、可变电容三种。电容器按照有无极性，可分为有极性电容和无极性电容。电解电容为有极性电容。

(1) 铝电解电容。

铝电解电容分为固态电容和液态电容，介质分别采用电解液、有机半导体、固体聚合物导体等。其特点是容量大，能耐受较大的脉动电流。一般用于电源滤波、低频旁路、信号耦合等电路中，不适合在低温、高频的情况下使用。使用铝电解电容时，应防止正负极接反或超过其额定工作电压，以避免电容爆炸。

(2) 钽电解电容。

钽电解电容用烧结的钽块作正极，电解质使用固体二氧化锰。钽电解电容的温度特性、频率特性和可靠性均优于普通电解电容器，特别是漏电流小，体积小，贮存性良好，寿命长，容量误差小，等效串联电阻(ESR)低，广泛应用于电源滤波、交流旁路等电路设计中。但是钽电解电容对浪涌和纹波电流的耐受能力较差，若损坏，易呈短路状态。钽电解电容一般耐压值在 50 V 以下，电容为 500 μF 以下。

(3) 聚丙烯薄膜电容。

按照国家标准命名规则又称为 CBB 电容。聚丙烯薄膜电容高频损耗低，且在很宽的频率范围内损耗变化很小，具有较小的负温度系数，绝缘电阻极高，介电强度高，适合做成高压薄膜电容器。

(4) 陶瓷电容。

陶瓷电容分为单层结构的瓷片电容和多层结构的独石电容。

瓷片电容用高介电常数的电容器陶瓷(钛酸钡-氧化钛)挤压成圆管、圆片或圆盘作为

介质，并用烧渗法将银镀在陶瓷上作为电极制成。瓷片电容又分为高频瓷介电容和低频瓷介电容、低频瓷介电容是具有小的正电容温度系数的电容器，用于高稳定振荡电路中，作为回路电容。低频瓷介电容易被脉冲电压击穿，故不能使用在脉冲电路中。高频瓷介电容适用于高频电路。

独石电容(MLCC)是在若干片陶瓷薄膜坯上覆以电极浆材料，叠合后一次烧结成一块不可分割的整体，外面再用树脂包封而成的。独石电容的特点是体积小、容量大、可靠性高、耐高温，经常用于噪声旁路、滤波器、积分、振荡电路等。

按照美国电工协会 EIA 标准，不同介质材料的 MLCC 按温度稳定性分成三类：超稳定级Ⅰ类介质材料、稳定级Ⅱ类介质材料、能用级Ⅲ类介质材料。常用的介质有 C0G、X7R、Y5V、X5R、Z5U 等。

C0G 电容在美国军用标准 MIL 标准中被称为 NP0 电容，为Ⅰ类介质的高频电容，电容量和介质损耗非常稳定，几乎不随温度、电压和时间的变化而变化。C0G 电容的电容值范围为 1 pF～0.1 μF，容量精度主要为±5%，工作温度范围为－55 ℃～＋125 ℃，温度系数为±30 ppm/℃。C0G 电容主要应用于高频电子线路，如振荡、计时电路等，最高工作频率可到几十 GHz 甚至上百 GHz。

X7R 电容为Ⅱ类介质的中频电容，电容量相对稳定，电容值范围为 300 pF～10 μF，容量精度主要为±10%，工作温度范围为－55 ℃～＋125 ℃，温度系数为±15%。X7R 电容适用于各种旁路、耦合、滤波电路等，工作频率可达几百 MHz。

Y5V 电容为Ⅱ类介质的低频电容，具有很高的介电系数，能较容易做到小体积、大容量，但其电容量受温度、电压、时间等因素的影响较大，电容值范围为 1 000 pF～22 μF，容量精度主要为＋80%～－20%或±20%，工作温度范围为－25 ℃～＋85 ℃，温度系数为＋30%～－80%，适用于各种滤波电路，工作频率可达几十 kHz。

二、电容器的参数

电容器的主要技术指标有标称值、额定工作电压、工作温度范围、绝缘电阻、介质损耗因数、温度系数等。详细的特性参数、特性曲线等，可查阅生产厂商的产品数据手册。

(1) 标称值和误差。

电容器标称值与电阻器一样，如表 1.1 所示，主要采用 E24、E12、E6 标称系列。

(2) 额定工作电压。

额定工作电压为电容器在规定的工作温度范围内长期可靠工作所能承受的最大直流电压或交流(脉冲)电压的峰值。常用固定式电容的直流工作电压系列为 6.3 V、10 V、16 V、25 V、35 V、63 V、100 V、160 V、250 V 和 400 V 等。

(3) 工作温度范围。

工作温度范围为电容器确定能连续工作的温度范围。

(4) 损耗因数。

损耗因数又称损耗角正切值($\tan\delta$)，是指在规定频率的正弦交流电压下，电容器的损耗功率(有功功率)与电容器无功功率的比值。损耗功率来自电容器的介质极化损耗。损耗角正切值等于介质极化损耗等效电阻 R_s 与电容容抗 X_c 之比，即

$$\tan\delta=\frac{R_s}{X_c}=2\pi fCR_s \tag{1.1}$$

损耗因数通常在 1 kHz 频率下测量，此时寄生电感的影响可忽略。损耗因数的倒数称为品质因数 Q。

(5) 绝缘电阻。

绝缘电阻是指在电容器两端加直流电压时，电压与通过电流的比值。理论上电容器的绝缘电阻值应无穷大，但实际上电容器介质在电场作用下存在漏电流，漏电流与电容器两极板所加电压和温度有关。电容器两极板所加电压越高，工作温度越高，漏电流越大，也就是绝缘电阻越小。电容器参数中有时也列出漏电流指标，与绝缘电阻指标类同。

(6) 温度系数。

温度系数是指电容器的电容量在温度变化 1 ℃时的变化量与标称容量的比率，单位为 ppm/℃。如果电容器的电容量随温度升高而增大，称其为正温度系数电容；如果电容量随温度升高而减小，称其为负温度系数电容。

三、电容器的封装

按照封装技术，电容器可以分为直插式电容和贴片电容。

(1) 直插式电容。

直插式有极性电容（如直插式铝电解电容）采用圆柱形封装，随着容量和耐压的增大，引脚间距、电容直径和高度也随之增大。常见引脚间距有 2 mm、2.5 mm、3.5 mm、5 mm、7.5 mm。

采用直插式封装的无极性电容有直插式独石电容、瓷片电容、CBB 电容等。

(2) 贴片电容。

采用贴片封装的有极性电容有贴片铝电解电容、钽电容。贴片钽电容封装分为 A、B、C、D、E 型等，分别对应于公制贴片规格 3216、3528、6032、7343、7260 等。采用贴片封装的无极性电容（如贴片独石电容），贴片规格和贴片电阻相同，有英制 0201、0402、0603、0805、1206、1210、1812、2010、2225 等。

四、电容器的标识

电容器的标识包括电容量、误差、耐压值、引脚极性等，标注方法有色码标注法和字符标注法。色码标注法与电阻器相同，用色环或色点表示电容器的主要参数，很少使用。字符标注法分为直接标注法和科学记数法。

(1) 电容量标注。

直接标注法直接将数字和单位符号标注在电容器表面，用于直插式铝电解电容和直插式无极性电容。标注时也可省略单位符号，如果数值大于 1，默认单位为 pF，如果数值小于 1，默认单位为 μF，也可用 R 表示小数点。例如，直接标注 10 μF；标注 4n7 表示 4.7 nF，2μ2 表示 2.2 μF，6p8 表示 6.8 pF，p10 表示 0.1 pF，.68 表示 0.68 μF，R56 表示 0.56 μF 等。

科学记数法和电阻标注法一样，一般采用 3 位数字，第一位和第二位数字为有效数字，第三位数字为乘数，默认单位为 pF。例如，272 表示容量为 27×10^2 pF。科学记数法用于钽电解电容和直插式无极性电容。

小尺寸的贴片独石电容表面一般不做任何标识，所以无法识别其电容量。

(2) 误差标注。

一般采用字母标注，标注于电容量后，与表 1.4 中电阻的误差标注相同，D、F、G、J、K、M 分

别表示±0.5%、±1%、±2%、±5%、±10%、±20%，另外增加字母 Z 表示＋80%～－20%。对于小于 10 pF 的电容，其误差用字母 B、C、D、F 分别表示±0.1 pF、±0.2 pF、±0.5 pF、±1 pF。误差的字母标注法用于直插式无极性电容。

(3) 耐压标注。

直接标注法将数字和单位符号标注在电容器表面，标注时也可省略单位，默认单位为 V。直接标注法用于直插式铝电解电容和直插式无极性电容。

代码标注法采用 1 位数字加 1 位字母，数字代表乘数，如 1E 表示 $10^1 \times 2.5 = 25$(V)，数字 1 可省略，一般用于直插式无极性电容或钽电容。

(4) 极性标注。

电解电容为有极性电容，须标注正负引脚。铝电解电容外壳负极引脚一侧有色标，钽电容正极引脚一侧有色标。

五、电容器的等效电路

考虑电容器的寄生电感、寄生电阻后，电容器实际等效电路如图 1.3 所示。

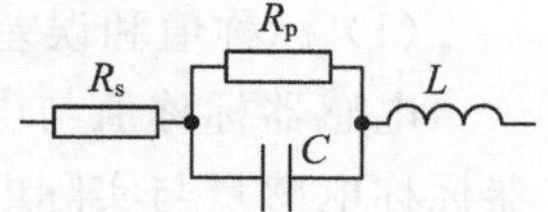

图 1.3 电容器实际等效电路

寄生电感 L 又称等效串联电感(ESL)，包括电容体寄生电感与引线寄生电感。电容体寄生电感与电容结构和工艺有关，电解电容体寄生电感远大于引线寄生电感，陶瓷电容体寄生电感较小。寄生电阻 R_s 又称等效串联电阻(ESR)，包括介质极化损耗等效电阻和引线寄生电阻。介质极化损耗与介质种类和频率有关，频率越高，介质极化损耗越大。一般介质损耗电阻比引线电阻大，因此寄生电阻 R_s 也统称为损耗电阻。绝缘电阻 R_p 与引脚间距、表面洁净度、环境湿度等因素有关。对于特定系列、型号的电容来说，寄生电感 L、寄生电阻 R_s 是一定的，与电容容量关系不大。几个小电容量的电容并联，与一个相同电容量的电容相比，可减小电容器的寄生电感和损耗，提高品质因数。

由于寄生电感的存在，在某个频率下寄生电感和电容器将发生串联谐振，此时电容器呈阻性，阻抗最小。电解电容寄生电感大，其串联谐振频率很低。当电容器工作频率大于串联谐振频率时，电容器呈感性，失去电容特性，所以一定要避免电容器工作于串联谐振频率之上。

六、电容器的测试

测量直插式电容容量，一般可用数字万用表直接测量。准确测量电容器，可采用 Q 表、电感电容测试仪，或通过麦克斯韦-维恩电桥、谐振法进行测量。测量电容器的高频性能时，可使用阻抗分析仪或矢量网络分析仪。

1.1.3 电感器

电感器是由绕在支架或磁性材料上的导线组成的，它也是一种储能元件，主要用于耦合、滤波、延迟、谐振等电路中。电感器又称为扼流器、电抗器，简称为电感。

一、电感器的分类

按照制造工艺，电感可分为绕线电感、叠层电感、薄膜电感。绕线电感电感量范围广，精度高，品质因数 Q 值高，允许电流大，但体积大，寄生电阻 ESR 值高。叠层电感采用多层印刷技术和叠层生产工艺，具有良好的磁屏蔽性，烧结密度高，机械强度好，尺寸小，可靠性高，耐热性好，电感量小，品质因数 Q 值小，ESR 值小，但允许电流小。薄膜电感用光刻影响技术制造内电极，体积小，品质因数 Q 值大。

按照导磁体性质，电感器可分为空芯电感、铁氧体电感、铁芯电感、铜芯电感。在空芯线圈中插入铁氧体磁芯，可增加电感量和提高线圈的品质因数。在空芯线圈中插入铜芯，可减小电感量。

按照工作性质，电感器可分为天线线圈、振荡线圈、扼流线圈、陷波线圈等。按照绕线结构，绕线电感可分为单层线圈、多层线圈、蜂房式线圈。按照电感量是否可变，电感器可分为固定电感和可调电感。

二、电感器的参数

电感器的主要技术指标有标称值、品质因数、额定工作电流、自谐振频率等。详细的特性参数、特性曲线等，可查阅生产厂商的产品数据手册。

(1) 标称值和误差。

电感器标称值与电阻器一样，如表 1.1 所示，主要采用 E24、E12 标称系列。误差指电感器标称电感量与实际电感的允许误差值。一般用于振荡或滤波等电路中的电感器精度要求较高，而用于耦合、高频扼流等电路中的电感器精度要求不高。

(2) 品质因数。

品质因数是指电感器在某一频率的交流电压下感抗与其等效损耗电阻之比。电感器品质因数越高，其损耗越小。品质因数与工作频率有关。电感参数中有时也列出直流电阻指标，与品质因数类同。

电感的总损耗电阻是由直流电阻、骨架介质损耗、屏蔽罩或铁芯损耗、集肤效应等组成的。为了提高线圈的品质因数 Q，采用介质损耗小的高频瓷为骨架，采用镀银铜线以减小高频电阻，用多股线代替具有同样总截面的单股线以减少集肤效应。

在谐振回路中，谐振频率一定时，为提高品质因数，可选取较小的电容值，采用高磁导率的磁芯而非空芯电感，增大电感导线线径。

(3) 额定电流。

额定电流是指电感器连续长时间工作时允许通过的最大直流电流值。若工作电流超过额定电流，则电感器就会因发热而使性能参数发生改变，甚至还会因过流而烧毁。

(4) 自谐振频率。

电感器内部线圈匝与匝间、线圈与磁芯间、屏蔽罩间存在分布电容，在某一频率下与电感器发生谐振。由于分布电容的存在，引起了电流密度的增加，增大了寄生损耗，使线圈的品质因数减小，稳定性变差。采用分段绕法可减少分布电容。大电感量线圈的分布电容和损耗电阻较大，自谐振频率和品质因数较小。

三、电感器的封装

按照封装技术，电感器可以分为直插式电感和贴片电感。

直插式电感包括色环电感、工字电感、磁环电感、立式棒形电感等。色环电感是在磁芯上绕上一些漆包线后再用环氧树脂或塑料封装而成的，工作频率低于 100 MHz。色环电感外形和色环电阻的外形相近，使用时要注意区分，通常色环电感外形短粗，色环电阻外形细长。工字电感、磁环电感、立式棒形电感工作频率一般低于 1 MHz，用于电源电路中。部分

磁环电感、立式棒形电感，如传输线变压器可工作于高频电路。

贴片电感包括片状贴片电感和方形贴片功率电感。片状贴片电感封装和贴片电阻、电容相同，如英制规格 0402、0603、0805 等。片状贴片电感采用陶瓷或铁氧体磁芯，采用绕线电感和叠层结构，同样尺寸下铁氧体电感量高于陶瓷，绕线电感电感量高于叠层结构。陶瓷电感工作频率可高于 100 MHz，铁氧体电感工作频率低于 100 MHz。片状贴片电感用于高频电路或电源滤波，贴片功率电感用于开关电源电路。

四、电感器的标识

电感器的标识包括电感量、误差、额定电流等，标注方法有色码标注法和字符标注法等。字符标注法分为直接标注法和科学记数法。

(1) 电感量标注。

色码标注法与电阻器相同，用色环表示电感器的电感量和误差等主要参数，一般采用 4 道色环进行色环电感的标注。

直接标注法是直接将数字和单位符号标注在电感器表面，标注时也可省略单位符号，默认单位为 μH。例如，直接标注 470 μH；标注 4n7 表示 4.7 nH，47 n 表示 47 nH，4R7 表示 4.7 μH 等。直接标注法用于片状贴片电感、贴片功率电感、工字型电感等。

科学记数法和电阻器标注法一样，一般采用 3 位数字，第一位和第二位数字为有效数字，第三位数字为乘数，默认单位为 μH。例如，330 表示电感量为 33×10^0 μH，即 33 μH 而不是 330 μH。科学记数法主要用于贴片功率电感。

小尺寸的片状贴片电感表面一般不做任何标识，所以无法识别其电感量。

(2) 误差标注。

色码标注法与电阻器相同，如表 1.4 所示，用一道色环表示电感器误差等主要参数，用于色环电感的标注。

字符标注法采用Ⅰ、Ⅱ、Ⅲ分别表示误差为±5%、±10%、±20%，用于直插式电感。

(3) 额定电流标注。

字符标注法一般用字母 A、B、C、D、E 分别表示额定电流为 50 mA、150 mA、300 mA、700 mA、1 600 mA，用于直插式电感。

五、电感器的等效电路

考虑电感器的寄生电容、寄生电阻后，电感器实际等效电路如图 1.4 所示。

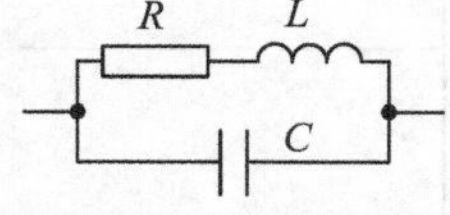

图 1.4　电感器实际等效电路

寄生电阻 R 由绕线电阻、引线电阻及磁芯损耗电阻三部分组成，其中绕线电阻与线径、长度、铜线电阻率有关，引线电阻与引线长短、粗细有关，磁芯损耗电阻与磁芯材料特性和工作频率有关。寄生电容 C 主要是线圈匝分布电容，与绕线工艺有关。

实际电感器等效阻抗为

$$Z=\mathrm{j}\omega C \parallel (R+\mathrm{j}\omega L)=\frac{(R+\mathrm{j}\omega L)\dfrac{1}{\mathrm{j}\omega C}}{R+\mathrm{j}\left(\omega L-\dfrac{1}{\omega C}\right)}\approx\frac{\dfrac{L}{C}}{R+\mathrm{j}\left(\omega L-\dfrac{1}{\omega C}\right)} \tag{1.2}$$

并联谐振频率为

$$f_0=\frac{1}{2\pi}\sqrt{\frac{1}{LC}-\frac{R^2}{L^2}}=\frac{1}{2\pi\sqrt{LC}}\cdot\sqrt{1-\frac{1}{Q^2}} \tag{1.3}$$

式中品质因数 $Q=\frac{2\pi f_0 L}{R}$。当工作频率小于谐振频率 f_0 时，电感器呈感性。当工作频率等于谐振频率 f_0 时，电感器呈现电阻性。当工作频率大于谐振频率 f_0 时，电感器呈容性，失去了电感特性。

六、电感器的测试

部分万用表带有电感测量功能，可用于测量直插式电感容量。准确测量电感器，可采用Q表、电容电感测试仪，或通过电桥法、谐振法进行测量。测量电感的高频性能时，可使用阻抗分析仪或矢量网络分析仪。

七、电感量计算公式

有时须自行绕制电感器，电感量的计算公式如表1.5所示。

表1.5　电感量的计算公式

电感类型	计算公式	符号说明
直线导体	$L=l\left(\ln\frac{4l}{d}-1\right)\cdot 200\times10^{-9}$	l：导体长度(m) d：导体直径(m)
圆柱形 (空芯/磁芯)	$L=\frac{\mu_0\mu_r N^2 A}{l}$	μ_0：真空磁导率($4\pi\times10^{-7}$ H/m) μ_r：磁芯相对磁导率 A：线圈截面积(m^2) l：线圈长度(m) N：线圈匝数
圆柱空芯	$L=\frac{r^2N^2}{9r+10l}\times10^{-6}$	r：线圈外环半径(inch) l：线圈长度(inch)
多层空芯	$L=\frac{0.8r^2N^2}{6r+9l+10d}\times10^{-6}$	r：线圈平均半径(inch) l：线圈长度(inch) d：线圈厚度(inch)
平螺旋形空芯	$L=\frac{r^2N^2}{2r+2.8d}\times10^{-5}$	r：线圈平均半径(m) d：线圈厚度(外半径减去内半径)(m)
环形磁芯绕组	$L=\frac{\mu_0\mu_r r^2N^2}{D}$或 $L=\frac{\mu_r hN^2}{2\pi}\ln\frac{r_2}{r_1}$或 $L=L_0\left(\frac{N}{N_0}\right)^2$	r：线圈半径(磁环截面)(m) D：磁环线圈的总直径(磁环＋线圈)(m) r_2：线圈外半径(m) r_1：线圈内半径(m) h：磁环高度(m)

八、电感器和磁珠

磁珠的主要结构为导线穿过铁氧体，可等效为电阻器和电感器的串联，等效电阻和电感随频率变化。低频时等效电阻小，等效电感起主要作用，总阻抗随频率升高而增大。高频时等效电感减小，但等效电阻增大，总阻抗仍然保持较大数值。

磁珠的电路符号一般画作电感器。在高频滤波的功能上，磁珠和电感器作用是相同的。但磁珠是能量消耗元件，能在很宽的高频频率范围内保持较高阻抗，比电感器有更好的高频滤波特性。磁珠主要用于信号线、电源线滤波，抑制高频噪声和尖峰干扰，还具有吸收静电

脉冲的能力。电感器是一种储能元件，多用于电源滤波。磁珠主要抑制电磁辐射干扰，电感器主要抑制传导干扰。

磁珠的主要参数有交流阻抗、直流电阻、额定电流等。交流阻抗一般在 100 MHz 频率下测试。磁珠的等效电感一般不作为参数，大小为 μH 级。磁导率越高，磁珠的抑制频率越低。其体积越大，效果越好。同样体积下，长而细的形状较好，内径越小越好。按照封装形式，磁珠也分为直插式磁珠和贴片磁珠。

1.1.4　二极管

一、二极管的分类

二极管是用半导体材料制成的具有单向导电性的元件，可用于整流、检波、稳压、混频、开关、衰减电路。按功能划分，二极管可分为普通二极管和特殊二极管。特殊二极管又可分为发光二极管、稳压二极管、变容二极管、肖特基二极管、PIN 二极管、瞬态抑制二极管(TVS)、快恢复二极管等。常用二极管符号如图 1.5 所示。

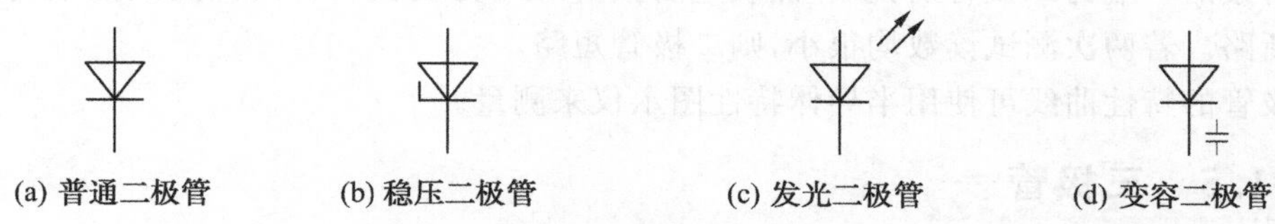

图 1.5　常用二极管符号

二、二极管的参数

不同功能二极管的参数各不相同，如普通整流二极管的参数主要有最大整流电流、最大反向工作电压、反向电流、极间电容、反向恢复时间等。详细的特性参数、特性曲线等，可查阅生产厂商的产品数据手册。

三、二极管的封装

按照引线封装技术，二极管可以分为直插式和贴片式两种。按照外壳封装材料，二极管可分为采用玻璃封装和塑料封装两种。二极管常用封装规格如表 1.6 所示。

表 1.6　二极管常用封装规格

	封装规格	适用二极管
直插式二极管	ϕ3、ϕ5	发光二极管
	DO-35	玻封开关二极管、肖特基二极管、稳压二极管
	DO-41	塑封整流二极管
	TO-220	塑封大功率整流二极管
贴片二极管	SMA、SMB、SMC、	塑封整流二极管、稳压二极管
	SOD523、SOD323、SOD123	塑封开关二极管、肖特基二极管、稳压二极管
	LL34、LL41	玻封开关二极管、稳压二极管
	0603、0805、1206 等	发光二极管

四、二极管的标识

二极管的标识包括型号、引脚极性等，一般采用字符标注法，包括直接标注法和代码标注法。直接标注法将型号直接标注在二极管表面，用于轴向引线直插式的整流二极管、稳压二极管、开关二极管、肖特基二极管等。代码标注法使用缩写代码来表示型号，用于贴片整流二极管、稳压二极管、开关二极管、肖特基二极管等。二极管负极一般用色标标注。

五、二极管的等效电路

考虑二极管的结电容、体电阻后，二极管实际等效电路如图 1.6 所示。R_s 为 P 区和 N 区的体电阻，R_j 为 PN 结结电阻，C_j 为 PN 结结电容。由于结电容的存在，二极管在高频时单向导电性变差。

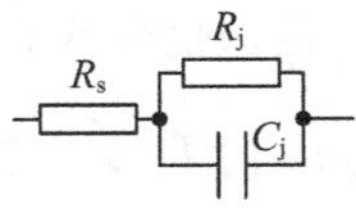

图 1.6　二极管实际等效电路

六、二极管的测试

用数字万用表测试二极管时，将万用表拨至二极管挡。用红黑表笔接触二极管两极，测试一次，然后对调两表笔，再测试一次。若一次读数为 1（表示反向电流为零），另一次读数为 0.5～0.8（表示正向导通压降，硅普通二极管），则被测二极管完好，且显示正向导通压降时，红表笔所接的一端为二极管的正极，黑表笔所接的一端为负极。若两次测试读数均为 1，则二极管断路。若两次测试读数均很小，则二极管短路。

二极管的特性曲线可使用半导体特性图示仪来测量。

1.1.5　三极管

一、三极管的分类

三极管（BJT）对信号具有放大作用和开关作用，可应用于各种模拟电路和数字电路。

按照结构不同，三极管分为 NPN 型和 PNP 型；按照工作频率不同，三极管分为高频管、低频管；按照功率不同，分为小功率管、中功率管和大功率管。

二、三极管的参数

三极管的参数分为直流参数、交流参数和极限参数。详细的特性参数、特性曲线等，可查阅生产厂商的产品数据手册。

（1）直流参数。

① 共射直流电流放大系数。

共射直流电流放大系数$\bar{\beta}$定义为

$$\bar{\beta}=\frac{I_C-I_{CEO}}{I_B}\approx\frac{I_C}{I_B} \tag{1.4}$$

② 极间反向电流。

I_{CBO}是发射极开路时，集电结的反向饱和电流。I_{CEO}是基极开路时，集电极与发射极间的穿透电流。选择三极管时，I_{CBO}、I_{CEO}应尽可能小。

（2）交流参数。

① 共射交流电流放大系数。

共射交流电流放大系数 β 定义为

$$\beta=\left.\frac{\Delta i_C}{\Delta i_B}\right|_{v_{CE}=\text{常数}} \tag{1.5}$$

β 也就是三极管 H 参数模型中的正向电流传输系数 h_{FE}。一般可认为共射直流电流放大系

数 $\bar{\beta}$ 与共射交流电流放大系数 β 近似相等。三极管的 β 不是常数，会随静态工作点和工作频率变化。选择三极管时，β 不宜过大，否则三极管稳定性较差。

对高频三极管一般用散射参数 S_{21} 表示其放大能力。

② 特征频率。

工作频率增大时，三极管的 β 值将下降，当 β 下降为 1 时对应的工作频率 f_T 称为特征频率。一般选择三极管的特征频率高于工作频率的 10 倍以上。

③ 噪声系数。

噪声系数 N_F 表示三极管输入和输出端噪声功率的比值，用 dB 表示。低噪声放大电路应选择 N_F 较小的三极管。

(3) 极限参数。

三极管极限参数主要包括集电极最大允许电流 I_{CM}、集电极最大允许功率损耗 P_{CM} 以及反向击穿电压 $V_{(BR)CEO}$、$V_{(BR)CBO}$、$V_{(BR)EBO}$。

三、三极管的封装

按照封装技术，三极管分为直插式三极管和贴片三极管。对于直插式三极管，小功率一般采用 TO-92 封装，大功率采用 TO-220 封装。对于贴片三极管，小功率一般采用 SOT-23、SOT-89等封装，大功率采用 TO-252、TO-263 等封装。

四、三极管的标识

三极管的型号标识采用直接标注法和代码标注法。直接标注法将型号直接标注在三极管表面，用于直插式三极管。代码标注法使用缩写代码来表示型号，用于贴片三极管。直插式三极管和贴片三极管的引脚排列有固定顺序。对直插式三极管，从型号标识面正面看，三个引脚从左往右依次为发射极、基极、集电极。对贴片三极管，从型号标识面正面看，有 1 个引脚侧为集电极，其相对侧左右分别是基极和发射极。

五、三极管的测试

三极管可看成是两个 PN 结结构，可用数字万用表测试三极管的 PN 结。

首先判别基极和管型。将万用表拨至二极管挡，先将红表棒与管子某一管脚固定相接，黑表棒则分别与其余两脚相碰，若测得的读数均为 0.5～0.8(或均为 1)，且调换表棒重复上述过程后，测得的结果与调换前相反，读数均为 1(或均为 0.5～0.8)，则可判定与表棒固定相接的管脚为基极。若不符合上述结果，则可另换管脚，重复上述操作过程，直至出现上述结果(一管脚对另一管脚的测量读数均为 0.5～0.8 或均为 1)，判别出基极为止。若测得的读数均为 0.5～0.8，且红表棒与基极相连，黑表棒与其他两极相连，则此管为 NPN 型三极管。反之，若测得的读数均为 0.5～0.8，且黑表棒与基极相连，则此管为 PNP 型三极管。

在三极管的类型和基极确定后，通过测量 β 即可分清三极管的另两个管脚发射极 e 和集电极 c。将万用表拨至 h_{FE} 挡，假设另两个管脚中某一个管脚为集电极 c，将三极管按已知极性插入管座，测试一次。然后再假设两个管脚中另一管脚为集电路 c，再测试一次。两次测试中读数较大的一次为正确，其读数即为此三极管的 β 值。

三极管的特性曲线可使用半导体特性图示仪来测量。

1.1.6 场效应管

一、场效应管的分类

三极管是双极型晶体管，场效应管是单极型晶体管，同样具有放大能力。

按照工艺结构不同，场效应管分为金属氧化物半导体场效应管 MOSFET 和结型场效应管 JFET。采用肖特基势垒栅极的结型场效应管又称为金属半导体场效应管 MESFET。按照导电载流子的不同，场效应管分为 N 沟道场效应管和 P 沟道场效应管。按照导电沟道形成机理不同，MOS 管分为增强型 MOS 管和耗尽型 MOS 管。另外，还有双栅场效应管。

二、场效应管的参数

场效应管的参数分为直流参数、交流参数和极限参数。详细的特性参数、特性曲线等，可查阅生产厂商的产品数据手册。

(1) 直流参数。

① 开启电压或夹断电压。

增强型 MOS 管的开启电压 V_T 或耗尽型 FET 的夹断电压 V_P 定义为使 i_D 等于某一微小电流时，栅源极间所加的某一固定电压。

② 饱和漏极电流。

耗尽型 FET 的饱和漏极电流 I_{DSS} 定义为在 $v_{GS}=0$ 的条件下，当 $|v_{DS}|>|V_P|$ 时的漏极电流。

(2) 交流参数。

① 低频跨导。

低频跨导 g_m 定义为

$$g_m=\left.\frac{\partial i_D}{\partial v_{GS}}\right|_{v_{DS}} \tag{1.6}$$

低频跨导反映了栅源电压对漏极电流的控制能力，表征场效应管放大能力。低频跨导不是常数，与静态工作点有关。N 沟道耗尽型 MOS 管在饱和区时，低频跨导可根据工作点的漏极电流 I_{DQ} 由下式计算：

$$g_m\approx\frac{2}{V_P}\sqrt{I_{DSS}I_{DQ}} \tag{1.7}$$

高频场效应管一般用散射参数 S_{21} 表示其放大能力。

② 极间电容。

场效应管三个电极之间存在极间电容 C_{GS}、C_{GD}、C_{DS}。

③ 噪声系数。

噪声系数 N_F 表示场效应管输入和输出端噪声功率的比值，用 dB 表示。

(3) 极限参数。

场效应管极限参数主要包括最大漏极电流 I_{DM}、漏极最大耗散功率 P_{DM}、最大漏源电压 $V_{(BR)DS}$、最大栅源电压 $V_{(BR)GS}$。

三、场效应管的封装

场效应管的封装规格与三极管相同。

四、场效应管的标识

场效应管的型号标识方法与三极管相同。对直插式场效应管，从型号标识面正面看，3 个引脚从左往右依次为栅极、漏极、源极。对贴片式场效应管，从型号标识面正面看，一般有 1 个引脚侧为漏极，其相对侧左右分别是栅极和源极。

五、场效应管的测试

场效应管栅极处于高阻状态。用数字万用表分别测量场效应管 3 个管脚两两之间的电阻值，若某脚与其他两脚之间的电阻值均为无穷大，并且交换表棒后仍为无穷大时，则此管脚为栅极。对于 MOS 场效应管，在测试过程中应避免静电造成栅极击穿。

场效应管漏极和源极间一般有反向的寄生二极管。利用此二极管，可以判断场效应管的漏极和源极。将万用表拨至二极管挡，先将红表棒与某一管脚相接，黑表棒与另一管脚相接，若测得的读数为 0.5～0.8(或为 1)，且调换表棒重复上述过程后，测得的结果与调换前相反，读数为 1(或为 0.5～0.8)，则可判定与表棒固定相接的管脚为漏极和源极。

场效应管的特性曲线可使用半导体特性图示仪来测量。

1.1.7　集成运放

一、运放的分类

集成运放在模拟电路中应用广泛，可用于信号放大、滤波、运算、比较、信号产生和电源电路等。

按照工作原理，运放分为电压反馈型和电流反馈型两大类。根据性能指标的不同，运放可分为高精度、低漂移、高速、宽带、低功耗、低噪声、高压、大电流、高输入阻抗、满幅输入输出等类型。按芯片内部的运放个数，运放分为单运放、双运放和四运放。根据供电电源的不同，运放可分为单电源运放和双电源运放。

二、运放的参数

运放的参数分为直流参数、交流参数、极限参数、电源参数。详细的特性参数、特性曲线等，可查阅生产厂商的产品数据手册。

(1) 直流参数。

① 输入失调电压。

输入失调电压 V_{IO}是指为使输出电压为零在输入端加的补偿电压，反映运放输入级的对称失配程度。输入失调电压温漂 $\Delta V_{IO}/\Delta T$ 表示其随温度的变化。

② 输入偏置电流。

输入偏置电流 I_{IB}是指运放差分输入级对管基极或栅极的偏置电流。

③ 输入失调电流。

输入失调电流 I_{IO}是指运放差分输入级两个对管基极或栅极的偏置电流的差。输入失调电流的温漂 $\Delta I_{IO}/\Delta T$ 表示其随温度的变化。

(2) 交流参数。

① 差模电压增益。

差模电压增益是指运放开环情况下的增益，分为大信号增益和小信号增益。根据开环增益的频率响应曲线，如果开环增益在达到第二个极点的频率之前降至 1 以下，则运放在任何增益下均会无条件地保持稳定，这类运放称为单位增益稳定运放。有些运算放大器设计为较高闭环增益下才保持稳定，这类运放称为非完全补偿运算放大器，工作时闭环增益必须大于某个数值。

② 单位增益带宽。

随着工作频率的升高，运放的差模电压增益会下降，电压增益降为 1 时的频率称为单位增益带宽。增益带宽积是与单位增益带宽概念类同的指标，但两者并不一定相等，可在开环增益的频率响应曲线上分别读取。

③ 差模输入电阻和输出电阻。

FET 运放的差模输入电阻较大。

④ 共模抑制比和共模输入电阻。

共模抑制比是指差模电压增益和共模电压增益的数值比，反映了运放抑制共模信号的能力。工作频率升高时，共模抑制比会下降。

⑤ 转换速率。

转换速率 S_R 又称压摆率，是指运算放大器输出电压的最大变化速率。当输出幅度为 V_{om}的正弦波时，受转换速率限制，其最高频率为

$$f_{max}=\frac{S_R}{2\pi V_{om}} \tag{1.8}$$

此频率又被称为全功率带宽。因此，在确定运放的最高工作频率时，要根据输出信号的大小，同时考虑单位增益带宽和转换速率这两个指标。特别在设计大信号放大电路时，一定要考虑运放的转换速率。

⑥ 等效输入噪声电压和输入噪声电流。

运放用于低噪声放大时，必须考虑等效输入噪声电压和输入噪声电流这两个指标。

(3) 极限参数。

① 最大差模输入电压。

最大差模输入电压是指运放反相和同相输入端之间所能承受的最大差模电压，超过此值可能运放性能恶化，甚至造成永久损坏。

② 最大共模输入电压。

超过最大共模输入电压，运放共模抑制比显著下降，器件进入饱和/截止状态。

(4) 电源参数。

① 电源电压抑制比。

电源电压抑制比反映电源电压波动对输出电压的影响，一般将输出电压变化折算成输入端的失调电压来测量。

② 电源电流。

低功耗运放的电源电流值较小。

三、运放的封装

运放的封装形式分为双列直插 DIP 和贴片两种。贴片封装包括 SOIC、TSSOP、MSOP 等形式，其引脚间距不等。

四、运放的标识

大部分运放的型号标识采用直接标注法，将型号直接标注在运放表面，包括双列直插和贴片运放。部分尺寸较小的封装采用代码标注法，使用缩写代码来表示型号。

1.2　常用电子仪器使用知识

在电子电路实验中，经常使用的电子仪器有直流稳压电源、万用表、波形发生器、示波器、频率计等。它们按功能可分为两类，如图 1.7 所示。一类是源，提供电子电路正常工作需要的能量和激励信号，包括直流稳压电源、波形发生器等。另一类是测试设备，用于观察或测量电信号参量，包括万用表、示波器、频率计等。

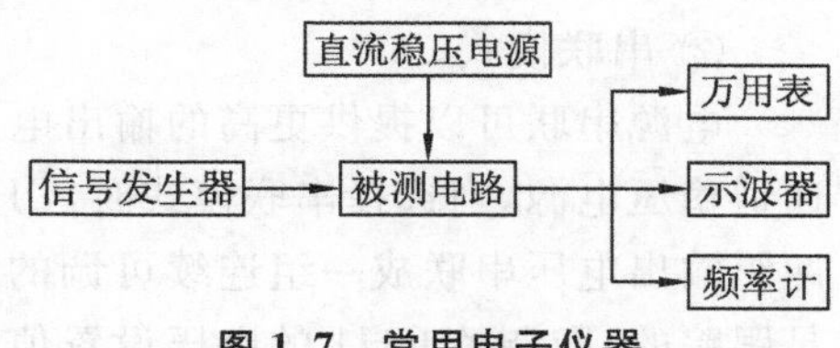

图 1.7　常用电子仪器

本节着重介绍这些电子仪器的工作原理、功能、性能指标和使用注意事项。

1.2.1　直流稳压电源

直流稳压电源是为电子电路提供直流工作的电源，是一种在电网电压或负载变化时，其输出电压或电流基本保持不变的电源装置。

一、直流稳压电源工作原理

电工电子实验室常用的直流稳压电源通常为线性电源，带负载能力强，使用方便。通常直流稳压电源都采用 220 V 交流电压输入，稳压输出在安全电压范围之内，电流和电压连续可调，具有多个通道输出，可设置串联、并联组合等形式的直流电压输出。

直流稳压电源通常由电源变压器、整流电路、滤波电路、稳压电路、输出监测电路、控制电路、显示电路、通信接口等组成。220 V 频率 50 Hz 的交流电压经过变压器被降压至所需幅度，通过整流电路将交流电压变换为直流脉动电压。直流脉动电压通过滤波电路滤去交流分量，得到比较平滑的直流电压。这个直流电压经过线性稳压电路稳压，然后输出稳定的直流电压。输出监测电路检测输出电流和电压的大小，由控制电路实现恒定电流和恒定电压输出。通过通信接口可实现远程控制。

二、直流稳压电源功能

(1) 恒压输出和恒流输出模式。

恒压输出模式下，输出电压等于电压设置值，输出电流由负载决定。恒流输出模式下，输出电流等于电流设置值，输出电压由负载决定。

直流稳压电源的恒压和恒流模式会自动转换，当电流输出达到设置值时，自动将电源的恒压特性变为恒流特性。电源工作在恒压输出模式下，若减小负载电阻，输出电流将持续增大，直到电流达到设置值，此时输出电流将成为一恒定电流，输出电压下降，表示直流稳压电源处于恒流工作状态。恒流输出模式下，当负载电压超过电压设置值时，电源将自动切换到恒压模式，此时输出电压等于电压设置值，输出电流则按比例下降。

恒压特性使电源能为外部电路或设备提供稳定的电压输出，恒流特性使电源输出的电流限定在一定的范围内，既保护了外部电路或设备，也保护了稳压电源本身。

(2) 独立和串联或并联模式。

稳压电源除各通道独立输出外，还可以将多个通道输出串联或并联。串联多个通道可以提供更高的电压，并联多个通道可以提供更大的电流。只有隔离通道可以串联或并联。

① 独立输出模式。

当直流稳压电源设定为独立模式时，多个通道可单独或同时使用，电压和电流的调整分别独立设置，互相不影响。

② 串联模式。

电源串联可以提供更高的输出电压，其输出电压是所有通道的输出电压之和。对于双通道稳压电源，当选择串联模式时，CH2 输出端的正极将自动和 CH1 输出端的负极相连接，两组输出电压串联成一组连续可调的直流电压。在串联模式下，两个通道的输出电压一般是跟踪的，即调整 CH1 的电压设置值，可实现 CH1 和 CH2 两路输出电压同时变化。有些稳压电源产品的跟踪模式和串联模式可以分开设置，在串联模式下，两个通道的输出电压可以独立调节。电源串联时，要为每个通道设置相同的电流设置值。

③ 并联模式。

并联电源可以提供更高的输出电流，其输出电流是单个通道的输出电流之和。对于双通道稳压电源，当选择并联模式时，CH1 输出端正极和负极会自动与 CH2 输出端的正极和负极两两互相连接在一起，电源输出电流为两路输出电流之和。并联模式时，两个通道的输出电流一般是跟踪的，即调整 CH1 的电流设置值，可实现 CH1 和 CH2 两路输出电流同时变化。有些稳压电源产品在并联模式下，两个通道的输出电流可以独立调节。

(3) 四线制接线模式。

电源输出大电流时，负载引线上的压降将变得不可忽略。为确保负载获得准确的电压，有些稳压电源采用四根线连接负载，检测负载端电压并自动补偿负载引线引起的压降，从而确保设定的电源输出值与负载所获得的电压一致。

(4) 可编程输出功能。

稳压电源可以通过仪器面板编辑或通信接口远程控制，自动输出不同的电压或电流。可以设置定时条件，在指定时刻关闭或打开电源输出。稳压电源可以提供任意波形发生器功能，自由编程输出波形，并设置任意波的循环次数。

(5) 存储和调用功能。

稳压电源可将多种类型的文件保存至内部或外部存储器中，并在需要时对已保存文件进行调用。文件可以记录仪器的参数设置、系统状态、输出状态、屏幕图像，记录可编程输出的设置等。

(6) 监视器功能。

稳压电源可以配置监视器功能，在满足电压、电流、功率的“与/或”组合条件时，实现电源输出关闭、报警等功能。

(7) 测量分析功能。

稳压电源可以测量输出电流、电压值，绘制波形图和趋势图。

(8) 触发功能。

稳压电源提供数字 I/O 接口，支持触发输入和触发输出。当外部触发信号满足预设的触发条件，如上升沿、下降沿、高电平或低电平条件时，打开或关闭电源输出。当电源输出打开时，数字 I/O 接口能通过数据线输出高/低电平信号。

(9) 通信接口。

稳压电源可带有 LAN、RS232、USB、GPIB 等通信接口，以便进行远程控制，并可构成自

动测试系统。可以使用厂商提供的PC软件发送命令对稳压电源进行远程控制，也可以通过标准的SCPI、IEEE-488命令或VXI、IVI等驱动程序对稳压电源进行编程控制。对于符合LXI仪器标准的稳压电源，可通过网页控制稳压电源。

三、直流稳压电源性能指标

稳压电源的主要指标包括通道数、输出电压、电流范围、分辨率、准确度、稳定性、负载调整率、线性调整率、纹波和噪声、温度系数、瞬态响应时间、程控速度等。

(1) 通道数。

稳压电源一般具有2～3个输出通道。

(2) 输出电压、电流范围和分辨率。

稳压电源输出电压一般最大为30 V，部分产品可以达到60 V以上。电压分辨率最低可以达到1 mV，即可以按照1 mV的步进值设置输出电压。

稳压电源输出电流一般最大为3 A，部分产品可以达到10 A以上。电流分辨率最低可以达到1 mA，即可以按照1 mA的步进值设置输出电流。

(3) 输出电压、电流准确度。

稳压电源输出电压准确度一般可达0.1%，输出电流准确度一般可达0.2%。

(4) 负载调整率。

负载调整率表示电源负载的变化时，电源输出电压或电流的相对变化率。稳压电源输出电压负载调整率和输出电流负载调整率一般可达0.01%。

(5) 线性调整率。

线性调整率表示输入电压在额定范围内变化时，输出电压或电流的相对变化率。

(6) 输出纹波和噪声。

纹波是指输出直流电压中的交流成分。稳压电源输出纹波和噪声最低可达峰峰值2 mV以下。

四、直流稳压电源使用注意事项

(1) 浮地与接地。

电路中的“地”有两个不同的含义：一个是指参考地，即电路中零电位的参考点，是构成电路信号回路的公共端；另一个是指大地。电路中所说的“地”一般指参考地；电力系统中所说的“地”一般指大地，如220 V单相交流电源插座中，三孔插座有一个电极接大地。

浮地与接地中的“地”指大地。浮地是指电路的参考地和大地无导线连接，两者隔离。浮地使电路不受大地电性能的影响，可抑制地线公共阻抗耦合产生的干扰，但同时易受寄生电容和寄生电感的影响，使电路参考地电位发生变动，增加干扰。

稳压电源的每个通道输出共有三个输出端子，即正“+”、负“-”端子和大地“⊥”(GND)端子，如图1.8所示。“⊥”为电源机壳接大地的安全地线。直流稳压电源的输出端子可采用浮地或接地，浮地接法更为常用，此时多个通道可以给参考地隔离的多个电路供电。稳压电源浮地时，“+”“-”两端都不与“⊥”端相连接，如图1.8(a)所示。稳压电源接大地时，“+”“-”两端有一端与“⊥”端相连接，当输出正电压时将“-”端与“⊥”端相连；输出负电压时将“+”端与

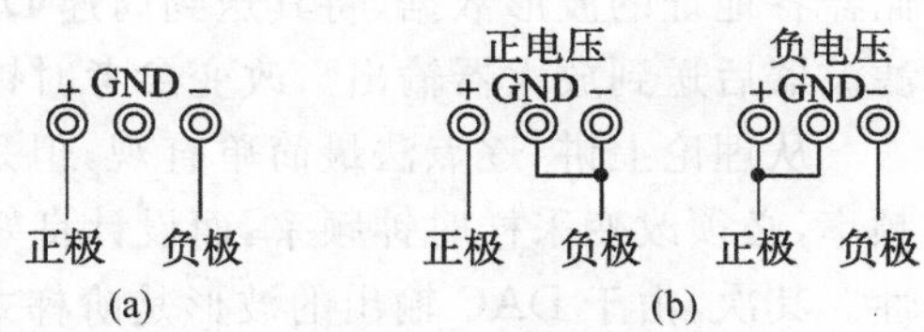

图1.8　直流稳压电源输出模式

“⊥”端相连。由于接地端的不同，电源可以输出正电压或负电压，如图1.8(b)所示。

仪器设备接大地的目的有保护、屏蔽、防静电等。保护接地是将设备正常运行时不带电的金属外壳接大地，防止设备漏电造成人身伤害。防静电接地是将可能带有静电的人体或设备接大地，避免静电损坏电子元器件如MOS管，常见的应用有防静电手腕带、恒温防静电烙铁等。屏蔽接地是将干扰源和被干扰的电路用屏蔽罩包围，避免电磁干扰。

除稳压电源提供了浮地与接大地的选择外，其他仪器如示波器、波形发生器等，一般将内部电路参考地、机壳与仪器交流电源插头的大地三者相连。因此示波器输入插座和探头的参考地端子、波形发生器输出插座的参考地端子，都和交流电网的大地相连。如果误将波形发生器输出连接线的红色信号端夹子与示波器探头的黑色地线夹子相连，将造成波形发生器输出短路。如果被测电路的参考地也接大地，则示波器探头的地线夹子只能接被测电路的参考地，只能用示波器观察被测电路中某一点对参考地的电压波形，不能用示波器观察被测电路中的双端信号，如差分放大器的输出波形。

(2) 恒流模式电流设置。

直流稳压电源的恒压和恒流模式会自动转换，因此首先要调整输出电流设置值至某一合适位置，超过外部电路需要的电流值，然后才能调节输出电压的大小。

(3) 串联模式应用。

有些集成电路如运放需要正、负直流电压才能正常工作，这时可使用串联模式，输出呈现一路为正电压、一路为负电压的形式，无须把两路输出的正负极用导线连在一起。

(4) 使用安全。

电源输出端接入电路前，应先调整好电压输出值，以免电压过高损坏电路元件。遇到短路情况，应立即切断电源输出，待问题解决后重新恢复输出。

1.2.2 波形发生器

在测量各种电路系统或电子设备的振幅特性、频率特性、传输特性及其他电参数，以及测量元器件的特性与参数时，须将波形发生器用作测试的信号源或激励源。根据系统或器件的实际需要，波形发生器可以产生幅度、频率已知的正弦波信号，也可以产生三角波、方波、脉冲波等各种波形，甚至任意波。随着现代数字技术的发展，任意波形发生器逐步得到了普及和推广。本节主要介绍任意波形发生器。

一、波形发生器工作原理

任意波形发生器的工作原理包括逐点法、DDS技术、Tureform技术。

(1) 逐点法。

基于逐点法的波形发生器通过仪器面板编辑器或通信接口，将波形数据存入波形存储器。波形输出时，在参考时钟作用下，地址发生器改变波形存储器的地址，逐个读取波形存储器各地址的波形数据，将其送到高速DAC(数模转换器)，高速DAC的输出波形通过低通滤波器后送到放大器输出。改变参考时钟频率，即可改变输出波形的频率。

从理论上讲，逐点法最简单直观，但是这种方法有两个缺点。首先，要改变输出信号的频率，必须改变采样时钟频率，而设计良好的低噪声变频时钟会大幅增加仪器的成本和复杂性。其次，由于DAC输出的波形是阶梯式的，无法直接输出使用，因此须进行复杂的模拟低通滤波，以使阶梯状的波形输出变得平缓。由于复杂性和成本都高，这种技术主要用在高端

任意波形发生器中。

(2) DDS 技术。

直接数字频率合成法(Direct Digital Frequency Synthesis)在参考时钟的作用下，相位累加器输出按一定增量产生地址码，寻址波形存储器，读出波形数据，再进行高速 DAC。地址增量取决于频率控制字。与逐点法不同，参考时钟频率是固定不变的，通过设置频率控制字来改变地址增量，地址增量越大，生成的一个周期的波形的点数就越少，输出波形频率就越高。

基于 DDS 技术的波形发生器会根据不同的输出信号类型，来设计不同的低通滤波器，对信号进行滤波。对于正弦波，其频谱成分单一，高次谐波及杂散噪声较小，对信号的影响不大。而 DAC 引起的杂散信号及高次谐波对信号影响较大，因此相应的滤波器应能滤除各种镜像杂散及带外噪声。对于同一台信号发生器，三角波、方波、任意波的最高输出频率一般比正弦波低，但其频谱结构丰富，具有较高的谐波分量，常常设计多个滤波器组，对不同的波形进行滤波，通过多路选择器将不同信号送入相应的滤波器中进行滤波。在一些高性能的波形发生器中，用户还可以自行选择相应的滤波方式，滤波后再经过相应的幅度和直流偏置的调节，输出所需的信号波形。

(3) Tureform 技术。

Tureform 技术是是德公司最近推出的波形发生技术。该技术结合逐点法的高性能体系结构和 DDS 的低成本优点，采用虚拟可变时钟技术，产生频率分辨率更高、谐波失真更低、抖动更小的信号，且提供抗混叠滤波输出功能。

二、波形发生器功能

(1) 基本波输出。

波形发生器可以输出常用波形，如正弦波、方波、锯齿波、脉冲波、噪声波等。正弦波可以设置频率、幅度、直流偏移、初始相位。方波可以设置占空比。锯齿波可以设置对称性。脉冲波可以设置脉宽、占空比、上升沿、下降沿、延时。波形最大幅度和直流偏移受输出阻抗、频率设置的影响。对于双通道输出，还可以设置通道之间的相位差。

(2) 常用调制波输出。

波形发生器可输出多种经过调制的波形，支持的调制方式有模拟调制 AM、FM、PM，数字调制 ASK、FSK、PSK，以及脉宽调制 PWM 等。仪器内部提供多种调制源，也接收外部输入的调制信号。载波波形可以是正弦波、方波、锯齿波或任意波。可以设置 AM、FM、PM 的调制度、频偏、相移，以及 ASK、FSK、PSK 的速率。

(3) IQ 调制输出。

IQ 调制使用两个频率相同、相位相差 90°的正交载波分别进行调制后一起发射，从而提高频谱利用率。现代通信系统使用多种矢量调制，如 BPSK、PSK、QAM 等。IQ 调制的载波波形为正弦波，调制信号可以采用内部 IQ 基带源，或从仪器后面板外接输入。内部调制源可设置数据码型、码速率、IQ 映射方式。数据码型有伪随机噪声序列、重复序列数据码型、用户自定义数据码型等。IQ 映射方式可选择多种多进制数字调制方式，如 MQAM 信号(4QAM、8QAM、16QAM、32QAM、64QAM 等)、MPSK 信号(BPSK、QPSK、OQPSK、8PSK、16PSK 等)，其中 MPSK 信号用矢量图描述，MQAM 信号用星座图描述。

(4) 扫频输出。

扫频模式一般用于测量电路的频率特性。在扫频模式中,波形发生器的输出频率在指定的扫描时间内从起始频率到终止频率连续变化,扫描方式有线性、对数和步进三种。扫频模式可设定标记频率,可设置起始保持、终止保持和返回时间,支持内部、外部或手动触发源。正弦波、方波、锯齿波和任意波均可以产生扫频输出。可以使用内部源、外部源或手动源作为扫频的触发源,信号发生器在接收到一个触发信号时,产生一次扫频输出,然后等待下一次触发。

(5) 脉冲串输出。

在脉冲串模式中,信号发生器可以输出指定周期的波形,如用正弦波、方波、锯齿波、脉冲或任意波生成脉冲串,可设置脉冲串的重复周期。脉冲串的触发源可以是内部源、外部源或手动源。

(6) 跳频输出。

跳频是一种利用载波跳变实现频谱展宽的扩频技术,一般采用伪随机序列等跳频序列控制载波频率跳变。可以设置跳频时间间隔和反映跳变规律的跳频图案。

(7) 任意波输出。

可以通过仪器面板编辑数据波形,或通过计算机软件、U 盘等读取波形数据。任意波可以设置频率、幅度、直流偏移、初始相位。任意波输出可以选择逐点法、DDS 等多种技术产生,对于逐点法可以设置不同的采样率。波形发生器一般会内建多种任意波形,如直流、Sinc、指数上升、指数下降、心电图、高斯、半正矢、洛伦兹、脉冲和双音频等。

(8) 存储和调用。

可以将当前的仪器状态或波形数据存储到本地或外部存储器中,并可以在需要时对其进行调用。

(9) 通信接口。

波形发生器可带有 LAN、RS232、USB、GPIB 等通信接口,以便进行远程控制,并可构成自动测试系统。可以使用厂商提供的 PC 软件发送命令对波形发生器进行远程控制,也可以通过标准的 SCPI、IEEE-488 命令或 VXI、IVI 等驱动程序对波形发生器进行编程控制。对于符合 LXI 仪器标准的波形发生器,可通过网页控制波形发生器。

(10) 频率计。

很多波形发生器都附带频率计功能,可以测量外部输入信号的频率、周期、占空比、正脉宽及负脉宽等参数。

三、波形发生器性能指标

波形发生器的性能指标包括通道数、输出频率、采样率、波形长度、输出幅度、输出阻抗等。

(1) 通道数。

波形发生器一般具有 2 个输出通道。

(2) 频率范围、分辨率和准确度。

波形发生器按照输出信号的频段,可分为超低频信号源、音频信号源、视频信号源、高频信号源、甚高频信号源、超高频信号源等,最高输出频率已可达数十 GHz。对于同一台波形发生器,不同输出波形的最高频率不同,正弦波频率最高,方波频率其次,锯齿波和脉冲波频率

最低，最低频率一般可达 1 μHz，频率分辨率可达 1 μHz。频率准确度一般可优于±1 ppm。

(3) 采样率。

采样率是指波形发生器输出波形点的速率，决定输出波形的最高频率分量。按照采样定理，采样率应至少比最高频率分量高一倍。采样率一般可达 1 GSa/s 以上。

(4) 波形长度。

波形长度对应于波形存储器的容量，决定可以存储的最大波形点数量。波形长度在信号保真度中发挥着重要作用，决定着可以存储多少个数据点来定义一个波形，一般可达 128M 点。

(5) 输出幅度范围、分辨率、准确度和平坦度。

输出幅度是指波形在不失真时输出的峰峰值，可通过后置的放大器或衰减器对 DAC 输出信号的幅度进行调节。输出电压幅度一般在 50 Ω 负载阻抗上测量，可从 mV_{pp} 到数十 V_{pp}，输出频率越高，负载阻抗越小，则最大输出幅度越小。信号幅度设置有两种模式可选，电压模式(V_{pp}、V_{rms} 等)和功率模式(dBm)。

分辨率是指输出信号电压幅度的分辨率，决定输出信号波形的幅度精度和失真。幅度分辨率在很大程度上取决于 DAC 转换器的性能。主流的任意波形发生器采用 12 位或 14 位分辨率的 DAC，幅度设置的步进值可低至 0.1 mV。

幅度准确度一般可达±1%，在工作频率范围内的输出幅度平坦度可达±0.1 dB。

(6) 正弦波频谱纯度和非线性失真。

在输出正弦波的情况下，波形发生器往往难以产生理想的不失真正弦波。一般用非线性失真来表征低频信号源输出波形的好坏，约为 0.1%～1%，用频谱纯度来表征高频信号源输出波形的质量。频谱纯度通常用谐波失真、寄生信号和相位噪声等指标来表示。

(7) 方波、锯齿波、脉冲波特性。

方波特性包括占空比可调范围、上升时间、下降时间、过冲、不对称性、抖动等指标。锯齿波特性包括线性度、对称性等指标。脉冲波特性包括周期、脉宽可调范围，以及上升时间、下降时间、过冲、抖动等指标。

(8) 调制波特性。

调制波特性是指常用调制波、IQ 调制波的调制参数。

(9) 输出阻抗。

波形发生器的输出阻抗可以设置为 50 Ω、高阻或其他数值。

波形发生器的默认输出阻抗为 50 Ω。如果负载阻抗和此输出阻抗相等，则实际输出电压幅度等于波形发生器的幅度设置值。例如，在波形发生器面板上设置幅度为 5 V_{pp} 时，实际输出电压也等于 5 V_{pp}。如果负载阻抗高于波形发生器的输出阻抗，则实际输出电压将高于 5 V_{pp}，不等于面板设置值。因此要确保正确的输出电压幅度，必须保证输出阻抗与负载阻抗相等。如果无法确认输出阻抗与负载阻抗是否相等，则须用示波器测量实际输出电压，此时输出电压可能不等于面板设置值。

可以根据负载阻抗的大小，将波形发生器的输出阻抗设置为其他数值，如 Ω 级到 kΩ 级之间的数值或高阻。如果负载为高阻，则应将波形发生器的输出阻抗也设置为高阻，此时实际输出电压幅度等于波形发生器的幅度设置值。

改变输出阻抗的设置值，会影响波形发生器的输出幅度和直流偏移。

四、波形发生器使用注意事项

(1) 输出幅度的监测。

当波形发生器的输出频率发生变化时，被测电路的输入阻抗也可能发生变化，导致负载阻抗和波形发生器的输出阻抗不能保持相等。同时，在改变波形发生器输出频率时，其输出幅度特性也不平坦。因此，在保持波形发生器的幅度设置值不变的情况下，改变波形发生器的输出频率，波形发生器的实际输出电压幅度可能会有变化，必须用示波器测量实际输出电压，而不能认为输出幅度就是面板上显示的设置值。在测量被测电路频率响应时，如果使用波形发生器的扫频输出功能，其实际输出电压幅度可能也无法保持恒定，同样须用示波器进行监测。

(2) 输出波形失真检测。

由于波形发生器输出阻抗的影响，当波形发生器通过连接电缆接入被测电路时，在外部电路的影响下，波形发生器的输出波形可能与要求的理想波形不再相同，波形产生失真。当被测电路输入阻抗较小时，波形发生器的输出电流可能超过最大允许值，导致波形失真。因此必须用示波器测量被测电路输入端的实际波形，以便判断被测电路输出端的波形失真是否是由输入端失真引起，而非被测电路导致。

1.2.3 万用表

万用表是一种最常用的多功能测量仪表，可以测量电压、电流、电阻、电容、二极管、晶体管、电感、频率等多种参数或电子元件。万用表分为指针式和数字式两种。数字万用表已成为主流。数字万用表采用数字化的测量技术，将连续的模拟量利用 ADC(模数转换器)转换为数字量，并将测量结果以数字形式显示出来。数字万用表分为手持式和台式两类，台式主要是高性能数字万用表，本节介绍的部分功能仅台式万用表具备。

一、数字万用表工作原理

数字万用表主要由前端电路、ADC 转换器、微处理器、显示器和电源电路组成。数字万用表的核心功能是交直流电压的测量，交流电压采用真有效值测量方法。模数转换器一般采用双积分式 ADC，分辨率高，精度高，抑制噪声能力强，但是速度比较低。前端电路通过分压衰减和放大来进行量程转换，大量程分压，小量程放大。

电压是一个最基本的电量，其他许多物理量都能方便地转换成电压。数字万用表基于电压的测量，配合各种适当的转换电路，包括电流-电压转换、电阻-电压转换、频率-电压转换等，就可以测量电流、电阻、频率等多个物理量。例如，可以根据充放电时间和电容电压的关系，测量出电容大小。

二、数字万用表功能

数字万用表不仅可以测量交直流电压、交直流电流、电阻、二极管、三极管等，还可以测量电容、温度、频率，检查导线通断等。

(1) 直流和交流电压测量。

直流电压测量时，可以配置积分时间、直流阻抗和自动调零等。交流电压测量时，可以配置内部低通滤波器的截止频率，以便滤除高频噪声。

（2）直流和交流电流测量。

万用表对不同大小的电流分别送入不同的输入端进行处理，以获得更准确的测量结果。测量 200 mA 范围内的电流时，使用小电流测量模式。测量安培级电流时，使用大电流模式。电流输入端一般采用保险丝进行过流保护，以避免损坏检测电路。

（3）电阻测量。

高性能万用表提供二线和四线两种电阻测量模式。当被测电阻阻值较小时，测试引线的电阻、探针与测试点的接触电阻同被测电阻相比已不能忽略不计，此时使用四线电阻测量模式可减小测量误差。

（4）电容测量。

测量电容前，应首先将电容放电，然后再进行测量，避免电容残存电压损坏仪器。

（5）连通性测量。

用于测量两点之间待测电路的通断。可以设置短路电阻，当待测电路中的电阻值低于设定的短路电阻时，判断电路是连通的，万用表屏幕显示实际电阻值，并产生蜂鸣。

（6）二极管测量。

二极管测量用于测量二极管的正向压降。如果二极管导通，万用表屏幕将显示测量出的电压，否则屏幕将显示开路标识，如“OPEN”或“1”。可以选择电流源的大小，决定流过二极管的电流，二极管的电流不同，正向压降也不相同。

（7）频率和周期测量。

数字万用表一般可以检测 MHz 级以下的低频信号频率。

（8）传感器测量。

数字万用表具有传感器测量功能，可以将被测物理量等转换为电压、电流、电阻等电量进行测量，如可以接入热电阻、热敏电阻或热电偶进行温度测量。高性能万用表可预先输入响应曲线，万用表采用内部算法进行数值转换和修正，最终将被测物理量显示在屏幕上。

（9）量程设置。

量程的选择有自动和手动两种方式。自动方式下，万用表根据输入信号自动选择合适的量程。手动方式下，可以使用面板按键或菜单键设置量程，以获得更高的读数精确度。

（10）触发功能。

万用表提供自动、单次、外部和电平等多种触发方式，每收到一个触发信号时，可以读取一个或指定数量的读数，并且可以设定触发和读数之间的延迟时间。

（11）自动调零。

万用表在每次测量前，会将输入信号和被测电路断开，读取一个零输入时的读数，然后将测量值减去零输入的读数，以消除零点漂移。

（12）交流滤波。

交流滤波适用于交流电压、交流电流和频率的测量，以消除高频噪声。交流滤波器的截止频率一般有多种选择，可以根据输入信号的频率来决定截止频率。

（13）数学运算。

可以对测量读数执行统计、相对值计算、转换等数学运算。统计运算用于统计测量期间读数的最小值、最大值、平均值和均方差。可根据设定的上下限参数，对测试通过或失败的信号进行提示。对于相对运算，万用表将实际测量结果与预设值相减后显示相对测量值。

(14) 存储和调用。

可以将当前的仪器状态或测量数据存储到本地或外部存储器中,并在需要时对其进行调用。

(15) 通信接口。

台式高性能数字万用表可带有LAN、RS232、USB、GPIB等通信接口,以便进行远程控制,并可构成自动测试系统。可以使用厂商提供的PC软件发送命令对数字万用表进行远程控制,也可以通过标准的SCPI、IEEE-488命令或VXI、IVI等驱动程序对数字万用表进行编程控制。对于符合LXI仪器标准的数字万用表,可通过网页控制数字万用表。

三、数字万用表性能指标

万用表的主要性能指标包括分辨率、测量速率、输入阻抗、测量量程和精度等。

(1) 分辨率。

分辨率反映数字万用表分辨被测量最小变化量的能力。不同量程的分辨率是不一样的,量程越小,分辨率越高。可根据分辨率位数来计算出各量程的测量分辨率。手持万用表的分辨率位数一般在3¾左右,台式万用表的分辨率位数可达8½。3¾位数字万用表可以显示0～3 999的数字,8½位数字万用表可以显示0～199 999 999的数字。对于1 000 V的量程,3¾位数字万用表的电压分辨率为1 V,8½位数字万用表的电压分辨率为10 μV。

分辨率位数越高,测量精度越高。分辨率位数越低,测量速度越快。测量时,可以将分辨率位数设置为低于仪器标称的分辨率位数,通过牺牲测量精度来提高测量速度。如对于8½位数字万用表,可以将测量时的分辨率位数设置为7½。万用表也会根据当前的测量设置自动选择读数分辨率。

(2) 测量速率。

测量速率表示每秒完成的测量次数,低速高精度的一般为每秒几到几十次,高速的可达每秒几万次。测量速率和测量功能、所选择的分辨率位数、ADC的积分时间等有关。如直流电流和电压测量较快,交流电压和电流测量较慢。分辨率位数越高,积分时间越长,测量速率越慢。

(3) 输入阻抗。

在测量不同物理量时,数字万用表的输入阻抗可能会影响被测电路,造成测量误差。部分数字万用表的输入阻抗可以设置,如测量直流电压时,可选择10 MΩ或10 GΩ。数字万用表的输入阻抗包括输入电阻和并联输入电容,因此在测量交流电压时,频率越高,数字万用表的输入阻抗就越小,会带来更多的测量误差。

(4) 测量量程和精度。

以常见的高性能台式数字万用表为例,直流电压量程为100 mV～1 000 V,精度为0.002%;交流电压量程为100 mV～750 V,频率为10 Hz～50 kHz时精度为0.1%;直流电流量程为1 μA～10 A,100 mA以下精度为0.01%;交流电流量程为1 μA～10 A,1 A以下频率为10 Hz～10 kHz时精度为0.1%;电阻量程为100 Ω～1 000 MΩ,1 MΩ以下精度为0.002%;电容量程为1 nF～100 μF,精度为1%;频率量程为3 Hz～300 kHz,精度为0.1%。

四、数字万用表使用注意事项

(1) 手动量程。

处于手动量程状态时，如被测电流、电压大小未知，应首先选择大量程，并避免在连接被测电路时手动切换量程。

测量电流时，应根据被测电流大小，选择大电流或小电流插孔，将万用表表笔串联到被测回路中。表笔插在电流输入端口上时，切勿把表笔并联到任何电路上，以避免烧断万用表内部保险丝。完成测量后，应先关断被测电流源，再断开表笔与被测电路的连接，这对大电流的测量更为重要。

测量电流时须断开回路，因而操作麻烦。因此应尽量避免直接测量电流，可以通过测电阻两端的电压值，通过欧姆定律间接求得电流值。

(2) 含有直流分量的交流电压、电流测量。

万用表用于测量含有直流分量的交流电压和交流电流时，会首先通过交流耦合滤除直流分量，仅测量交流分量的有效值。

(3) 非正弦波有效值测量。

一般用峰值因数来描述信号波形，峰值因数是波形的峰值与其有效值的比值。峰值因数越大，高次谐波所包含的能量也就越大。万用表有效带宽一般在几百 kHz，在测量非正弦波有效值时，无法包含其中的高次谐波，从而影响有效值测量的准确度。

1.2.4　频率计

频率计数器又称频率计或计数器，主要用来测量周期信号的频率。示波器具有测量频率的功能，部分波形发生器也带有频率测量功能，这两种设备一般用于测量 300 MHz 以下的频率，分辨率在 7 位以下。专用的频率计产品可以测量几十 GHz 的微波频率，分辨率可达 12 位以上。

一、频率计工作原理

频率计由前端电路、计数电路、时基电路、控制电路和显示器组成。时基电路采用高稳定度的恒温晶体振荡器，产生标准时钟脉冲。前端电路对输入信号进行衰减或放大等处理，并转换成方波，送入 FPGA 芯片构成的计数电路，在开始触发到停止触发之间的闸门时间内进行计数。对于微波频率测量，前端电路还包括下变频器，它将输入信号与本地振荡器频率进行混频，把频率降低到中频范围内。

频率测量技术中，一般采用多周期同步测频的倒数计数法来减小测量误差，通过提高时钟频率和使用内插法计数器、游标法计数器来提高分辨率，使用变频法或置换法来扩大频率范围，以便测量更高频段的频率。

为避免量化误差以及闸门触发和被测信号不同步，频率计一般采用倒数计数法和内插法，将数字时间测量和模拟时间测量相结合，实现测量与输入信号同步，而不是与时基同步，频率测量的分辨率高，且与被测频率无关。

倒数计数法测量输入信号的多个整数周期，再进行倒数运算求得频率。内插法对开始或停止触发事件到下一个时钟脉冲之间的时间进行模拟测量。从开始触发事件发生后，以恒定电流对积分电容进行充电，直至下一个时钟脉冲的上升沿停止充电。通过积分电容电压大小，可测量开始触发至下一个时钟脉冲上升沿之间的时间差。同样可测量停止触发事件与下一个时钟脉冲之间的时间差。由模数转换器对电容器中储存的电荷进行测量，计算出充电时间。将倒数计数法测出的时间和内插法测出的时间相加，可以计算出闸门时间内的总计数值。

二、频率计功能

(1) 频率和频率比测量。

测量周期信号的频率或周期，可以设置频率计内部预定标器，对信号进行分频后再测量。对于调频信号，可以测量其中的最高频率、最低频率和平均频率。对于调幅信号，可以测量载波频率和调制频率。频率计还可以测量突发脉冲信号，即以一定脉冲重复频率出现的脉冲信号。频率计可以进行无停滞时间的连续频率测量，用于计算艾伦偏差，以评价振荡器的短期稳定性。

频率计可以用于测量两个通道信号的频率比，测试倍频器或前分频器的性能。

(2) 时间测量。

可以测量输入信号开始和停止触发条件之间的时间间隔，由此计算出脉冲宽度、上升和下降时间、占空比等。测量上升和下降时间时，须设置触发电平。可以进行连续的时间间隔测量，以观察较长时间范围内信号的缓慢相位漂移。时间测量可以在一个通道或两个通道之间进行。

(3) 相位差测量。

频率计可以用于测量两个通道上频率相等的信号的相位差，反映两个信号在时间上的超前或滞后关系。

(4) 电压测量。

频率计可兼有电压测量功能，可以测量电压的最大值、最小值、峰峰值、有效值。

(5) 功率测量。

部分频率计兼有射频功率计的功能。

(6) 数学和统计功能。

频率计可以按照一定的数学表达式进行运算，计算最大值、最小值、平均值、标准偏差、艾伦偏差等。

(7) 通信接口。

频率计可带有 USB、GPIB 等通信接口，以便进行远程控制，并可构成自动测试系统。可以使用厂商提供的 PC 软件发送命令对频率计进行远程控制，也可以通过标准的 SCPI、IEEE-488命令对频率计进行编程控制。

三、频率计性能指标

频率计的主要性能指标包括通道数、频率范围、分辨率、输入阻抗、电压灵敏度等。

(1) 通道数。

频率计一般有 3 个通道，即 2 个低频通道和 1 个射频通道。

(2) 频率范围。

低频通道可测量 0～300 MHz 的频率，射频通道测量几百 MHz 到几十 GHz 的频率。

(3) 分辨率。

在 1 s 的闸门测量时间下，高精度频率计可以达到 12 位的分辨率，若以时间为单位，则

相当于 50 ps。

(4) 输入阻抗。

频率计可设置输入阻抗，一般有两种选择，即 50 Ω 或高阻(如 1 MΩ)。

(5) 电压灵敏度。

电压灵敏度是指可以检测出频率的输入电压的最小值，一般可低至50 mV_{pp}以下。频率计内部一般有衰减电路，可将输入信号幅度衰减至 10%，因此最大输入电压一般可达 10 V_{pp}。

四、频率计使用注意事项

(1) 交流与直流耦合。

频率计可以选择交流或直流耦合输入。使用交流耦合功能可消除不必要的直流信号分量。当交流信号叠加在直流电压上时，如直流电压高于触发电平设置范围，则始终要使用交流耦合。当信号的占空比变化或者占空比很高或很低时，可以使用直流耦合。

(2) 低通滤波器设置。

频率计一般内置模拟和数字低通滤波器，以滤除高频噪声。模拟低通滤波器截止频率约为几百 kHz。数字低通滤波器使用触发释抑方式，用户输入数字低通截止频率后，会换算为等效的释抑时间。通过触发释抑，可以在输入触发电路中插入一段停滞时间，避免误触发。数字低通滤波器的截止频率范围一般较宽，如 1 Hz～50 MHz。使用数字滤波功能时，如果截止频率过低，可能两个周期触发一次；如果截止频率过高，超过输入频率的两倍，可能每半个周期触发一次。

1.2.5　示波器

示波器本质上是一种图形显示设备，描绘电信号随时间的变化过程。垂直 Y 轴表示电压，水平 X 轴表示时间，有时称亮度为 Z 轴。示波器是一种基本的、应用最广泛的时域测量仪器，可以测量信号的幅度、频率、周期等基本参量，也可以测量脉冲信号的脉宽、占空比、上升和下降时间、振铃等参数，还可以测量两个信号的时间和相位关系，并具有对信号进行数学运算、频谱分析等功能。按照技术原理，示波器分为模拟示波器和数字示波器，目前广泛使用数字示波器。

一、数字示波器分类

数字示波器可以分为数字存储示波器(DSO)、数字荧光示波器(DPO)、数字采样示波器、数字混合信号示波器(MSO)、数字混合域示波器(MDO)等。有些类型的名称是个别厂商定义的，如数字荧光示波器，不同厂商可能有不同的名称。数字混合信号示波器、数字混合域示波器在数字存储示波器功能的基础上，增加了其他测量仪器功能，使数字示波器成为多功能的测量仪器，以方便电子系统的测量。有些示波器还集成了独立的任意波形发生器、高精度频率计、数字电压表等。

(1) 数字存储示波器。

数字存储示波器采用模数转换器采集波形，然后存储这些波形点，最后显示在屏幕上。数字存储示波器可以捕获和观察瞬态信号，提供基本的波形显示、信号存储和波形处理功能。目前广泛使用的数字示波器主要是数字存储示波器。

(2) 数字荧光示波器。

数字荧光示波器提供了Z轴即亮度轴(或称辉度轴),用时间、幅度和幅度在时间上的分布三个维度显示信号,可以达到模拟示波器CRT荧光显示的效果。数字荧光示波器显示屏的每个像素在波形存储器中有一个单独的存储单元,每次捕获波形时该像素都会累积到存储单元中,反映出该像素点的辉度等级信息。在数字荧光示波器中可以看到每次触发都产生的波形,与多次触发才产生一次的波形之间的辉度显示差别,特别适合观察复杂波形,如合成视频信号。

数字荧光示波器采用并行处理结构捕获、显示和分析信号,使用硬件采集波形图像,并直接传送到显示系统,无须经过微处理器处理,消除了微处理器的速度限制,提高了实时显示更新能力,提供了更高的波形捕获速率,能够实时捕捉信号细节和瞬态事件。微处理器与采集系统并行工作,实现显示管理、测量自动化和仪器控制。

(3) 数字采样示波器。

数字采样示波器首先对输入信号进行采样,然后再进行衰减和放大,消除了模拟前端电路器件的限制,可以大大提高示波器的带宽,最高可达到80 GHz以上。由于没有前置衰减和放大器,采样示波器的动态范围有限,大多数采样示波器的动态范围限定在大概1 V峰峰值。通过顺序等效时间采样,采样示波器可以捕获频率成分高于示波器采样率的信号。

(4) 数字混合信号示波器。

数字混合信号示波器把数字存储示波器和逻辑分析仪的功能结合起来,可以进行模拟信号和数字信号的测量,可以快速调试模拟和数字电路。通过同时分析信号的模拟表示和数字表示,确定许多数字电路故障产生的根本原因。数字混合信号示波器可以进行并行和串行总线协议触发与解码。

(5) 数字混合域示波器。

数字混合域示波器把频谱分析仪、数字存储示波器和逻辑分析仪功能结合在一起,实现了模拟域、数字域、频域同时测量,可以查看嵌入式设计内部协议、状态逻辑、模拟信号和射频信号的时间相关特性,大大缩短获得信息所需要的时间,降低跨域事件之间的测量不确定度。

二、数字示波器工作原理

数字示波器主要由以下功能系统组成:垂直模拟通道系统、采集与存储系统、水平时基系统、触发系统、显示系统、微处理器控制系统。垂直模拟通道系统、水平时基系统、触发系统等相关设置,可以在示波器前面板的三个对应区域进行,即垂直设置区、水平设置区和触发设置区。示波器还须配备不同种类的探头,把被测信号接入示波器。

(1) 垂直模拟通道系统。

垂直模拟通道主要由阻抗变换器、可编程衰减器和可变增益放大器组成,可以进行输入阻抗、耦合方式、垂直位移、垂直灵敏度、带宽限制、垂直扩展、延迟校正的设置。

① 输入阻抗。

示波器输入阻抗可以在高阻如1 MΩ和50 Ω中选择。被测电路输出阻抗为50 Ω时,可以将示波器输入阻抗设置为50 Ω,实现阻抗匹配。其他情况下,为减小示波器接入对被测电路的影响,可以选择高阻。

② 耦合方式和垂直位移。

垂直通道有交流耦合、直流耦合和接地三种耦合方式。直流耦合显示输入信号的所有频率成分。交流耦合滤除输入信号中的直流偏置，只显示其中的交流成分。接地设置把输入信号从垂直系统断开，可用于确定 0 V 基线在屏幕上的位置。在接地耦合方式和自动触发方式下，屏幕上将显示一条横线，这条横线表示 0 V。调节示波器面板上的垂直位移旋钮，可以改变 0 V 基线在屏幕上的位置，便于观察带有直流偏置的信号，以及比较多个通道的波形。

③ 垂直灵敏度和带宽限制。

垂直灵敏度为 Y 轴坐标每个大格代表的电压值。可以通过可变增益放大器面板上的垂直灵敏度旋钮，进行增益的粗调和细调。可变增益放大器还具有带宽限制功能。打开带宽限制功能时，可以滤除波形中的高频噪声，其截止频率可以设置，如设置为 20 MHz 或 250 MHz 等。与带宽限制相反，某些示波器在波形重建和显示过程中，采用带宽增强技术，通过数字均衡滤波器改善示波器垂直通道的频率响应，扩展带宽，提高通道间的匹配度，降低上升时间，改善时域阶跃响应。

④ 垂直扩展。

使用垂直扩展功能时，改变模拟通道的垂直灵敏度，波形可以选择围绕屏幕中心或信号接地点进行垂直信号扩展或压缩。

⑤ 延迟校正。

使用示波器进行实际测量时，探头电缆的传输延迟可能带来较大的零点偏移，即波形与触发电平线的交点相对于触发位置的偏移量。延迟校正功能可以设定一个延迟时间，以校正对应通道的零点偏移。

(2) 采集与存储系统。

采集与存储系统由高速 ADC 转换器、降速抽取设备、采集存储器组成。采集与存储系统可以设置的参数有采样方式、抽取模式、存储深度等。

① ADC 采样方式。

ADC 采样方式分为实时采样和等效时间采样两类。

a. 实时采样。

实时采样方式下，示波器在一次触发中获取重建波形所需要的所有采样点。此时，根据奈奎斯特采样定理的要求，ADC 采样率应大于输入信号最高频率成分的两倍。在观察高频波形时，要求 ADC 有非常高的转换速率。实时采样是示波器捕获快速、单次、瞬态信号的唯一方式。

b. 等效时间采样。

输入信号的最高频率成分远高于 ADC 转换速率时，可以采用等效时间采样方式。等效时间采样方式下，对于周期性信号，每次触发仅捕获很少的几个采样点，把多次触发采样得到的采样点拼凑成一个波形，最后形成的两个采样点间的时间间隔的倒数称为等效采样速率。采用等效时间采样方式，可以大大降低对 ADC 转换速率的要求。

等效时间采样可分为随机采样和顺序采样。

随机等效时间采样方式采用内部的时钟，连续不断地获得采样点，内部时钟与触发电路时钟不同步。尽管采样在时间上是连续的，但相对于触发位置是随机的，因此称为随机等效时间采样。随机等效时间采样方式允许显示触发点前的输入信号，不用外部预触发信号或延迟线。

顺序等效时间采样方式下，每次触发捕获一个采样点，而不依赖于扫描时间的设置。下一次触发时，延迟一段时间增量 Δt 进行下一个采样点的捕获，此过程重复多次，直到波形整个周期采样结束。顺序等效时间采样提供更高的分辨率和精度，但不能进行单次捕捉预触发观察。

② 降速抽取。

实时采样示波器的 ADC 最高采样率可达 10 GS/s 以上。受到存储器写入速度的限制，ADC 采样值不能直接存入存储器，须进行降速处理。同时可采用抽取模式，从采样点中产生出波形点。抽取模式包括普通模式、峰值检测模式、高分辨率模式、平均模式等。

a. 普通模式。

普通模式下，每个采样点均被存入采集存储器作为波形点以重建波形。对于大多数波形来说，使用该模式均可以产生最佳的显示效果。

b. 峰值检测模式。

峰值检测模式下，示波器采集采样点中的最大值和最小值，可以获取信号的包络波形，以及偶发的窄脉冲(如尖峰)干扰。该模式下示波器可以捕获比采样周期宽的所有脉冲。

c. 高分辨率模式。

高分辨率模式下，对邻近的若干采样点进行平均，作为一个波形点存入采集存储器，可减小输入信号的随机噪声，在屏幕上产生更加平滑的波形。

d. 平均模式。

平均模式下，示波器对多次触发得到的多个波形的采样点进行平均，得到一个波形，存入采集存储器，以减少输入信号上的随机噪声并提高垂直分辨率。平均次数越多，噪声越小且垂直分辨率越高，但显示的波形对波形变化的响应也越慢。平均模式和高分辨率模式使用的平均方式不一样，前者为波形平均，后者为点平均。

与波形采集时的降速相反，在重建和显示高频波形时，由于实时采样点数较少，为增加波形的可视性，示波器一般采用插值技术，主要有线性插值和曲线插值两种方法。线性插值法按直线方式将一些点插入采样点之间，用于重建直边缘的信号(如方波)，此时采样速率应为信号最高频率成分的 10 倍以上。曲线插值法将插值以曲线形式插入采样点之间，常用的是 $\sin x/x$ 曲线插值法。当采样速率是信号最高频率成分的 3～5 倍时，$\sin x/x$ 插值法是推荐的插值法。

③ 存储深度设置。

在示波器标称的存储深度范围内，可以手动或自动设置存储深度。在自动模式下，示波器根据当前的采样率自动选择存储深度。存储深度取决于采样率与波形时长的乘积。

(3) 水平时基系统。

水平时基系统根据前面板设置，改变 ADC 采样时钟频率，控制降速抽取处理和采集存储器的写入。水平系统可以进行时基模式、水平扫描速度、水平位移、延迟扫描、水平参考等的设置。

① 时基模式。

时基模式有两种：Y-T 模式和 X-Y 模式。Y-T 模式为主时基模式，该模式下，Y 轴表示

电压量，X 轴表示时间量。X-Y 模式下，X 轴和 Y 轴分别跟踪两个通道上的输入电压，X 轴不再表示时间。X-Y 模式用于通过李沙育法测量相同频率的两个信号之间的相位差。

② 水平扫描速度。

水平扫描速度为水平方向 X 轴坐标每个大格代表的时间。水平扫描速度的调节方式有粗调和微调两种。

③ 水平位移。

示波器具有预触发和延迟触发功能，可以在触发事件之前和之后采集数据。触发位置通常位于屏幕的水平中心，全屏显示时可以观察到预触发和延迟触发波形点。调节水平位移旋钮，可以在水平方向上左右移动波形，查看更多的预触发或延迟触发信息，从而了解触发前后的信号情况，如捕捉电路产生的毛刺，分析预触发数据，查找毛刺产生的原因。按下水平位移旋钮，可快速复位水平位移或延迟扫描位移。

④ 延迟扫描。

除主时基外，示波器还有一个延迟时基，在相对主时基一定时间延迟后，启动扫描，可以水平放大一段波形，观察主时基扫描看不到的波形细节。

⑤ 水平参考。

在调节扫描速度时，水平参考功能可以选择屏幕波形进行水平扩展或压缩的基准位置。可通过屏幕中心、触发位置或自定义进行选择。

(4) 触发系统。

触发系统产生一个周期与被测信号有关的触发脉冲，确定时基扫描的起点每次都从输入波形的相同位置开始，以便示波器能稳定显示重复的周期波形，捕获单次波形。

触发系统可以设置的参数包括触发源、触发方式、触发耦合、触发电平、触发释抑、触发类型等。

① 触发源。

触发源可以选择模拟通道输入、外触发输入、工频交流电。任一模拟通道的输入信号均可作为触发信源，被选中的通道不论其输入是否被显示，都能正常工作。外触发输入通过连接器接入，示波器内部有一个模拟通道，对外部触发信号进行阻抗变换和衰减。工频交流电触发信号取自示波器的交流电源输入，用于电力设备的相关测量。

② 触发方式。

示波器触发方式包括自动触发、普通触发、单次触发。

自动触发方式下，不论是否满足触发条件都有波形显示。如果没有检测到触发，示波器进行定时强制触发。无信号输入时显示一条水平线。该触发方式适用于低重复率信号和未知信号电平的信号。要显示直流信号，必须使用该触发方式。

普通触发方式下，在满足触发条件时显示波形，不满足触发条件时保持原有波形显示，并等待下一次触发。该触发方式适用于低重复率信号和不要求自动触发的信号。该方式下按 FORCE 键可强制产生一个触发信号。

单次触发方式下，示波器等待触发，在满足触发条件时显示波形，然后停止。此方式下，按强制触发键 FORCE 可强制产生一个触发信号。

③ 触发耦合。

触发耦合方式决定信号的哪种分量被传送到触发电路，包括直流耦合、交流耦合、低频抑制、高频抑制等方式。在选择边沿触发类型时，才可以进行触发耦合方式设置。

直流触发耦合方式允许直流和交流成分通过触发路径。交流触发耦合方式阻挡任何直流成分并衰减 8 Hz 以下的信号。低频抑制方式阻挡直流成分并抑制 5 kHz 以下的低频成分。高频抑制方式抑制 50 kHz 以上的高频成分。低频抑制和高频抑制方式从触发信号中消除噪声，防止误触发。

④ 触发电平。

将输入信号电平和预设的触发电平比较，当两者相等时产生触发信号。调节触发电平旋钮可以改变触发电平的高低，此时屏幕上会出现一条触发电平线以及触发标志，并随旋钮转动而上下移动，同时屏幕显示的触发电平值也会实时变化。触发电平应该设置在信号电平最大值和最小值之间。有些示波器可以为每个输入通道使用独立的触发电平设置，也可以在所有通道中应用全局设置。

⑤ 触发释抑。

释抑时间是指示波器触发之后重新启用触发功能所等待的时间。在释抑时间内，即使满足触发条件，示波器也不会触发，直到释抑时间结束，示波器才重新启用触发模块。触发释抑可稳定触发复杂波形(如脉冲)。

⑥ 触发类型。

数字示波器提供多种基本触发类型、高级触发类型和专用触发类型。

示波器最基本的触发类型是边沿触发。

高级触发类型在输入信号满足一定的电压幅度和时间宽度时产生触发。根据电压幅度条件定义的触发类型有欠幅脉冲触发等。根据时间宽度条件定义的触发类型有脉宽触发、超时触发、毛刺触发、跳变时间触发、建立时间和保持时间触发等。根据电压幅度和时间宽度共同定义的触发类型有窗口触发等。根据用户绘制的自定义波形定义的触发类型有可视触发等。示波器还支持多通道组合逻辑触发、多事件时序逻辑触发。高级触发类型主要用于观察数字信号。

专用触发类型主要用于计算机、通信、网络、视频(如计算机 DDR 存储系统等，AMI、HDB3、CMI、NRZ 等通信编码，RS232、I^2C、SPI、CAN、USB 等低速串行协议，PCI Express、串行 ATA 等高速串行总线，NTSC、PAL、SECAM、HDTV 等标准视频信号)等应用中复杂信号的测试工作。

a. 边沿触发和触发电平。

边沿触发是最常用的触发类型，在输入信号指定边沿的触发门限上触发。边沿触发可以选择上升沿触发、下降沿触发、上升和下降沿均触发。

边沿类型选择为上升沿时，在输入信号的上升沿处，且电压电平满足设定的触发电平时触发。边沿类型选择为下降沿时，在输入信号的下降沿处，且电压电平满足设定的触发电平时触发。也可以选择在上升沿和下降沿处都产生触发。

b. 脉宽触发。

脉宽触发是指在指定宽度的正脉冲或负脉冲发生时触发，可以选择在大于指定脉宽、在小于指定脉宽、在指定脉宽上限和下限范围内的正脉冲或负脉冲出现时产生触发。

c. 超时触发。

超时触发包括高电压超时触发、低电压超时触发、电压不变超时触发。输入信号超过指

定电压一定的时间，产生高电压超时。输入信号低于指定电压一定时间，产生低电压超时。输入信号在一定时间内不穿越设定的电压值，产生电压不变超时。超时触发可用于检测数字系统中的死区时间。

d. 毛刺触发。

毛刺触发是指在小于设定宽度和大于设定高度的正向或负向毛刺发生时触发。毛刺触发须设置两个条件，即毛刺宽度和毛刺高度。

e. 跳变时间触发。

跳变时间触发是指在指定时间宽度的上升沿或下降沿发生时触发，可以选择大于指定时间宽度、小于指定时间宽度、在指定时间宽度上限和下限范围内的上升沿或下降沿出现时产生触发。采用跳变时间触发时，须设置时间宽度的上下限，以及与时间宽度对应的触发电平上下限。

f. 建立时间和保持时间触发。

建立时间和保持时间触发帮助捕获电路中的建立时间和保持时间，或者建立或保持时间违规的信号波形。使用建立时间和保持时间触发，需要一个用作参考的时钟波形，以及一个数据波形作为触发源。

g. 窗口触发。

窗口触发定义了电压幅度的上下限作为一个窗口。当输入电压进入窗口、超出窗口，或进入和超出窗口的保持时间超过指定时间宽度时，产生触发。将电压幅度的上下限设置成相应逻辑系列的高和低门限电压，可捕获异常的数字信号。

h. 欠幅脉冲触发。

欠幅脉冲触发可以检测正常的脉冲串中幅度突然减小的正向或负向脉冲。设置电压的上下限后，电压幅度落在上下限之间的脉冲被认定为欠幅脉冲。将欠幅脉冲的上下限设置成数字逻辑系列的门限值，可捕获异常脉冲。

i. 多通道组合逻辑触发。

多通道组合逻辑触发是指将各通道的触发条件经过 AND、OR、NAND、NOR 逻辑组合后，形成总的触发条件，此触发条件为真时才捕获波形，又称逻辑码型触发。

j. 多事件时序逻辑触发。

多事件时序逻辑触发包括延迟触发、顺序触发、复位触发。

延迟触发是指事件 A 发生后，延迟一段时间或延迟若干个事件 A 后再捕获波形。延迟触发用于需要捕获的波形发生在事件 A 后，且距离事件 A 的时间间隔很长，如果在事件 A 发生后立即捕获波形，需要存储的波形点可能超过示波器的存储深度。事件 A 的定义可以采用上述各种基本或高级触发类型之一。

顺序触发是指有多个事件顺序发生时才捕获波形。如对于 AB 双触发，定义事件 A、事件 B 为上述各种基本或高级触发类型之一。事件 A 发生后，采用延迟触发，延迟一段时间或延迟若干个事件 A 后，再等待事件 B 发生后捕获波形。对于事件 B 也可以选择延迟触发后再捕获波形。

复位触发是指在满足某个触发类型时，重新开始顺序触发，即等待一个事件（如事件 A）发生。

(5) 显示系统。

显示系统完成波形、网格、坐标、测量参数的显示，并可通过设置改变波形和屏幕的显示方式。

① 显示类型。

可以设置波形的显示方式为矢量或点。矢量显示方式下，采样点之间通过连线的方式显示。该模式在大多情况下提供最逼真的波形，可方便查看波形的陡边沿。点显示方式直接显示采样点，可以直观地看到每个采样点，并可使用光标测量。

② 波形亮度。

可通过旋钮调节模拟通道的波形亮度。

③ 屏幕网格和坐标。

可根据需要打开或关闭背景网格及坐标。

④ 余辉时间。

余辉时间控制波形在显示器上的保持时间，决定显示更新速率。余辉时间一般可在 ms 到 s 数量级之间调节，还可以设置为无限。

余辉时间设置较小时，可观察以高刷新率变化的波形，如调频波。余辉时间设置较大时，可观察变化较慢或者出现概率较低的毛刺。

无限长余辉方式下，示波器显示新采集的波形时，不清除已采集的波形。已采集的波形以低亮度显示，新采集的波形以正常的亮度显示。如果信号抖动较大，则信号的边缘会变粗和模糊。使用无限余辉可测量噪声和抖动，捕获偶发事件。

三、数字示波器功能

下面主要介绍数字存储示波器的常用功能。

(1) 自动测量。

示波器的自动测量功能可以测量出主要的电压参数、时间参数、相位参数。电压参数包括最大值、最小值、峰峰值、幅度值、平均值、有效值、过冲、预冲等。时间参数包括周期、频率、上升时间、下降时间、脉宽、占空比等。相位参数包括任意两个通道波形边沿跳变的相位差。自动测量的参数种类可以设定。

(2) 光标测量。

数字示波器可以通过手动控制光标，测量波形参数。示波器可以同时显示两个电压光标和两个时间光标。利用示波器前面板上的旋钮，可以移动这些光标，测量波形上任何一点的绝对电平、离触发参考点的时间，或者读出波形上任意两点的电压差、时间差以及电压与时间的相关特性等。

(3) X-Y 模式。

X-Y 模式下，X 轴的输入不只是时基扫描信号，也是输入信号，可以通过李沙育图形读取两个同频信号的相移。

(4) 数学运算。

数字示波器提供了高级数学运算功能，包括加减乘除、积分、微分、指数、对数、平方根、绝对值、逻辑运算、快速傅里叶变换、数字滤波等，还可以自定义数学表达式对波形进行运算。

使用快速傅里叶变换(FFT)功能可以将时域信号转换为频域分量。基于 FFT 运算，可

实现信号的频谱分析功能，测量谐波分量和失真，分析噪声特性。使用 FFT 功能时，可设置频率范围及中心频率，或者设置起始频率及终止频率，可以选择所需的窗函数。进行峰值搜索时，可设置峰值个数或峰值阈值，抓取信号中峰值较大的频率成分。

(5) 波形比较。

可以把已采集的波形保存到存储器中，作为参考波形，与当前波形做比较。

(6) 通过/失败测试。

通过/失败测试通过判断输入信号是否在创建的规则范围内，来监测信号变化情况，并给出检测结果。

(7) 伯德图。

伯德图是系统频率响应的一种图示方法。数字示波器通过内置的信号发生模块，产生指定频率范围内的扫频信号，输出到被测电路的注入点，示波器测试注入端和输出端在不同频率下的相位变化曲线和增益变化曲线，从而绘制出伯德图。通过伯德图，可以分析系统的增益裕度和相位裕度，以判定系统的稳定性。

(8) 直方图统计。

数字示波器支持直方图统计功能，方便对信号进行趋势判断，从而快速发现信号中潜在的异常。直方图统计视图可分为垂直直方图、水平直方图和测量直方图，随着波形的采集或测量的进行，条形图高度会在设置的直方图范围内不断变化，以指示数据统计次数。

(9) 协议解码。

数字示波器可以对符合 RS232、I^2C、SPI、CAN、USB 等串行协议的串行信号进行触发并解码。

(10) 存储和调用。

可以将当前的前面板设置状态或波形数据存储到本地或外部存储器中，并在需要时对其进行调用。

(11) 通信接口。

数字示波器可带有 LAN、USB、GPIB 等通信接口，以便进行远程控制，并可构成自动测试系统。可以使用厂商提供的 PC 软件发送命令对数字示波器进行远程控制，也可以通过标准的 SCPI、IEEE-488 命令或 VXI、IVI 等驱动程序对数字示波器器进行编程控制。对于符合 LXI 仪器标准的数字示波器，可通过网页控制数字示波器。

(12) 自校正。

自校正程序可迅速使示波器达到最佳工作状态，以获得最精确的测量值。

四、数字示波器性能指标

数字示波器的主要性能指标包括通道数、带宽、上升时间、采样率、波形捕获率、存储深度、垂直灵敏度、垂直分辨率、扫描速度、输入阻抗等。

(1) 通道数。

数字示波器一般具有 2～4 个模拟输入通道。

(2) 带宽。

带宽一般定义为示波器显示的输入正弦波幅度被衰减到真实值以下 3 dB 时的上下限频率之差。示波器的带宽取决于前端电路的模拟带宽，即垂直模拟通道电路的幅频响应。带宽决定示波器可以测量的信号最高频率成分。一般应取示波器标称的带宽大于被测信号最高频率成分的5倍。带宽指标不足以说明示波器能否准确捕获高频信号。示波器的理想频率响应为最大平坦包络延迟，以重现不失真的信号。常用的数字示波器带宽一般在1 GHz以下，高端产品可达60 GHz。

(3) 上升时间。

上升时间是指在垂直通道输入端加一个理想的阶跃信号，显示屏上的显示波形从稳定幅度的10%上升到90%所需的时间。示波器的上升时间取决于模拟通道的瞬态响应。示波器必须有快速的上升时间以便捕获如脉冲、阶跃等的瞬变信号。一般要求示波器的上升时间小于信号上升时间的1/5。常用的数字示波器上升时间一般在100 ps以上，高端产品低于10 ps。

上升时间和带宽存在以下关系：

$$t_r = \frac{0.35}{BW} \tag{1.9}$$

式中，BW为带宽，t_r为上升时间。

(4) 采样率。

采样率包括实时采样率和等效采样率，即每秒多少个采样点，一般使用单位GS/s，GS代表10^9个采样点。一般主要关注实时采样率，多通道同时采样时的采样率低于单通道采样的采样率。常用的数字示波器实时采样率一般在10 GS/s以下，高端产品可达160 GS/s。实时采样率取决于ADC转换器的最高速率。实时采样率越高，采样间隔越短，重建波形的失真越小，便于捕获信号中的毛刺、尖峰干扰。

(5) 波形捕获率。

波形捕获率又称波形更新率，即每秒捕获的波形数，单位为wfms/s。示波器捕获一个波形后，需要一段时间对波形数据进行处理，在这段死区时间内，无法继续捕获波形，因此可能无法捕捉到偶发事件。常用的数字示波器波形捕获率一般在每秒10万个以下，高端产品可达每秒50万个以上。

(6) 存储深度。

存储深度又称记录长度，指示波器采集存储器能够连续存入的最多波形点数，单位为Mpts，M代表10^6。存储深度增大，能捕捉到更多波形的细节。存储深度取决于存储器的容量。

常用的数字示波器存储深度标准配置一般在100 Mpts以下，最高可选配2 Gpts以上。

(7) 垂直灵敏度。

垂直灵敏度为Y轴坐标每个大格代表的电压值，反映垂直通道放大器的增益，通常用每格毫伏即mV/div作单位。一般垂直灵敏度最低为1 mV/div。

(8) 垂直分辨率。

垂直分辨率指垂直通道ADC的分辨率，用位数表示。常用的数字示波器垂直分辨率为8位，高端示波器为10位。

(9) 扫描速度。

扫描速度为水平方向X轴坐标每个大格代表的时间，决定垂直通道采集和存储系统的时钟，通常用每格时间即s/div作单位。最快扫描速度与示波器带宽有关，最快可达1 ps/div。

(10) 输入阻抗。

示波器输入阻抗一般可等效为电阻和电容并联。示波器输入阻抗可以在高阻如 1 MΩ 和 50 Ω 中选择。输入电容一般为 10 pF 左右。输入阻抗选择为高阻时,测量高频信号如振荡电路输出信号时,要特别考虑输入电容的影响。被测信号不经过示波器探头,直接接入示波器时,示波器输入阻抗将对被测电路产生负载效应。一般情况下均使用示波器探头进行测量,此时应保证示波器探头的输入阻抗和示波器的输入阻抗相匹配,可选用生产厂商推荐的示波器探头。

五、示波器探头

示波器探头将被测信号不失真地引入示波器,具有衰减、放大、阻抗变换、屏蔽等功能。探头和示波器共同构成一个波形测量系统,共同决定了测量系统的性能。

探头由探针、电缆、信号处理电路、连接器组成,具有多种探针和连接器类型可供选择。

(1) 探头种类。

示波器探头按照内部电路,可以分为有源和无源探头,以及单端和差分探头。按照被测量,可以分为电压探头、高压探头、电流探头、光接口探头等。有些示波器探头集成了多个功能,如具有无源、有源、差分三大功能。

① 无源电压探头。

无源电压探头没有有源器件,无须为探头供电,内部的电阻和电容可以完成补偿、衰减等功能。无源电压探头结构简单,使用广泛。

无源电压探头为不同电压范围提供了各种衰减系数,如×1、×10 和×100。×10 无源电压探头是最常用的探头,通常作为示波器标准配件提供,衰减系数可以在×1 和×10 之间切换。×10 衰减时把输入信号幅度降低至 10%再送入示波器,无法观察小信号,但同时提高了输入阻抗,减小了示波器探头对被测电路的影响,提高了测量精度。许多示波器可以自动检测探头的衰减值,并自动调节测量读数,而部分示波器须人工设置正在使用的探头衰减值,保证测量读数的准确性。

大多数高阻无源探头的带宽在 500 MHz 以下。有一些低阻无源探头如 50 Ω 探头,具有极小的输入电容,可提供 10 GHz 以上带宽,用于微波通信、时域反射计。

② 有源电压探头。

有源电压探头包含有源器件(一般为场效应晶体管),具有很高的输入电阻和很小的输入电容,带宽一般在 500 MHz～4 GHz 之间。由于低电容降低了地线影响,因此可以使用更长的地线。有源探头的线性动态范围一般在±0.6～±10 V 之间,最大电压为±40 V。同时,静电放电容易损坏有源探头。有源 FET 探头通常用于低电平测量,包括快速数字逻辑电路测试。

③ 差分探头。

差分探头用于测量浮地的差分信号,以抑制共模噪声。在测量低频信号时,可以使用单端探头,通过两个通道信号相减的数学运算,从而实现伪差分测量。对于高频信号,伪差分测量中的长信号通路会导致差分信号发生明显的幅度和相位失真,此时应使用差分探头。

④ 高压探头。

通用×10 无源探头的最大电压在 400～500 V 左右。高压探头的最大额定电压可达 20 000 V。高压探头的电缆比普通探头长,以便远离被测高压。

⑤ 电流探头。

电流探头使用电流传感器，将被测电流转换为电压，用示波器进行测量。与示波器的电压测量功能结合，电流探头还可以进行功率测量，如瞬时功率、真实功率、视在功率和功率因数角。

示波器的电流探头分成两类，即 AC 电流探头和 AC/DC 电流探头。AC 电流探头通常是无源探头，用于测量交流电流。AC/DC 电流探头通常是有源探头，可以测量直流和交流电流。典型 AC 电流探头的带宽一般低于 100 MHz，但最高的可达 1 GHz。

⑥ 光接口探头。

光接口探头是一种光电转换器，光接口一侧选用光接口连接器，与光纤或被测设备光接口连接，用于在示波器上观察光信号，以满足光接口波形测量和分析的需求。

⑦ 浮地探头。

浮地探头又称探头隔离器，可以把差分信号经过光耦等隔离器件送入示波器，以避免示波器地线和被测电路地线直接相连。浮地探头可以提供很高的共模抑制比，最大工作电压可达 850 V。

(2) 探头性能指标。

① 衰减系数。

所有探头都有一个衰减系数，有些探头为固定衰减系数，有些为可选衰减系数。典型的衰减系数是×1、×10 和×100。示波器一般会自动识别探头衰减系数。电压探头衰减系数使用电阻和电容实现，探头衰减系数越高，输入电阻也越高，输入电容越低。

② 精度。

探头精度的测量一般应包括示波器的输入阻抗的测量。对于电压探头，精度是指探头直流电压衰减系数的准确度。×10 衰减时精度一般为 3%。对于电流探头，精度指标是指电流到电压转换的精度，取决于电流传感器变比及端接电阻的精度。

③ 带宽。

探头的带宽是指探头的幅频响应曲线上导致输出幅度下降 3 dB 的频率。AC 电流探头还有低频下限截止频率。示波器本身的带宽和探头带宽决定测量系统的总带宽。使用 100 MHz 通用探头和 100 MHz 示波器时，测量系统总带宽将低于 100 MHz。

④ 额定最大电压。

电压探头可以承受的最大额定电压取决于探头内部器件的额定击穿电压。

⑤ 输入电阻和输出电阻。

输入电阻是指探头的直流输入电阻。典型的×1 探头输入电阻为 1 MΩ，×10 探头输入电阻为 10 MΩ。探头的输出电阻应与示波器输入电阻匹配。

⑥ 输入电容和输出电容。

探头的输入电容使输入脉冲产生畸变，影响上升时间的测量。如果脉冲宽度小于探头 RC 时间常数的 5 倍，会影响脉冲的幅度。探头电容同时对被测电路产生负载效应，可能影响被测电路的工作。探头的输出电容应与示波器输入电容匹配，实现完全补偿。典型的×1 探头输入电容为 50 pF 左右，而×10 探头输入电容为 10 pF 左右。

⑦ 畸变。

一般通过施加阶跃脉冲来测量探头的信号畸变。阶跃脉冲通过示波器探头，会产生减

幅振荡。一般用减幅振荡幅度与阶跃脉冲高度的百分比来表示畸变的大小，一般不超过 5%。

⑧ 传播延迟。

探头的频率响应会导致输入和输出信号的相移或时延。时延主要由探头电缆引起，1 m 的探头电缆可能产生几纳秒的信号延迟。在测量两个信号的相位差时，应该使用匹配的探头，保证每个信号通过探头的相移相同。

⑨ 上升时间。

上升时间表示探头对阶跃脉冲的响应，测量系统的上升时间应比被测脉冲快 3～5 倍。

示波器探头除有上述指标外，对于差分探头、电流探头，还有共模抑制比、安培秒乘积等指标。

六、数字示波器使用注意事项

(1) 探头补偿。

使用无源衰减电压探头时，应首先对探头进行补偿。将探头连接到示波器上的方波参考信号，调节探头的微调电容，使方波波形失真最小，避免过补偿和欠补偿。

(2) 地线夹连接。

在测量高速脉冲信号时，应特别注意探头地线夹的接地位置，使其尽可能靠近探头的探针，以减小地线回路的长度。地线的等效电感和探头的输入电容形成串联谐振电路，测量脉冲信号时，显示波形可能发生严重畸变，出现减幅振荡等现象。

地线夹连线频繁使用时，容易造成断路。由于地线断开，测量波形时示波器将显示 50 Hz 工频干扰波形，此时可用万用表检测地线夹是否与探头连接良好。

(3) 自动设置功能与手动设置。

使用自动设置功能，示波器将根据输入信号自动调整垂直挡位、水平时基及触发方式，使波形显示达到最佳状态，并提供快速参数测量功能。但是在信号噪声很大或信号为调制波形(如调幅波)，或信号边沿变化很慢、频率很低、占空比很低的情况下，自动设置可能无法正确显示波形，须手动设置。当信号噪声很大时，示波器无法正确测量某些参数如频率，须在显示屏幕上根据垂直灵敏度和扫描时间用光标进行手动测量。

(4) 触发源选择。

一般情况下，应该选择输入信号所在的通道作为触发源，否则无论如何调节触发电平，信号波形可能都无法稳定显示。如果同时观测两路信号，可以选择其中比较稳定的一路信号作为触发源。

1.3　实验研究方法

实验研究包括实验电路设计、测试方案设计、实验系统构建、实验电路测试、实验数据分析等步骤。

1.3.1　实验电路设计

实验研究的第一步就是根据实验设计任务、功能和性能指标、给定的约束条件，确定满足设计需求的解决方案，确定实验电路的系统结构图、单元电路类型、主要器件型号。解决方案可以有多个，须通过文献查阅、调查研究等方式，从可行性、性价比、可靠性、功耗等方面，对这些方案进行比较和论证，择优选取。解决方案确定后，进一步设计单元电路原理图、系统接线图，计算单元电路的元器件参数。对于低频电路，可以在万能实验板上进行实验电路研究。对于高频电路，一般须绘制 PCB 版图，并制作印刷电路板。

实验电路设计中，应充分考虑相关专业领域或行业的技术规范、标准和相关法律。如在设计无线发射装置时，发射频率和功率应符合国家无线电管理的相关规定。同时通过查阅文献，了解相关技术的最新发展，并在设计过程中尽可能使用新技术、新器件。可以在半导体厂商官网按照产品分类搜索最新产品。

实验电路设计中，在掌握电路原理的基础上，可以采用电路设计软件确定电路结构和元器件参数。如通过滤波器设计软件，可以确定 *LC* 滤波器的阶数以及各个电感、电容值。同时，可以采用仿真软件验证电路的功能和性能。在使用设计软件和仿真软件时，应理解其具有的局限性。软件给出的计算、预测或模拟结果，可能和实际测试结果并不相同，不能完全依赖于这些软件工具。如用软件仿真振荡电路时，仿真结果能振荡的电路，实际制作时可能无法振荡，而仿真结果不能起振的电路，实际制作时可能起振。

1.3.2 测试方案设计

实验电路设计完成后，应制定测试方案，用于确定测试系统的组成、测试仪器种类和型号、测试条件、测试步骤、测试方法、需要记录的原始数据等。

测试系统包括被测实验电路和各种测试仪器。应根据实验电路的功能和性能指标，确定测试仪器的种类和性能指标。测试仪器的性能指标应该高于实验电路的性能指标。如测试一个 50 MHz 的方波电路时，需要一个能输出 50 MHz 以上方波的波形发生器，考虑到方波的高次谐波，需要一个带宽 250 MHz 以上的示波器。根据仪器的功能和性能指标，可以选择符合要求的仪器型号，列出所需要的仪器清单。

若缺乏符合要求的仪器，可采用替代的仪器或测试方法。如波形发生器无法直接输出 10 MHz 锯齿波，则可以利用其任意波功能，通过波形点的编辑绘制出锯齿波。缺乏扫频仪时，可以使用波形发生器的扫频输出功能，配合示波器完成频率特性测试。

大部分的仪器设备都带有 USB、LAN 等通信接口，可以通过软件编程实现远程控制和数据读取，构成自动测试系统，减少手动测试的时间，提高测试效率。因此，测试方案也可以采用自动测试。

1.3.3 实验系统构建

实验系统构建包括实验电路安装、焊接，以及实验电路与测试仪器的连接。

一、电路安装

电路安装按照下列步骤和要求进行。

(1) 检测元器件。

分立元器件在安装前应测试其功能和参数值，确保元器件能正常工作。可以使用万用表、电感电容测试仪、阻抗分析仪、半导体特性图示仪等仪器进行元器件检测。

（2）元器件布局。

在万能实验板上进行实验电路研究时，须对元器件进行合理布局。制作印刷电路板、绘制 PCB 版图时也须进行元器件布局。

实验电路原理图由多个单元电路构成。可以按照单元电路的前后级关系进行电路布局，从输入到输出、前级到后级，分配单元电路的放置区域。要避免不同单元电路之间的辐射或传导干扰，避免大信号和小信号电路相邻，如低噪声放大电路和功率放大电路应该相距较远。确定单元电路的放置区域后，该电路的所有元器件应该靠近安放，以尽可能缩短连接线。

电路板的电源插座和输入、输出插座应布置在电路板的边缘，以便于连接。电源的引入应该使用插座，避免直接使用引出线，以方便电源的接入和断开。电源插座旁应就近安装滤波电容，滤除电路板电源进线的噪声。

电路板上应预留测试端子，如电路输入、输出和地线端，以便于测试仪器的连接。为方便对单元电路进行测试，单元电路的输入和输出尽可能也预留测试端。

（3）元器件安装。

分立元器件应使其型号标识朝上或朝向易于观测的方向。对于电解电容、二极管等有极性的元器件，安装时应注意方向不要装反。对于集成电路芯片也要注意其安装方向。

（4）元器件连接。

尽可能使用多色导线以区分不同信号，如一般正电源用红色导线，负电源用蓝色导线，地线用黑色导线，信号线用黄色导线等。走线要尽量做到横平竖直，不能交叉重叠。不允许将导线跨越集成电路，而应从四周的空隙处走线。

要特别注意电源线和地线的连接。如制作 PCB 板，可布置大面积覆铜作为电源和地线，或采用单独的电源层和地线层，器件的电源和地可以就近连接，即多点接地。如采用万能实验板，单元电路内器件的电源和地就近连接，不同单元的电源和地采用星形接法相连，即一点接地。

二、电路焊接

元器件焊接时，应注意以下问题。

（1）焊接前，如果元器件引脚或导线表面发生氧化，须打磨去除氧化层，用助焊剂帮助上锡，以避免虚焊。

（2）焊接 MOS 场效应管或集成电路芯片时，应使用防静电烙铁，可使用防静电手腕带，避免人体静电损坏器件。

（3）选择合适的烙铁头形状和大小，以保持与焊点接触面积最大，达到最佳的热量传输效果。

（4）焊锡分为有铅焊锡和无铅焊锡两大类，根据含锡量的不同有很多规格。含锡量越少，焊锡熔点越高。无铅焊锡熔点一般比有铅焊锡高，但也有低温熔点的无铅焊锡。使用有铅焊锡时，电烙铁温度一般控制在 280～360 ℃之间，焊接时间小于 3 s。使用无铅焊锡时，电烙铁温度一般控制在 300～380 ℃之间，焊接时间小于 5 s。可以参考器件手册上的焊接说明和焊接温度曲线。

（5）SOIC、QFP 等贴片封装元件，可采用拖焊或热风枪焊接。

三、测试仪器的连接

测试仪器连接应注意以下问题。

(1) 测试仪器输入、输出端的连接位置。

波形发生器的输出端子应尽可能靠近被测电路的输入端,示波器探头应尽可能靠近被测点。所有测试仪器包括直流电源的参考地应连接在同一点,并尽可能靠近被测电路的参考地,以避免引入噪声和波形失真。同时,由于波形发生器、示波器的信号参考地与大地相连,无法进行差分信号的测试。

(2) 测试仪器的输入或输出阻抗。

应正确设置波形发生器的输出阻抗、示波器的输入阻抗和示波器探头的衰减挡位置,以便和被测电路匹配,减小测试仪器对被测电路的影响。测量高频信号时,示波器探头应置于×10 衰减挡,以提高输入阻抗。要了解阻抗不匹配可能对测试造成的影响,如波形发生器的输出电压幅度可能与面板设置值并不相同,须用示波器测试其实际电压值。

1.3.4 实验电路测试

一、电路调试

调试过程是根据预先制定的测试方案,利用符合要求的测量仪器如示波器、波形发生器、万用表等,对安装好的电路进行调整和测量,以保证电路正常工作。调试应按照先断电检查然后通电调试、先单元电路调试然后整机调试、先直流静态调试然后交流动态调试的原则进行。当发现电路故障时,应断开前后级电路,逐级检查每级电路,避免前后级电路的相互影响导致误判。若电路存在反馈回路,须断开反馈回路,再接入输入信号,使系统成为一个开环系统,然后逐一查找发生故障点。

(1) 断电检查。

按照电路原理图检查元器件有无漏接、错接、反接等。在万能实验板上焊接的实验电路,还须按照电路连接关系检查导线连接是否正确,如是否多线、少线、错线等。尤其是引入的电源线不能接错或接反。可采用串联二极管或 MOS 开关电路等方法,防止电源接反。可以在电源电路中串联自恢复保险丝,防止电源过流,保护电路元器件和电源。

除目视检查外,应尽可能使用数字万用表的通断测试功能、电阻测量功能进行电路检查和故障判断。根据电路原理图,可分析出电路中任意两点的直流电阻大小,然后用数字万用表在电路板上进行实测,由此判断是否存在开路、短路或元器件接错。如果芯片使用插座安装,可以把芯片拔下,以便于故障查找。特别要检查电路板的电源线和地线之间是否存在短路。电源存在短路现象时,由于电源线在电路板上布线很长,存在多个分支,应进行区域分割,逐步减小检查范围,以最终确定短路点。

(2) 直流静态调试。

断电检查无误后,可以进行通电。把经过准确测量的直流电源电压接入电路,但不接入信号源,观察是否有异常现象,包括有无冒烟、有无异常气味、触摸元件是否发烫等。

如通电后电路没有异常现象,可以逐级进行静态工作点调试。用万用表测量电路中各点的静态电压,判断是否工作正常。如静态时,可测量三极管三个引脚的对地电位,计算发射结电压和集电结电压,用于判断三极管是否处于放大状态。如三极管处于饱和或截止状

态，则应检查电路是否存在连接故障、偏置电阻大小是否合适。对于运算放大器，由于未施加输入信号，按照虚短和虚断的概念，运算放大器同相端、反相端对地电位应相等，输出端对地电位应为 0 V。如实际测量结果不符，可检查外围连接情况是否正确，以及芯片是否可能损坏。

(3) 交流动态调试。

静态调试完成后，可进一步进行动态调试。此时用波形发生器在整机输入端加入信号，逐级测量电路各级的输出波形。若某一级输出异常，则断开前后级连接，单独在此级输入信号，测试其输出。

电路中某个元器件静态正常而动态有问题时，可能不一定是元器件本身有问题。应首先检查电路本身的负载能力及提供输入信号的信号源的负载能力。可把电路的输出端负载断开，检查是否工作正常，若电路空载时工作正常，说明电路负载能力差，须调整电路。如果断开负载电路仍不能正常工作，则还须检查输入信号波形是否符合要求。

二、数据记录

在实验电路测试时，由于受到测量仪器精度、测量方法、环境条件或测量者能力等因素的限制，测量值与真实值之间不可避免地存在着误差。数据记录时，要了解测量时可能存在的各类误差，并尽可能减小或消除误差。

(1) 测量误差的分类。

测量误差可分为三类：偶然误差、过失误差和系统误差。

① 偶然误差。

在规定的测量条件下对同一量进行多次测量时，如果误差的数值发生不规则的变化，则称其为偶然误差，又称随机误差。如外界干扰、测量人员感觉器官无规律的微小变化等引起的误差，都属于偶然误差。

② 系统误差。

在规定的测量条件下，对同一量进行多次测量时，如果误差的数值保持恒定或按某种确定规律变化，则称其为系统误差。如零点不准，以及温度、湿度、电源电压等变化造成的误差，都属于系统误差。

③ 过失误差。

过失误差是指在一定的测量条件下，测量值明显地偏离真实值时的误差。从性质上来看，可能属于系统误差，也可能属于偶然误差。过失误差的误差值一般明显超过相同条件下的系统误差和偶然误差，如读错刻度、记错数字、计算错误及测量方法不对等引起的误差均为过失误差。

(2) 测量误差的消除。

对于偶然误差，如果测量的次数足够多，则偶然误差平均值的极限就会趋近于零。所以可采用多次测量某个量的方法来消除偶然误差。

对于过失误差，由于其测量值明显地偏离真值，所以通过数据分析，确认是过失误差的测量数据，应予以删除。

对于系统误差，按其表现特性还可分为固定的和变化的两类。在一定条件下，多次重复测量时测出的误差是固定的，称这种误差为固定误差。若测出的误差是变化的，则称这种误差为变化误差。对于固定误差，可用如下的测量方法加以抵消。

① 替代法。

测量时，先对被测量进行测量，记取测量数据。然后用一个已知标准量代替被测量，改变已知标准量的数值。由于两者的测量条件相同，因此可以消除包括仪器内部结构、各种外界因素和装置不完善等引起的系统误差。

② 正负误差抵消法。

在相反的两种情况下分别进行测量，使两次测量所产生的误差等值而异号，然后取两次测量结果的平均值便可将误差抵消。如在有外磁场影响的场合测量电流值，可把电流表转动 180°，再测量一次，取两次测量数据的平均值，就可抵消外磁场影响引起的误差。

1.3.5 实验数据分析

实验电路测试完成后，得到大量的测试数据，须分析与解释数据，并通过信息综合得到合理有效的结论。

一、数据处理

数据处理是对实验得到的原始数据进行加工、整理、分析，求出被测量的最佳估计值，并以表格或图形等直观的形式列出，以便最后做出结论。实验数据的处理通常采用列表法和曲线法。

(1) 列表法。

列表法即将测得的原始数据进行整理分类后，以表格的形式展现。应用列表法处理数据应注意如下事项。

① 项目齐全。即应包括原始数据、中间数据、最终结果，以及理论值、误差分析等，不可缺项。

② 项目名称简洁易懂，有量纲的要标明单位，间接量要给出计算公式。

③ 明确测试条件。由于大多数测试都是在特定条件下进行的，改变测试条件时，测试结果也会变化。

(2) 曲线法。

曲线法即将测得的原始数据经过计算处理，以坐标点的形式放在坐标系中，然后用线段将这些点连接起来，绘制出曲线。应用曲线法处理数据应注意如下事项。

① 可使用绘图软件工具绘制实验曲线。

② 对曲线应标注坐标轴的方向、原点、刻度、函数变量及单位，并可标明重要的数值。

③ 要在一个图上同时画几条曲线时，应分别标出相应的坐标，不同曲线用不同的线型区分，并加以文字说明。

④ 可以对实验的数据点采用软件工具进行曲线拟合，得到曲线的方程。

二、实验结论

实验数据处理完毕后，可以根据最初的实验设计任务，逐一分析实验电路的功能和性能指标是否达到设计要求。可以以列表方式逐项比较，最后得出结论。

实验任务完成后，应撰写设计报告。设计报告应包含以下部分。

(1) 设计任务。

阐述实验电路的设计任务、功能和性能指标、给定的约束条件。

（2）方案论证。

方案论证包括多种方案的比较和选择，以及对最终采用方案的描述。方案比较包括整体结构的方案比较、单元电路的方案比较，说明方案是否可实现功能和指标、实现的难易程度、硬件成本、功耗等。最终设计方案的描述包括系统结构图、单元电路类型、主要器件型号等。

（3）电路设计。

画出电路原理图，分析各单元电路的工作原理，并给出单元电路元器件参数的计算过程。

（4）测试分析。

描述测试方案和测试系统结构，说明测试仪器种类和规格、测试条件，列出实验数据和分析处理结果。

（5）结论与思考。

总结实验电路的优缺点，提出改进意见等。

第2章　低频模拟电子线路实验

2.1　二极管基本应用电路

2.1.1　整流电路

一、实验目的

(1) 掌握二极管的单向导电性。

(2) 了解整流电路的工作原理。

(3) 掌握桥式整流电路的设计方法。

二、实验仪器

数字万用表、波形发生器、数字示波器。

三、实验原理

(1) 二极管的特性。

二极管由一个PN结构成，因此其特性与PN结的特性基本相同。二极管具有单向导电性，加正向电压时二极管导通，有一定的正向压降；加反向电压时，二极管截止，有微小的反向电流。理论上，PN结两端的电压 v_D 和流过它的电流 i_D 的关系为

$$i_D = I_s(e^{\frac{v_D}{nV_T}} - 1) \tag{2.1}$$

式中，I_s 为反向饱和电流；V_T 为温度的电压当量，$V_T = kT/q$，其中 k 为波耳兹曼常数（1.38×10^{-23} J/K），T 为热力学温度即绝对温度，q 为电子电荷（1.6×10^{-19} C）；n 值为1～2，是发射系数，与PN结尺寸、材料和通过的电流有关。当 $T=300$ K时，$V_T\approx26$ mV。

由此得出二极管正向伏安（V-I）特性曲线如图2.1所示。由图可见，在正向电压起始段，因为外加电压尚未克服内电场，二极管内电流很小，而当 v_D 继续增大时，导通电流 i_D 急剧增大，此时二极管完全导通。因此，要使二极管导通，必须克服死区电压，其值为伏安（V-I）特性曲线拐弯处的电压值，一般硅管约为0.5 V，锗管约为0.2 V。

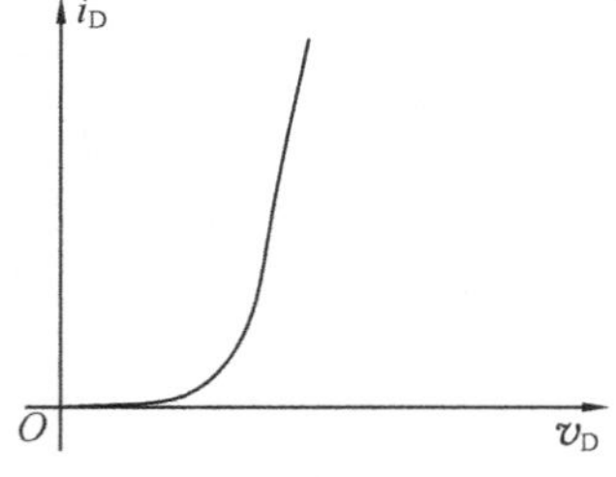

图2.1　二极管正向伏安特性曲线

(2) 实验电路。

半波整流电路如图2.2所示。v_i 正半周，二极管正向导通，电流经二极管流向负载，在 R_L 上得到一个极性为上正下负的电压。v_i 负半周，二极管反向截止，电流等于零。R_L 两端得到的电压 v_o 是单极性的。

全波桥式整流电路如图2.3所示。v_i 正半周，电流经过 D_1 流向 R_L，再由 D_3 流回，D_1、D_3 正向导通，D_2、D_4 反偏截止，负载 R_L 上产生一个极性为上正下负的输出电压。v_i 负半周，

电流经过 D_2 流向 R_L，再由 D_4 流回，D_1、D_3 反偏截止，D_2、D_4 正向导通。电流流过 R_L时产生的电压极性仍是上正下负，与正半周时相同。在桥式整流电路中，通过负载 R_L的电流和电压的波形都是单方向的全波脉动波形。

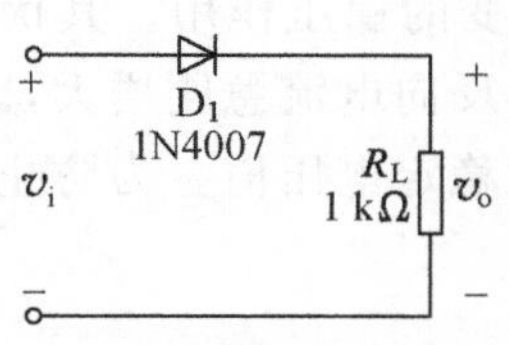

图 2.2　半波整流电路

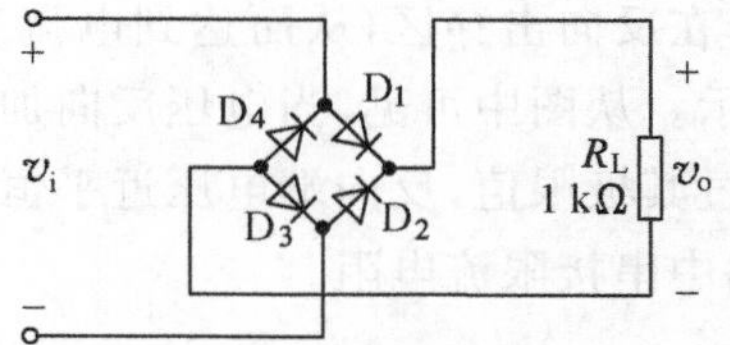

图 2.3　全波桥式整流电路

(3) 桥式整流电路设计方法。

对于桥式整流电路，负载电阻上的直流电压 V_o定义为整流输出电压 v_o在一个周期内的平均值。若忽略二极管的压降，有

$$V_o = \frac{1}{2\pi}\int_0^{2\pi} v_o \mathrm{d}\omega t = \frac{1}{\pi}\int_0^{\pi} \sqrt{2}V_i \sin\omega t \mathrm{d}\omega t = \frac{2\sqrt{2}}{\pi}V_i \approx 0.9V_i \tag{2.2}$$

式中，V_i为输入正弦波的有效值。

流经每个二极管的平均电流为负载电流的一半，即

$$I_D = \frac{1}{2}I_o = \frac{1}{2}\cdot\frac{0.9V_i}{R_L} = \frac{0.45V_i}{R_L} \tag{2.3}$$

每个二极管承受的反向峰值电压为

$$V_{RM} = \sqrt{2}V_i \tag{2.4}$$

整流二极管的选择主要考虑两个参数，即最大整流电流和反向击穿电压。选择整流管时应保证其最大整流电流 $I_F > I_D$，反向击穿电压 $V_{BR} > V_{RM}$。

四、实验内容

(1) 观察二极管半波整流电路。

将频率 100 Hz、5 V_{pp}的正弦波，接入半波整流电路输入端 v_i，用示波器同时观察并记录输入信号 v_i 和输出信号 v_o的波形。

(2) 观察二极管桥式整流电路。

将频率 100 Hz、5 V_{pp}的正弦波，接入桥式整流电路输入端 v_i，用示波器同时观察并记录输入信号 v_i 和输出信号 v_o的波形。

五、研究与思考

(1) 若负载电阻断开，则半波整流和桥式整流输出什么波形？

(2) 在桥式整流电路中，若任一二极管开路或短路，则输出什么波形？

2.1.2　稳压管稳压电路

一、实验目的

(1) 掌握稳压二极管的反向击穿特性。

(2) 掌握稳压管电路的工作原理和设计方法。

二、实验仪器

直流稳压电源、数字万用表。

三、实验原理

(1) 稳压管的特性。

齐纳二极管,又称稳压管,是一种特殊工艺制作的二极管。它利用齐纳击穿的可恢复性,使其工作在反向击穿区,从而达到电流变化、端电压不变的稳压作用。其伏安特性曲线如图 2.4 所示。从图中可见,当电压反向加到某一数值后,反向电流急剧增大,因此,只要反向电流不超过其极限值,反向端电压近乎恒定,其数值即为稳定电压值。为防止反向电流过大,应在电路中串接限流电阻。

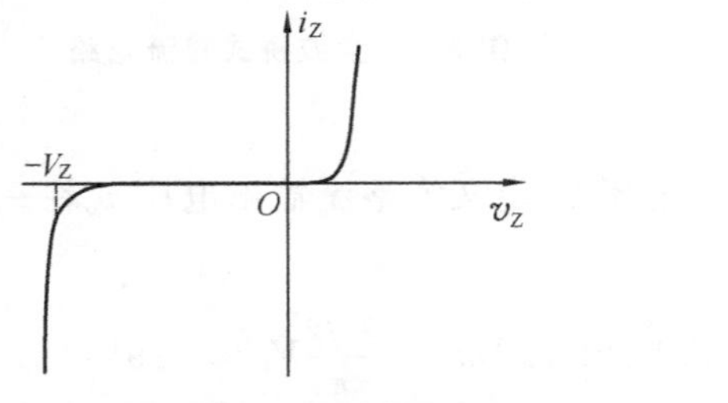

图 2.4 稳压管伏安特性曲线

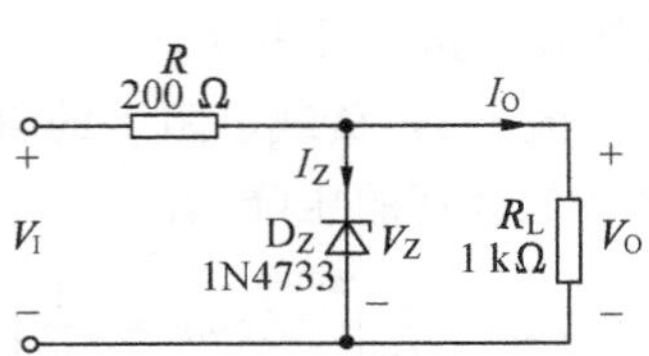

图 2.5 稳压管电路

(2) 实验电路。

稳压管电路如图 2.5 所示,V_I为待稳定的直流输入电压,一般由整流滤波电路或电池提供。V_O 为输出电压,等于稳压管的稳定电压 V_Z。由于负载 R_L与稳压管两端并接,因此该电路属于并联式稳压电路。R 为限流电阻,在输入电压和负载电阻变化时,其取值应保证稳压管电流满足

$$I_{Zmin} \leqslant I_Z \leqslant I_{Zmax} \tag{2.5}$$

(3) 设计方法。

根据稳压电路输出电压 V_O、输出电流 I_O 的变动范围 $I_{Omin} \sim I_{Omax}$(或负载电阻的变动范围 $R_{Lmin} \sim R_{Lmax}$),以及输入电压 V_I 的变动范围 $V_{Imin} \sim V_{Imax}$,选择稳压管型号和限流电阻大小。

首先根据输出电压 V_O 和输出电流 I_O,估算稳压管可能的最大耗散功率 P_{ZM},并根据输出电压 V_O 和 P_{ZM}选择稳压管型号,由器件手册确定稳压管允许通过的最大电流 I_{Zmax}和进入反向击穿区的最小稳定电流 I_{Zmin}(又称测试电流)。根据下式

$$\frac{V_{Imax}-V_O}{R}-\frac{V_O}{R_{Lmax}}<I_{Zmax} \tag{2.6}$$

$$\frac{V_{Imin}-V_O}{R}-\frac{V_O}{R_{Lmin}}>I_{Zmin} \tag{2.7}$$

确定限流电阻 R 的取值范围。若 R 无解,则选择具有更大耗散功率的稳压管重新计算。

四、实验内容

(1) 设计稳压管电路。

设计一个稳压管电路,输入电压 12×(1±20%)V,输出电压 5 V,输出电流 0~50 mA,确定稳压管型号和限流电阻大小。

(2) 测量稳压管的稳压特性。

稳压管电路输入端 V_I接直流稳压电源,改变电源电压 V_I 在 0~12 V 之间变化,逐点测

量输入电压 V_I 和输出电压 V_O，取 10 个点左右，记录于表 2.1 中，计算稳压管电流 I_Z，画出稳压管的 I_Z-V_Z 特性曲线，并求出动态电阻 r_Z。

表 2.1　稳压管稳压特性测量数据

V_I/V	0										12
V_O/V											
I_Z/mA											

五、研究与思考

稳压电路限流电阻过大或过小会出现什么情况？

2.1.3　发光二极管电路

一、实验目的

(1) 了解发光二极管的应用。

(2) 熟悉发光二极管的伏安特性曲线。

二、实验仪器

直流稳压电源、数字万用表。

三、实验原理

发光二极管是一种特殊二极管，通过电流时，电子与空穴直接复合而释放能量发光，常用来作照明和显示器件。使用的半导体材料不同，则发光颜色不同，正向导通压降也不同，通常为 2～3 V。除单个使用外，常制成段式或点阵式显示器件。此外还用于光电转换及信号的光缆传输。

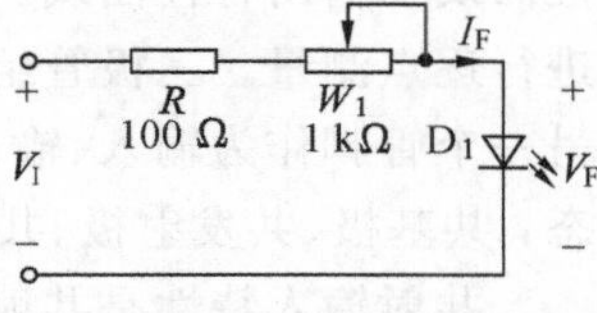

图 2.6　发光二极管实验电路

发光二极管实验电路如图 2.6 所示。R 和 W_1 为限流电阻，调节 W_1 可以改变发光二极管的电流。

四、实验内容

测试发光二极管正向特性。

输入端 V_I 接直流稳压电源，输入电压取值 5 V，改变电位器 W_1，观察发光二极管亮度变化，逐点测量电阻 R 两端电压 V_R 和发光二极管电压 V_F，取 10 个点左右，记录于表 2.2 中。计算发光二极管电流 I_F，画出发光二极管的 I_F-V_F 特性曲线。

表 2.2　发光二极管正向特性测量数据

V_F/V											
V_R/V											
I_F/mA											

五、研究与思考

(1) LED 和 LCD 显示屏各有什么特点？

(2) 举例说明 LED 的应用。

2.2 三极管共射放大电路

一、实验目的

(1) 学会用数字万用表判别三极管的类型、管脚和 β 参数。

(2) 掌握三极管放大电路的设计方法和步骤。

(3) 掌握静态工作点的调试及测量方法。

(4) 观察并研究静态工作点对增益和输出波形失真的影响。

(5) 掌握放大电路主要动态指标的测量方法。

二、实验仪器

直流电源、数字万用表、数字示波器、低频波形发生器。

三、实验原理

(1) 三极管的特性曲线。

三极管是应用广泛的电子器件，从其应用角度来看，主要分为线性应用和非线性应用。线性应用主要是放大功能，当三极管工作在其特性曲线的线性区，工作频率在低频段时，三极管表现为一典型的电流控制电流源电路。

对三极管进行电路分析时，将其视为四端网络，采用 H 参数。其特性曲线分为输入特性曲线和输出特性曲线。可利用半导体特性图示仪对输入、输出特性进行显示，或通过实验进行逐点测量。三极管组成的放大电路，一个管脚作为信号输入端，一个管脚作为输出端，另一个管脚作为输入、输出回路的公共端。根据公共端的不同，三极管放大电路有三种组态：共基极、共发射极、共集电极接法。

共射输入特性是共射状态下基极电流与基-射极电压之间的关系曲线，即

$$i_B = f(v_{BE})\big|_{v_{CE}=\text{常数}} \tag{2.8}$$

NPN 三极管共射输入特性曲线如图 2.7 所示。理论上特性曲线应为一簇曲线，实际当 $v_{CE}\geqslant 1$ V 后，曲线基本重合，故常用一根曲线代表。由图可知，三极管的输入特性与二极管的 V-I 特性类似，当 v_{BE}大于死区电压后，即进入曲线的线性段，此时 v_{BE}在原基础上变化，基极电流 i_B 也会在原基础上线性地做相应变化，由于线性段的斜率很大，近似平行纵轴，故 v_{BE}的线性范围很小，这也是三极管常用来做小信号放大的缘故。

共射输出特性是共射状态下集电极电流 i_C 和集-射极电压 v_{CE}间的关系曲线，即

$$i_C = f(v_{CE})\big|_{i_B=\text{常数}} \tag{2.9}$$

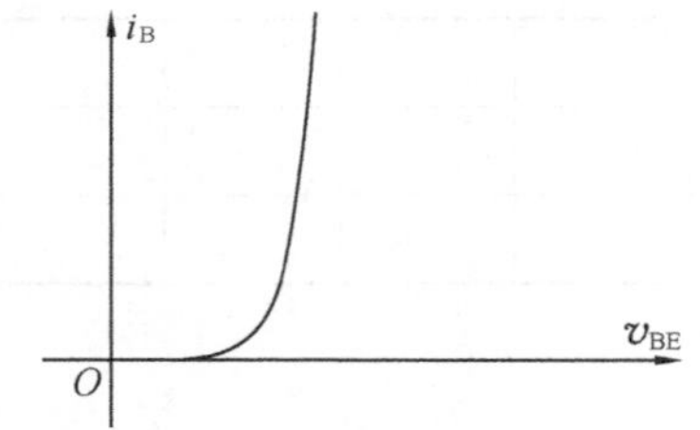

图 2.7 NPN 三极管共射输入特性曲线

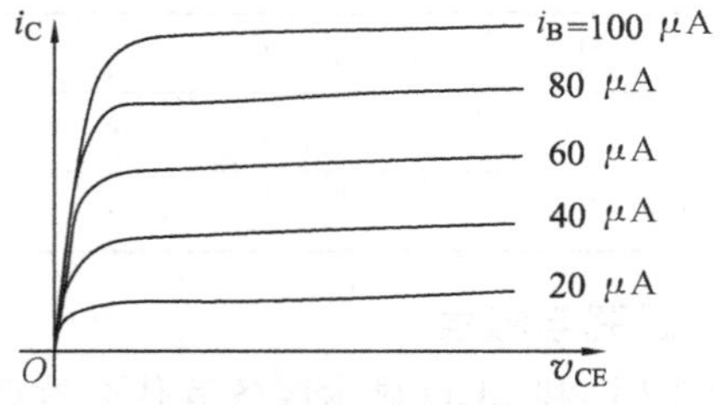

图 2.8 NPN 三极管共射输出特性曲线

NPN 三极管共射输出特性曲线如图 2.8 所示。由图可见，当集-射极电压为某一值，基

极电流增大时，集电极电流也增大。这就是三极管的电流放大作用，或者说是基极电流对集电极电流的控制作用，可用下式表示：

$$i_c = \beta i_b \tag{2.10}$$

其中，β 为共射交流电流放大系数。三极管放大电路就是利用这一原理达到放大信号的作用的。

(2) 实验电路。

单管共射放大电路如图 2.9 所示。R_1、W_1、R_2、R_e为三极管提供直流偏置，耦合电容 C_1、C_2 隔离输入、输出与电路的直流联系，同时使交流信号顺利通过。旁路电容 C_e对交流信号短路，保证电路有较大增益。R_s模拟信号源内阻，用于输入电阻测量。

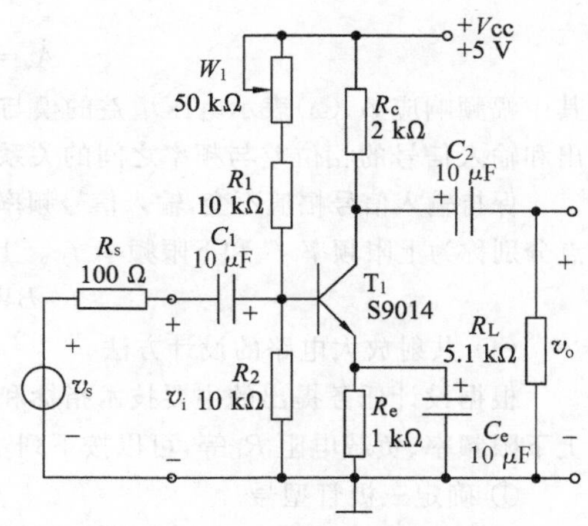

图 2.9　单管共射放大电路

(3) 共射放大电路的性能指标和测量方法。

① 电压增益。

电压增益 A_v 为

$$A_v = \frac{v_o}{v_i} = -\frac{\beta(R_c \parallel R_L)}{r_{be}} \tag{2.11}$$

负号表明输入信号与输出信号相位相反。其中

$$r_{be} = r_{bb'} + (1+\beta)\frac{V_T}{I_{EQ}} \tag{2.12}$$

波形发生器输出中频正弦波，接入 v_s端，调节波形发生器的输出幅度，用示波器观测输出端，保证输出波形不失真，分别测量放大电路的输入电压幅度 V_{im}和输出电压幅度 V_{om}，计算电压增益。

② 输入电阻。

输入电阻 R_i为

$$R_i = \frac{v_i}{i_i} = (R_1 + W_1) \parallel R_2 \parallel r_{be} \tag{2.13}$$

实验时，用示波器测量出信号源电压幅度 V_{sm}和输入电压幅度 V_{im}，R_s 为已知电阻，根据

$$V_{im} = V_{sm} \cdot \frac{R_i}{R_s + R_i} \tag{2.14}$$

求出输入电阻。

③ 输出电阻。

输出电阻 R_o为

$$R_o = \frac{v_o}{i_o}\bigg|_{\substack{R_L=\infty \\ v_s=0}} = R_c \tag{2.15}$$

实验时，断开负载 R_L，用示波器测量放大电路的空载输出电压 V'_{om}，再次测量负载接入时的输出电压 V_{om}，R_L为已知电阻，则由

$$V_{om} = V'_{om} \cdot \frac{R_L}{R_L + R_o} \tag{2.16}$$

可求得输出电阻。

④ 频率响应及带宽。

在输入正弦信号的情况下，输出随频率连续变化的稳态响应称为放大电路的频率响应，即

$$\dot{A}_{v}(j\omega)=\frac{\dot{V}_{o}(j\omega)}{\dot{V}_{i}(j\omega)} \tag{2.17}$$

$$\dot{A}_{v}=A_{v}(\omega)\angle\varphi(\omega) \tag{2.18}$$

其中幅频响应 $A_v(\omega)$ 表示电压增益的模与频率之间的关系，相频响应 $\varphi(\omega)$ 表示放大电路输出和输入信号的相位差与频率之间的关系。

保持输入信号幅值不变，输入信号频率增大或减小时，增益比中频区下降 3 dB 的 2 个频率点分别称为上限频率 f_H 和下限频率 f_L。上限频率和下限频率的差定义为放大电路的带宽，即

$$BW=f_H-f_L \tag{2.19}$$

(4) 共射放大电路的设计方法。

根据设计任务提出的主要技术指标和条件，如电压增益 A_v、输入电阻 R_i、输出电阻 R_o、上下限频率、负载电阻 R_L 等，可以按下列步骤进行设计。

① 确定三极管型号。

根据上限频率、噪声系数等指标，确定三极管型号。

② 确定电阻 R_c。

根据输出电阻 R_o，由式(2.15)确定电阻 R_c 大小。

③ 确定三极管静态工作电流 I_{EQ}。

根据电压增益 A_v，选择合适的三极管 β 值，由式(2.11)和式(2.12)确定三极管静态工作电流 I_{EQ}。

④ 确定电阻 R_1、W_1、R_2、R_e。

静态工作点由下列公式计算：

$$V_{BQ}\approx\frac{R_2}{R_1'+R_2}V_{CC} \tag{2.20}$$

$$V_{BQ}=I_{EQ}R_e+V_{BEQ} \tag{2.21}$$

$$V_{CC}=V_{CEQ}+I_{CQ}R_c+I_{EQ}R_e \tag{2.22}$$

式中，$R_1'=R_1+W_1$。由上述公式可以确定电阻 R_1、W_1、R_2、R_e，并验证三极管是否处于放大区。

⑤ 确定电容大小。

根据下限频率，确定耦合电容 C_1、C_2 和旁路电容 C_e 的大小。其中 C_e 对下限频率起决定作用。

四、实验内容

(1) 设计共射放大电路。

设计一个三极管共射放大电路，用于放大音频信号，增益为 50 倍，输入电阻大于 1 kΩ，输出电阻小于 10 kΩ，确定三极管型号和其他元器件参数，画出电路图，列出元件清单。

(2) 辨别三极管管脚。

用数字万用表辨别三极管的管脚，测量其 β 值。

(3) 调整静态工作点。

按照图 2.9 连接电路。调节 W_1，使 $I_{EQ}=1\ mA$。

(4) 测量交流性能指标。

波形发生器输出 1 kHz 正弦信号，接入放大电路 v_s 端，调整波形发生器的输出幅度，使 v_i 为 20 mV_{pp}，用示波器观察并记录输入信号 v_i 波形和输出信号 v_o 波形，记录 v_s、v_i、v_o 的峰峰值 V_{spp}、V_{ipp}、V_{opp}。断开负载电阻 R_L，再次记录输出电压 v_o 的峰峰值 V'_{opp}，计算电压增益 A_v、输入电阻 R_i、输出电阻 R_o，以及 R_L 断开时的电压增益 $\dot{A}_v$。

(5) 观察静态工作点对输出波形失真的影响。

逐步增加波形发生器的输出电压，直至输出波形将要出现失真。保持此时输入不变，增大或减小 W_1，改变静态工作点，观察并记录失真波形。

(6) 测量上下限频率。

保持输入信号幅值 v_i 为 20 mV_{pp} 不变，输入信号频率从 20 Hz 开始逐步增大，用示波器观察输出信号波形，记录输出信号峰峰值，填入表 2.3。计算不同输入频率下的增益，画出幅频特性曲线，并求出上下限频率。

表 2.3　共射放大电路幅频特性测量数据

f/Hz										
V_{opp}/V										
A_v										

五、研究与思考

(1) 比较共射放大实验电路性能指标的测量值和理论值，分析误差原因。

(2) 静态工作点的变化对交流指标和输出波形失真有什么影响？

(3) 若三极管为 PNP 型，其直流通路有什么改变？交流通路有什么改变？

(4) PNP 型三极管构成的放大电路，饱和失真和截止失真的波形如何？

(5) 放大器工作在通频带的上下限截止频率时，负载上的输出功率与输出最大时相比，关系如何？

2.3　三极管两级放大电路

一、实验目的

(1) 掌握多级放大电路性能指标的测量及其与单级指标之间的关系。

(2) 熟悉共集电极电路的特点和作为输出级的作用。

(3) 掌握多级放大电路的设计方法。

二、实验仪器

直流电源、数字万用表、数字示波器、低频波形发生器。

三、实验原理

(1) 实验电路。

两级放大电路如图 2.10 所示。第一级为共射放大电路，第二级是共集放大电路，级间采用直接耦合，因此要注意前后级静态工作点互相影响的情况。静态点调试时，可根据具体情况做适当调整。

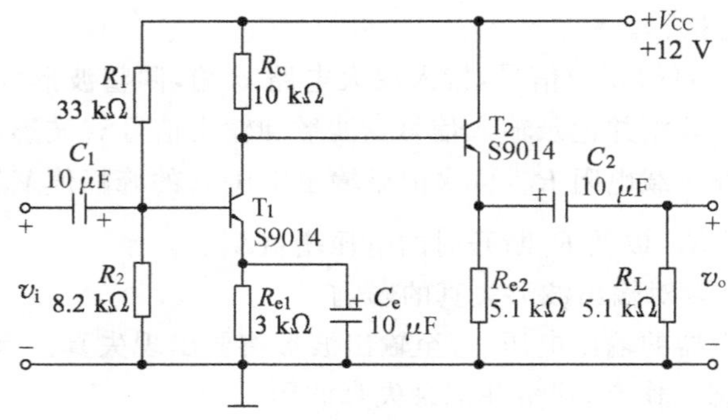

图 2.10 两级放大电路

共集电路的特点是增益近似为 1，输入电阻高，而输出电阻低，其应用非常广泛，可用作电路的输入级、输出级、中间级。本电路中作为输出级，可增强放大电路的带负载能力。

(2) 性能指标。

① 电压增益 A_v。

两级放大电路的总增益为共射和共集电路增益的乘积。电压增益为

$$A_v = A_{v1}A_{v2} = -\frac{\beta_1(R_c \parallel R_{i2})}{r_{be1}} \cdot \frac{(1+\beta_2)(R_{e2} \parallel R_L)}{r_{be2}+(1+\beta_2)(R_{e2} \parallel R_L)} \tag{2.23}$$

式中，R_{i2} 为后级共集放大电路的输入电阻，有

$$R_{i2} = r_{be2} + (1+\beta_2)(R_{e2} \parallel R_L) \tag{2.24}$$

② 输入电阻 R_i。

两级放大电路的输入电阻一般取决于第一级。输入电阻为

$$R_i = r_{be1} \parallel R_1 \parallel R_2 \tag{2.25}$$

如果第一级为共集放大电路，则输入电阻还与第二级有关。

③ 输出电阻 R_o。

两级放大电路的输出电阻一般取决于最后一级。如果末级为共集放大电路，则输出电阻还与倒数第二级有关。两级放大电路的输出电阻为

$$R_o = R_{e2} \parallel \frac{R_c + r_{be2}}{1+\beta_2} \tag{2.26}$$

四、实验内容

(1) 测量静态工作点。

测量前后级的静态电流 I_{CQ}。若静态工作点不合适，可适当调整 R_1、R_2 或 R_{e1}。

(2) 测量交流性能指标。

参照单管共射电路的测量方法，波形发生器输出 1 kHz、20 mV_{pp} 正弦信号，接入放大器输入端 v_i，用示波器记录两级放大电路的输入和输出波形，测出电路的总增益、输入电阻和输出电阻。

(3) 观察共集电路的作用。

拆除共集放大电路的 T_2 和 R_{e2}，将后级负载 R_L 和耦合电容 C_2 接到前级 T_1 集电极，测量前级放大器的增益。比较单级放大和两级放大的增益，分析共集电路的作用。

五、研究与思考

(1) 说明多级放大电路采用直接耦合的优缺点。

(2) 若前后级采用电容耦合,则电路应做哪些调整?

2.4 差分放大电路

一、实验目的

(1) 掌握差分放大电路的基本结构。

(2) 了解差分放大电路抑制共模信号的原理。

(3) 熟悉差分放大电路零点调整方法。

(4) 掌握差分放大电路主要性能指标的测量。

二、实验仪器

直流稳压电源、数字示波器、低频波形发生器、数字万用表。

三、实验原理

(1) 实验电路。

差分放大电路能够抑制共模信号,克服由温度和电源电压变化引起的零点漂移。图 2.11 是双端输入双端输出差分放大电路,可以看作由两个完全对称的共射放大电路组成。R_{s1}、R_{s2} 和 R_{w1} 网络用于从浮地输入 v_s 产生差模信号输入 v_i。发射极采用电阻 R_e 或电流源,可以抑制单管的零漂,防止双管同时饱和或截止,其结构类似射极分压偏置共射电路,即使电路处于单端输出方式时,仍有较强的抑制零漂能力。平衡电位器 R_w 用于调零,在零输入的情况下,保证输出电压为零,消除电路不完全对称引起的失调。

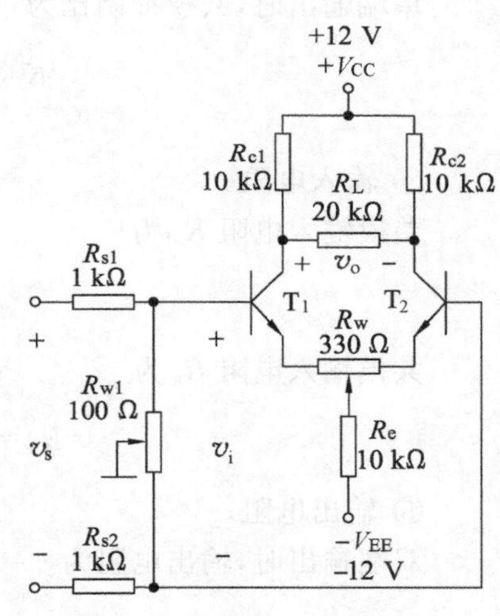

图 2.11　差分放大电路

温度、电源电压变化对放大电路的影响,可以等效为在两个三极管输入端加入一对大小和相位都相同的共模信号。因为电路对称,两个三极管在共模信号作用下,集电极电位变化相同,其双端输出电压 v_o 为 0,说明差分电路对共模信号无放大能力,从而达到克服零漂的目的。

当输入一对大小相同、相位相反的差模信号时,由于两个三极管是反向变化的,T_1 管的集电极电位升高时,T_2 管的集电极电位必然下降,因此 v_o 产生输出电压,说明差分电路对差模信号有放大能力。如果输入信号既非共模又非差模,可将其分解为共模分量与差模分量的叠加,则其差模成分得到放大,共模成分得到抑制。

(2) 差分放大电路性能指标及测量方法。

① 差模电压增益 A_{vd}。

双端输出时的差模电压增益为

$$A_{vd}=\frac{v_{od}}{v_{id}}=-\frac{\beta\left(R_c\left\|\frac{R_L}{2}\right.\right)}{r_{be}+(1+\beta)\frac{R_w}{2}} \tag{2.27}$$

式中，v_{od}表示差模输出电压，v_{id}表示差模输入电压。

单端输出时，若 R_L接到 T_1 集电极，此时的差模电压增益为

$$A_{vd}=-\frac{1}{2}\cdot\frac{\beta(R_c\parallel R_L)}{r_{be}+(1+\beta)\frac{R_w}{2}}\tag{2.28}$$

② 共模电压增益 A_{vc}。

双端输出时的共模电压增益 A_{vc}为 0。

单端输出时，若 R_L接到 T_1 集电极，共模电压增益为

$$A_{vc}=\frac{v_{oc1}}{v_{ic}}=-\frac{\beta(R_c\parallel R_L)}{r_{be}+(1+\beta)\left(\frac{R_w}{2}+2R_e\right)}\tag{2.29}$$

式中，v_{oc1}表示 T_1 管的单端输出电压，v_{ic}表示共模输入电压。

③ 共模抑制比 K_{CMR}。

双端输出时，共模抑制比 K_{CMR}等于无穷大。

单端输出时，共模抑制比为

$$K_{CMR}=\left|\frac{A_{vd}}{A_{vc}}\right|\approx\frac{(1+\beta)R_e}{r_{be}+(1+\beta)\frac{R_w}{2}}\tag{2.30}$$

④ 输入电阻。

差模输入电阻 R_{id}为

$$R_{id}=2\left[r_{be}+(1+\beta)\frac{R_w}{2}\right]\tag{2.31}$$

共模输入电阻 R_{ic}为

$$R_{ic}=\frac{1}{2}\left[r_{be}+(1+\beta)\left(\frac{R_w}{2}+2R_e\right)\right]\tag{2.32}$$

⑤ 输出电阻。

双端输出时，输出电阻为

$$R_o=2R_c\tag{2.33}$$

单端输出时，输出电阻为

$$R_o=R_c\tag{2.34}$$

四、实验内容

(1) 测量差模电压增益。

波形发生器输出 1 kHz、400 mV$_{pp}$正弦信号，接入输入端 v_s，调节 R_{w1}使 v_i为差模信号，用示波器记录差分放大电路的输入波形 v_i和输出波形 v_o，计算差模电压增益。

示波器、波形发生器信号端 BNC 插座的参考地电位，一般与仪器交流电源插座的保护接地端相连，连接到交流电网的大地。如果示波器、波形发生器的参考地电位连接到电路中不同电位的测试点，会构成地线回路，造成短路。为进行浮地测量，如测量差分信号，可以使用示波器的伪差分测量技术或差分探头。伪差分测量时，将差分信号的两个信号端分别连接示波器的 2 个通道，利用示波器数学运算功能显示 2 个通道的信号差。

(2) 测量共模电压增益。

将 2 个输入端短接，对地接入 1 kHz、400 mV_{pp} 正弦信号，调节 R_{w1} 到中间位置，分别用示波器记录输入波形、单端和双端输出波形，计算单端和双端输出的共模电压增益，并计算共模抑制比。

(3) 设计一个恒流源电路代替图 2.11 中的 R_e，原理电路如图 2.12 所示。再次测量共模抑制比，并与图 2.11 电路做比较。

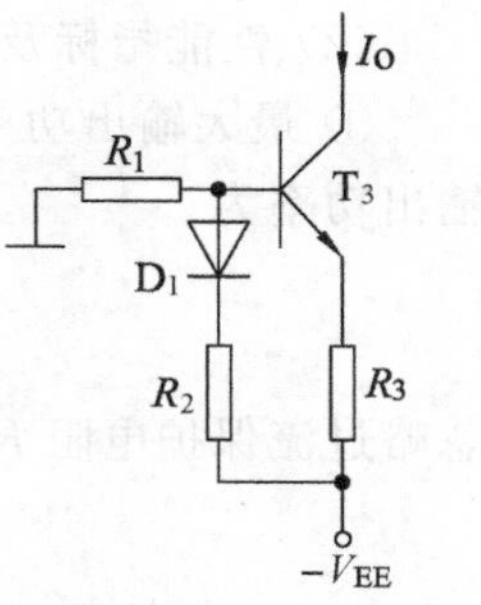

图 2.12　恒流源电路

五、研究与思考

(1) 说明图 2.11 差分放大电路中调零电路的工作原理。

(2) 比较图 2.11 差分放大电路动态性能指标的测量值和理论值，分析误差原因。

(3) 说明恒流源电路的设计过程。

(4) 单端输入在什么条件下与双端输入效果相同？为什么？

(5) 恒流源电路的偏置电路还可采用什么电路？

2.5　功率放大电路

2.5.1　三极管互补对称功放电路

一、实验目的

(1) 熟悉三极管甲乙类互补对称功放电路的工作原理。

(2) 掌握三极管甲乙类互补对称功放电路的设计方法。

(3) 掌握三极管甲乙类互补对称功放电路的静态调试方法。

(4) 掌握功放电路主要指标和测量方法。

二、实验仪器

直流稳压电源、数字示波器、低频波形发生器、数字万用表。

三、实验原理

(1) 实验电路。

双电源甲乙类互补对称功放电路如图 2.13 所示，又称 OCL 功放电路。电路采用正、负双电源供电，由一对特性相同的互补三极管组成对称的共集电极电路。R_L 为功放电路负载，如喇叭。两个三极管在输入信号正、负半周轮流导通，负载得到一个完整的波形。W_1、D_1、D_2、R_1、R_2 支路构成静态偏置，输入信号为 0 时，D_1、D_2 上产生的压降为 T_1、T_2 提供了一个适当的偏压。改变 R_1、R_2 可以调整支路电流，从而改变 D_1、D_2 的压降，使 T_1、T_2 处于合适的微弱导通状态，消除交越失真。电位器 W_1 用于调整静态工作点，保证没有输入信号时 v_i 输入点的电压为零。R_3、R_4 用于过流保护。

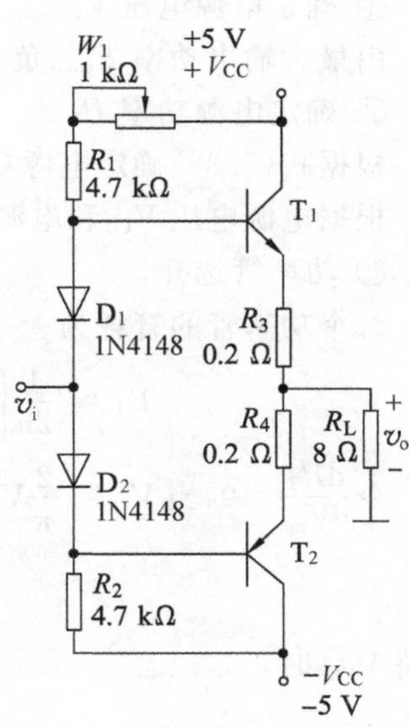

图 2.13　双电源甲乙类互补对称功放电路

(2) 性能指标及测量方法。

① 最大输出功率 P_{om}。

输出功率为

$$P_o=V_oI_o=\frac{V_{om}}{\sqrt{2}}\cdot\frac{V_{om}}{\sqrt{2}R_L}=\frac{V_{om}^2}{2R_L} \tag{2.35}$$

忽略过流保护电阻 R_3、R_4，最大输出功率为

$$P_{om}=\frac{V_{om}^2}{2R_L}=\frac{(V_{CC}-V_{CES})^2}{2R_L} \tag{2.36}$$

② 效率 η。

设输出电压为 $v_o=V_{om}\sin\omega t$，直流电源提供的功率为

$$P_V=2\cdot\frac{1}{2\pi}\int_0^{\pi}V_{CC}\frac{v_o}{R_L}\mathrm{d}\omega t=\frac{2V_{CC}V_{om}}{\pi R_L} \tag{2.37}$$

输出电压幅值最大时，电源供给的最大功率为

$$P_{Vm}=\frac{2V_{CC}(V_{CC}-V_{CES})}{\pi R_L} \tag{2.38}$$

效率为

$$\eta=\frac{P_o}{P_V}=\frac{\pi}{4}\cdot\frac{V_{om}}{V_{CC}} \tag{2.39}$$

最大输出功率时，效率为

$$\eta=\frac{\pi}{4}\cdot\frac{V_{CC}-V_{CES}}{V_{CC}}\approx\frac{\pi}{4}=78.5\% \tag{2.40}$$

(3) 设计方法。

根据设计任务提出的主要技术指标和条件，如最大输出功率 P_{om}、负载电阻 R_L，可以按下列步骤进行设计。

① 确定电源电压 V_{CC}。

由最大输出功率 P_{om}、负载电阻 R_L，根据式(2.36)确定电源电压 V_{CC}。

② 确定电源功率 P_V。

根据式(2.38)确定电源功率 P_V。

根据电源电压 V_{CC} 和电源功率 P_V，设计功放电路所需的电源。

③ 功率管选择。

每个功率管的管耗为

$$P_T=\frac{1}{2\pi}\int_0^{\pi}(V_{CC}-v_o)\frac{v_o}{R_L}\mathrm{d}\omega t=\frac{1}{R_L}\left(\frac{V_{CC}V_{om}}{\pi}-\frac{V_{om}^2}{4}\right) \tag{2.41}$$

令 $\frac{\mathrm{d}P_T}{\mathrm{d}V_{om}}=0$，当 $V_{om}=\frac{2}{\pi}V_{CC}$ 时，最大管耗为

$$P_{Tm}=\frac{V_{CC}^2}{\pi^2R_L} \tag{2.42}$$

忽略 V_{CES} 时，

$$P_{Tm}\approx0.2P_{om} \tag{2.43}$$

根据下列公式确定功率管型号：

$$P_{CM}>0.2P_{om} \tag{2.44}$$

$$I_{CM} > \frac{V_{CC}}{R_L} \tag{2.45}$$

$$V_{(BR)CEO} > 2V_{CC} \tag{2.46}$$

四、实验内容

(1) 设计双电源甲乙类互补对称功放电路。

设计一个双电源甲乙类互补对称功放电路，用于音频功放，最大输出功率为 10 W，喇叭阻抗为 8 Ω，确定电源电压和功率，确定功率管参数和型号，画出电路图，列出元件清单。

(2) 调整静态工作点。

按照图 2.13 连线，调节 W_1 使输入端 v_i 的静态电压为零。

(3) 测量输出功率 P_o。

输入端 v_i 加入 1 kHz 的正弦信号，输出端接示波器，调节 v_i 幅度，使输出波形达到最大不失真，用示波器测量 v_o 幅度，计算输出功率。

(4) 测量电源功率 P_V。

使输出波形最大不失真，用万用表的直流电压挡测量 R_3 上的电压，获得 T_1 管的平均电流，计算电源功率，并计算最大输出功率时的管耗和效率。

五、研究与思考

(1) 说明三极管甲乙类互补对称功放电路零点调试过程及其与哪些因素有关。

(2) 将三极管甲乙类互补对称功放电路性能指标的测量值和理论值做比较，分析误差原因。

2.5.2　集成功放电路

一、实验目的

(1) 了解集成功率放大器的内部结构。

(2) 熟悉集成功率放大器的应用电路。

(3) 掌握集成功放电路主要指标和测量方法。

二、实验仪器

直流稳压电源、数字示波器、低频波形发生器、数字万用表。

三、实验原理

音频功率放大器 LM386 的内部电路如图 2.14 所示，由三级放大电路组成。

第一级为双端输入单端输出差分放大电路，引脚 2 为反相输入端，引脚 3 为同相输入端。T_1 和 T_2、T_3 和 T_4 分别构成共集-共射级联差分放大电路。T_5 和 T_6 组成镜像电流源，作为 T_2 和 T_3 的有源负载，使单端输出电路的增益近似等于双端输出电路的增益。信号从 T_3 管的集电极输出。

第二级 T_7 构成共射放大电路，恒流源作有源负载，以增大增益。

第三级 T_9 和 T_{10} 构成 PNP 型复合管，与 NPN 型管 T_8 构成准互补输出级。二极管 D_1 和 D_2 为输出级提供合适的偏置电压，消除交越失真。

电阻 R_7 从输出端连接到 T_3 的发射极，与 R_1 和 R_2 构成电压串联负反馈，稳定电压增益。电压增益为

$$A_v = 1 + \frac{R_7}{R_1 + R_2} \tag{2.47}$$

引脚 1 和引脚 8 之间串接电阻和电容可改变电压增益，增益范围为 20～200 dB。

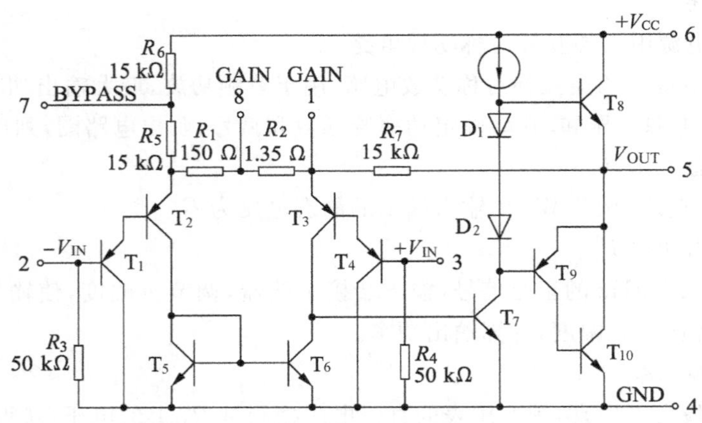

图 2.14　LM386 内部电路

LM386 的电源电压为 4～12 V，在引脚 1、8 开路时，带宽为 300 kHz，输入阻抗为 50 kΩ，输出功率为 325 mW。使用时可在引脚 7 和地之间接旁路电容，抑制低频自激，消除芯片上电和掉电时的噪声。工作稳定后，引脚 7 电压约等于电源电压的一半。

LM386 构成的 OTL 功放电路如图 2.15 所示。音频信号从引脚 3 输入，经过电压和功率放大，从引脚 5 输出。R_1、C_2 构成串联补偿网络，与感性负载扬声器并联，使等效负载近似呈纯阻，防止高频自激和过压现象。

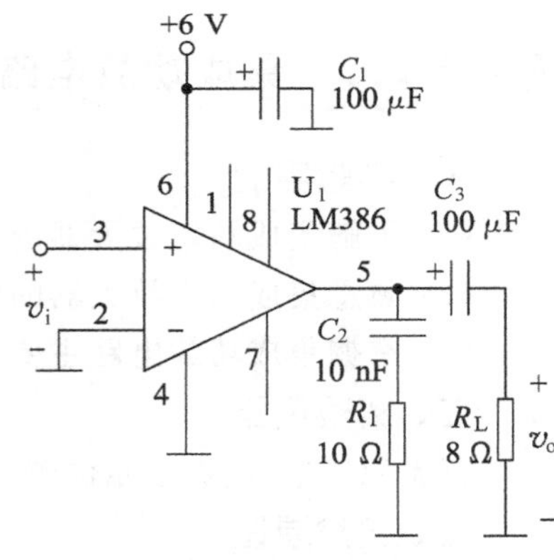

图 2.15　OTL 功放电路

四、实验内容

(1) 测量输出功率 P_o。

输入端 v_i 加入 1 kHz 的正弦信号，输出端接示波器，调节 v_i 幅度，使输出波形达到最大不失真，用示波器测量输出波形峰峰值 V_{opp}，计算最大不失真输出功率。

(2) 测量电源功率 P_V。

使输出波形最大不失真，用万用表的直流电流挡测量电源的平均电流，计算电源功率，并计算最大输出功率时的管耗和效率。

(3) 测量频率的响应特性。

调整输入信号幅度，使输出电压波形不失真。保持输入信号峰峰值 V_{ipp} 不变，在 20 Hz～300 kHz 范围内改变输入信号频率，用示波器观察测量输出波形峰峰值 V_{opp}，填入表 2.4 中，画出频率响应曲线，计算放大器的上下限截止频率及通频带。

表 2.4　功率放大电路频率响应测量数据

f	20 Hz										300 kHz
V_{opp}/V											
A_v											

五、研究与思考

(1) 功放电路为什么容易产生自激？如何抑制自激？

(2) LM386 还能构成哪些应用电路？

2.6　场效应管放大电路

一、实验目的

(1) 掌握场效应管的特性及其放大电路的组成。

(2) 掌握场效应管放大电路的设计方法。

(3) 掌握自偏压式场效应管放大器静态工作点的调试方法。

(4) 掌握场效应管放大器动态参数的测量方法。

二、实验仪器

直流稳压电源、数字万用表、数字示波器、低频波形发生器。

三、实验原理

(1) 场效应管的特性曲线。

图 2.16(a)为 N 沟道耗尽型 MOS 管的输出特性曲线。输出特性曲线用来描述 v_{GS}取一定值时电流 i_D和电压 v_{DS}间的关系，即

$$i_D = f(v_{DS})\big|_{v_{GS}} \tag{2.48}$$

它反映了漏极电压 v_{DS}对 i_D的影响。输出特性曲线分为可变电阻区、饱和区、截止区。场效应管作线性放大器件时，工作于饱和区。

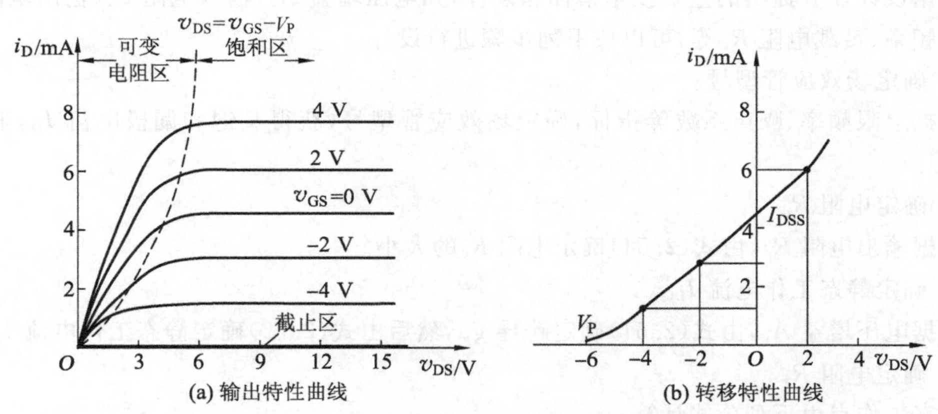

图 2.16　N 沟道耗尽型 MOS 管的特性曲线

图 2.16(b)为 N 沟道耗尽型 MOS 管的转移特性曲线。转移特性曲线用来描述 v_{DS}取一定值时 i_D与 v_{GS}间的关系，即

$$i_D = f(v_{GS})\big|_{v_{DS}} \tag{2.49}$$

它反映了栅源电压 v_{GS}对 i_D的控制作用。改变 v_{DS}的大小,可得到一族转移特性曲线。在饱和区内,不同 v_{DS}下的转移特性曲线几乎重合,i_D不随 v_{DS}而变,此时 i_D可近似地表示为

$$i_D = I_{DSS}\left(\frac{v_{GS}}{V_P}-1\right)^2 \tag{2.50}$$

式中,I_{DSS}为饱和漏极电流,V_P为夹断电压。

(2) 实验电路。

图 2.17 为 N 沟道耗尽型 MOS 管构成的共源放大电路。R_1、R_g构成自偏压电路,为 T_1 提供静态偏置,C_1、C_2 为交流耦合电容。C_3 为旁路电容,对交流信号短路。

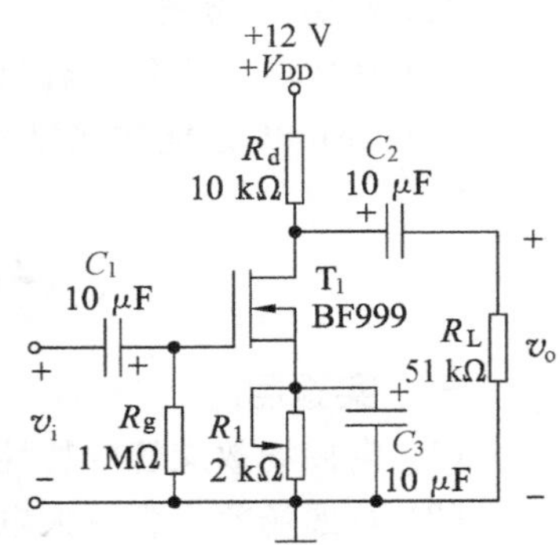

图 2.17 共源放大电路

(3) 共源放大电路的性能指标。

① 电压增益。

电压增益 A_v为

$$A_v = -g_m(r_{ds}\parallel R_d\parallel R_L) \tag{2.51}$$

式中,r_{ds}为 MOS 管输出电阻,g_m为低频跨导,有

$$g_m = -\frac{2}{V_P}\sqrt{I_{DSS}I_{DQ}} \tag{2.52}$$

式中,I_{DQ}为漏极静态工作电流。

② 输入电阻。

输入电阻 R_i为

$$R_i = R_g \tag{2.53}$$

③ 输出电阻。

输出电阻 R_o为

$$R_o = r_{ds}\parallel R_d \tag{2.54}$$

(4) 共源放大电路的设计方法。

根据设计任务提出的主要技术指标和条件,如电压增益 A_v、输入电阻 R_i、输出电阻 R_o、上下限频率、负载电阻 R_L等,可以按下列步骤进行设计。

① 确定场效应管型号。

根据上限频率、噪声系数等指标,确定场效应管型号,获得其饱和漏极电流 I_{DSS}和夹断电压 V_P。

② 确定电阻 R_d。

根据输出电阻 R_o,由式(2.54)确定电阻 R_d的大小。

③ 确定静态工作电流 I_{DQ}。

根据电压增益 A_v,由式(2.51)确定跨导 g_m,然后由式(2.52)确定静态工作电流 I_{DQ}。

④ 确定电阻 R_1。

静态工作点由下列公式计算:

$$I_{DQ} = I_{DSS}\left(\frac{V_{GSQ}}{V_P}-1\right)^2 \tag{2.55}$$

$$V_{GSQ} = V_{GQ} - V_{SQ} = -I_{DQ}R_1 \tag{2.56}$$

$$V_{DD}=I_{DQ}(R_d+R_1)+V_{DSQ} \tag{2.57}$$

由式(2.57)可以确定电阻 R_1，并验证场效应管是否处于饱和区。

⑤ 确定电阻 R_g。

根据输入电阻 R_i，由式(2.53)确定电阻 R_g 的大小。

⑥ 确定电容大小。

根据下限频率，确定耦合电容 C_1、C_2 和旁路电容 C_3 的大小。

四、实验内容

(1) 设计共源放大电路。

设计一个场效应管共源放大电路，输入信号频率为 500 kHz～2 MHz，增益为 10 倍，输入电阻大于 1 MΩ，输出电阻小于 20 kΩ，确定场效应管型号和其他元器件参数，画出电路图，列出元件清单。

(2) 调整静态工作点。

调节 R_1，使 I_{DQ} 达到设计值，并测量和记录 V_{GSQ}、V_{DSQ}。

(3) 测量电压增益。

波形发生器输出 1 MHz、20 mV_{pp} 的正弦信号，接入放大电路输入端 v_i，用示波器观察并记录输入信号 v_i 波形和输出信号 v_o 波形，记录其峰峰值 V_{ipp}、V_{opp}，计算电压增益 A_v。

(4) 测量频率响应。

保持输入信号幅值 v_i 为 20 mV_{pp} 不变，改变输入信号频率，用示波器观察输出信号波形，记录输出信号的峰峰值，填入表 2.5 中。计算不同输入频率下的增益，画出幅频特性曲线。

表 2.5　共源放大电路幅频特性测量数据

f/MHz	0.1										10
V_{opp}/V											
A_v											

(5) 观察放大器噪声。

输入信号端 v_i 接地，用示波器观察测量输出噪声的峰峰值，并观察其频谱。

五、研究与思考

(1) 比较图 2.17 共源放大电路电压增益的测量值和理论值，分析误差原因。

(2) 在增强型 MOS 管构成的共源放大电路中，静态偏置电路有什么不同？

2.7　信号运算电路

一、实验目的

(1) 熟悉理想运放的特性。

(2) 了解理想运放工作于线性区和非线性区的特点。

(3) 掌握运放构成的比例、积分、微分运算电路的工作原理。

(4) 掌握运放构成的比较器的工作原理。

(5) 了解运放应用中应考虑的实际问题。

二、实验仪器

直流稳压电源、数字万用表、数字示波器、低频波形发生器。

三、实验原理

(1) 集成电路运算放大器的特性。

集成电路运算放大器是一种高电压增益、高输入电阻和低输出电阻的多级直流耦合放大电路。图 2.18 表示集成运放内部电路组成框图。

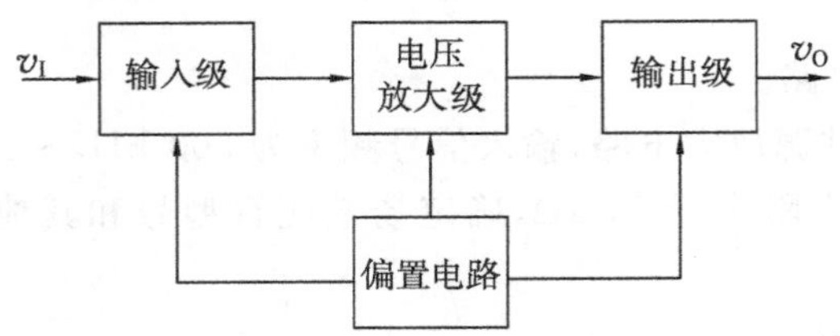

图 2.18 运放内部电路组成框图

输入级一般是由 BJT、JFET 或 MOSFET 组成的差分放大电路，利用对称性提高整个电路的共模抑制比和其他方面的性能，它的两个输入端构成整个电路的反相输入端和同相输入端。电压放大级的主要作用是提高电压增益，由一级或多级放大电路组成。输出级一般由电压跟随器或互补电压跟随器组成，以降低输出电阻，提高带负载能力。偏置电路为各级提供合适的工作电流。此外还有一些辅助环节，如电平移动电路、过载保护电路及高频补偿环节等。

集成运放通常采用的电路符号如图 2.19 所示。由图可见，运放有两个输入端和一个输出端，其中反相输入端用“－”号表示，同相输入端用“＋”表示。当输入信号电压从反相输入端输入时，输出信号电压与输入信号反相；当输入信号电压从同相端输入时，输出电压与输入信号同相。

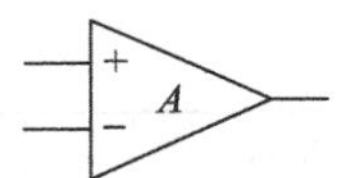

图 2.19 运放常用符号

一般情况下，运放满足下述条件，则称为理想运放。

① 开环电压增益 $A_{vd} \to \infty$。

② 差模输入电阻 $R_{id} \to \infty$。

③ 输出电阻 $R_o \to 0$。

④ 共模抑制比 CMRR$\to\infty$。

⑤ 开环带宽 $BW \to \infty$。

⑥ 输入失调为 0。

运放的传输特性如图 2.20 所示。

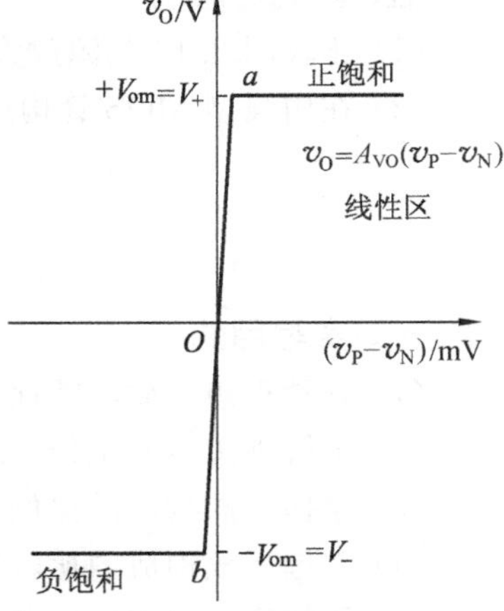

图 2.20 运放的传输特性

运放工作在线性区时，分析运放电路可以使用虚短和虚断的概念。由于运放电压增益很高，在输出电压为有限值时，可以认为两输入端之间的净输入电压近似为零。因此，同相、反相输入端是等电位的，如同短路一样，称为虚短。尤其在输入一端接地的情况下，另一端电位也近似为零，称为虚地。由于运放输入电阻很高，两输入端之间近似断开，输入电流为零，称为虚断。另外，由于输出电阻很

低，可不考虑负载对其增益的影响。

(2) 实验电路。

运算放大器可构成多种信号运算电路，如比例、加法、减法、积分、微分运算等。

实验中使用的为四运放芯片 LM324，其引脚排列如图 2.21 所示。其中引脚 4、11 分别接正、负电源，最大可至±16 V，实验中取±5 V。

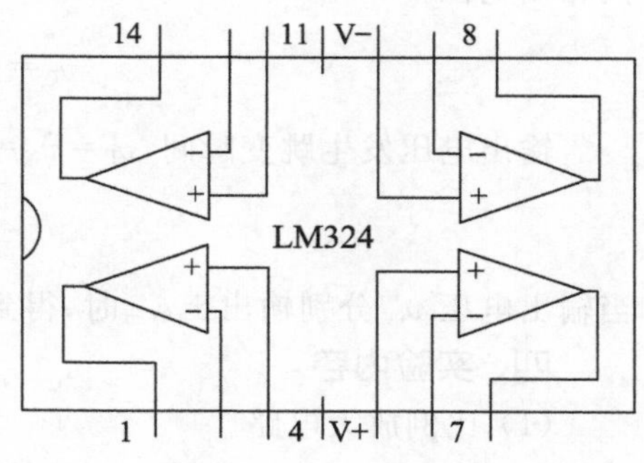

图 2.21 LM324 引脚

① 比例放大。

运放构成的反相放大电路如图 2.22 所示。输出电压为

$$v_O = -\frac{R_f}{R_1} v_I \tag{2.58}$$

运放构成的同相放大电路如图 2.23 所示。输出电压为

$$v_O = \left(1 + \frac{R_f}{R_1}\right) v_I \tag{2.59}$$

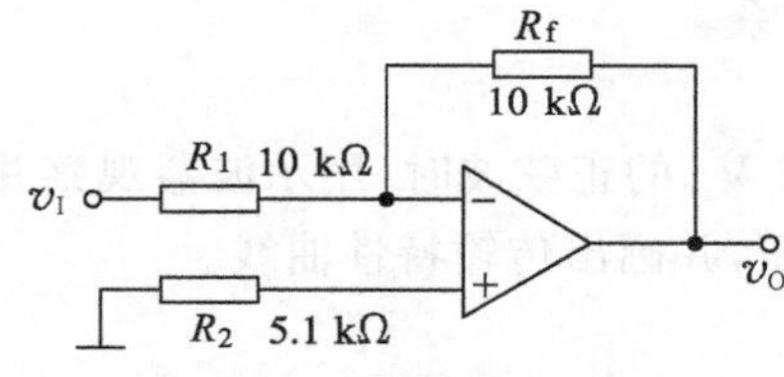

图 2.22 反相放大电路

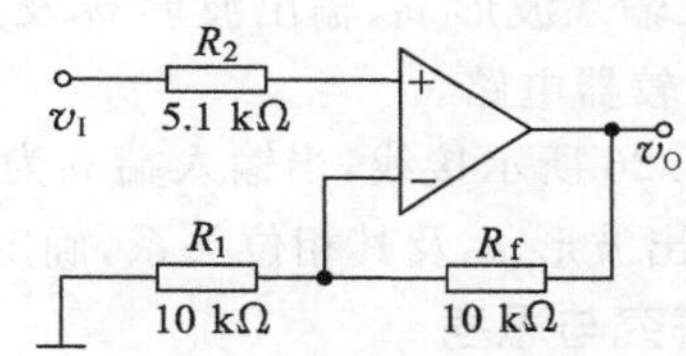

图 2.23 同相放大电路

② 积分电路。

运放构成的积分电路如图 2.24 所示。输出电压为

$$v_O = -\frac{1}{R_1 C_1}\int v_I \mathrm{d}t \tag{2.60}$$

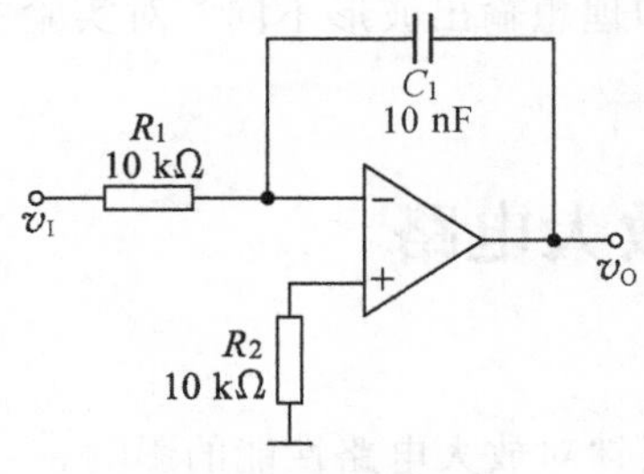

图 2.24 积分电路

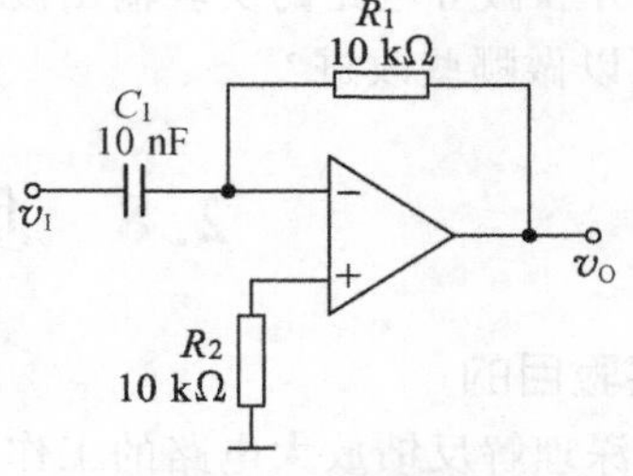

图 2.25 微分电路

③ 微分电路。

运放构成的微分电路如图 2.25 所示。输出电压为

$$v_O = -R_1 C_1 \frac{\mathrm{d}v_I}{\mathrm{d}t} \tag{2.61}$$

④ 比较器电路。

运放构成的同相输入迟滞比较器电路如图 2.26 所示。

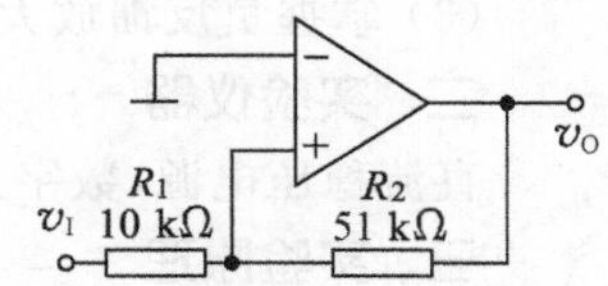

图 2.26 同相输入迟滞比较器电路

同相端电位

$$v_P = \frac{R_2}{R_1+R_2}v_I + \frac{R_1}{R_1+R_2}v_O \tag{2.62}$$

输出电压发生跳变瞬间，$v_P = v_N = 0$，此时的 v_I 即为阈值电压 V_T，由此得

$$V_T = -\frac{R_1}{R_2}v_O \tag{2.63}$$

当输出电压 v_O 分别输出 $\pm v_{Om}$ 时，得到阈值电压 V_{T+} 和 V_{T-}。

四、实验内容

(1) 比例放大电路。

分别按图 2.22 和图 2.23 所示接线，波形发生器输出 1 kHz、2 V_{pp} 的正弦波，接入输入端 v_I，用示波器观察并记录输入波形 v_I、输出波形 v_O 及其相位关系。

(2) 积分和微分电路。

按图 2.24 所示接线，当输入端 v_I 分别为 1 kHz、2 V_{pp} 的方波和正弦波时，分别用示波器观察并记录输入波形 v_I、输出波形 v_O 及其相位关系。

按图 2.25 所示接线，当输入端 v_I 分别为 1 kHz、2 V_{pp} 的方波和三角波时，分别用示波器观察并记录输入波形 v_I、输出波形 v_O 及其相位关系。

(3) 比较器电路。

按图 2.26 所示接线，当输入端 v_I 为 1 kHz、2 V_{pp} 的正弦波时，用示波器观察并记录输入波形 v_I、输出波形 v_O 及其相位关系，确定阈值电压，并画出传输特性曲线。

五、研究与思考

(1) 对于图 2.24 中的积分电路，输入频率分别为 100 Hz、1 kHz、10 kHz，幅度为 2 V_{pp} 的方波时，输出波形有什么不同？

(2) 对于图 2.25 中的微分电路，输入频率分别为 100 Hz、1 kHz、10 kHz，幅度为 2 V_{pp} 的方波时，输出波形有什么不同？输入频率分别为 100 Hz、1 kHz、10 kHz，幅度为 2 V_{pp} 的三角波时，输出波形有什么不同？

(3) 积分和微分电路的实验输出波形为什么和理想输出波形不同？对实验中的积分和微分电路可以做哪些改进？

2.8　负反馈放大电路

一、实验目的

(1) 加深理解反馈放大电路的工作原理及负反馈对放大电路性能的影响。

(2) 熟悉负反馈放大电路的设计方法。

(3) 掌握负反馈放大电路动态参数的测量方法。

二、实验仪器

直流稳压电源、数字万用表、数字示波器、低频波形发生器。

三、实验原理

(1) 负反馈放大器的工作原理。

负反馈放大器由基本放大器加反馈网络构成，如图 2.27 所示。图中将原输入信号 $\dot{X}_i$

与反馈信号$\dot{X}_f$进行比较，得到净输入信号$\dot{X}_{id}=\dot{X}_i-\dot{X}_f$，加到基本放大器输入端。$\dot{X}_o$为基本放大器的输出信号，$\dot{X}_f$是$\dot{X}_o$通过反馈网络得到的反馈信号。根据基本放大器和反馈网络的不同连接方式，可以组成四种不同类型的负反馈放大器，其对应电路如图 2.28 所示。若输入信号源、反馈网络及基本放大器输入端三者按串联方式连接，则应采用内阻小的电压源激励；若三者之间采用并联方式连接，则必须采用内阻大的电流源激励。

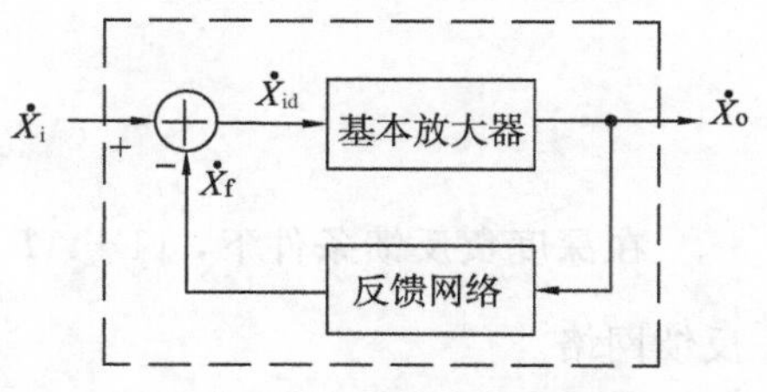

图 2.27　负反馈放大器结构

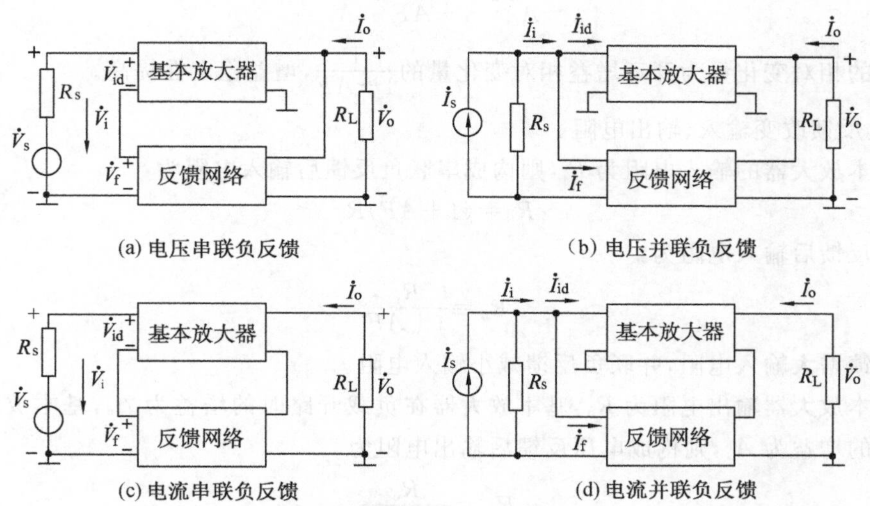

图 2.28　四种类型负反馈放大器电路

表 2.6 列出了四种基本类型负反馈放大器的基本放大器增益、反馈系数、反馈深度表达式。对于不同的反馈类型，不同下标的符号 A、F 具有不同的含义和量纲，环路增益 AF 总是无量纲的。

表 2.6　四种基本类型负反馈放大器的符号表达

负反馈类型	基本放大器增益	反馈系数	反馈深度
电压串联	$A_v=\dfrac{V_o}{V_i}$	$F_v=\dfrac{V_f}{V_o}$	$1+A_vF_v$
电压并联	$A_r=\dfrac{V_o}{I_i}$	$F_g=\dfrac{I_f}{V_o}$	$1+A_rF_g$
电流串联	$A_g=\dfrac{I_o}{V_i}$	$F_r=\dfrac{V_f}{I_o}$	$1+A_gF_r$
电流并联	$A_i=\dfrac{I_o}{I_i}$	$F_i=\dfrac{I_f}{I_o}$	$1+A_iF_i$

(2) 负反馈对放大器性能的影响。

① 负反馈减小放大器增益。

负反馈放大电路的闭环增益为

$$\dot{A}_{\mathrm{f}}=\frac{\dot{A}}{1+\dot{A}\dot{F}} \tag{2.64}$$

在深度负反馈条件下，$|1+\dot{A}\dot{F}|\gg1$，则$|\dot{A}_{\mathrm{f}}|<|\dot{A}|$，同时$|\dot{A}_{\mathrm{f}}|\approx\frac{1}{F}$，增益下降且取决于反馈网络。

② 负反馈提高增益稳定性。

设$\frac{\mathrm{d}A}{A}$和$\frac{\mathrm{d}A_{\mathrm{f}}}{A_{\mathrm{f}}}$分别为开环增益和闭环增益的相对变化量，则

$$\frac{\mathrm{d}A_{\mathrm{f}}}{A_{\mathrm{f}}}=\frac{1}{1+AF}\cdot\frac{\mathrm{d}A}{A} \tag{2.65}$$

闭环增益的相对变化量为开环增益相对变化量的$\frac{1}{1+AF}$，增益稳定性提高。

③ 负反馈改变输入、输出电阻。

设基本放大器的输入电阻为R_{i}，则构成串联负反馈后输入电阻为

$$R_{\mathrm{if}}=(1+AF)R_{\mathrm{i}} \tag{2.66}$$

构成并联反馈后输入电阻为

$$R_{\mathrm{if}}=\frac{R_{\mathrm{i}}}{1+AF} \tag{2.67}$$

串联负反馈增大输入电阻，并联负反馈减小输入电阻。

设基本放大器输出电阻为R_{o}，基本放大器在负载开路时的增益为A_{o}，基本放大器在负载短路时的增益为A_{s}，则构成电压反馈后输出电阻为

$$R_{\mathrm{of}}=\frac{R_{\mathrm{o}}}{1+A_{\mathrm{o}}F} \tag{2.68}$$

构成电流负反馈后输出电阻为

$$R_{\mathrm{of}}=(1+A_{\mathrm{s}}F)R_{\mathrm{o}} \tag{2.69}$$

电压负反馈减小输出电阻，电流负反馈增大输出电阻。

④ 负反馈展宽放大器通频带。

设基本放大器的高频增益为

$$\dot{A}_{\mathrm{H}}=\frac{\dot{A}_{\mathrm{M}}}{1+\mathrm{j}\,\frac{f}{f_{\mathrm{H}}}} \tag{2.70}$$

式中，$\dot{A}_{\mathrm{M}}$ 为开环中频增益，f_{H} 为开环上限频率。引入负反馈后，高频增益为

$$\dot{A}_{\mathrm{Hf}}=\frac{\dot{A}_{\mathrm{H}}}{1+\dot{A}_{\mathrm{H}}F}=\frac{\frac{\dot{A}_{\mathrm{M}}}{1+\mathrm{j}\,\frac{f}{f_{\mathrm{H}}}}}{1+\frac{\dot{A}_{\mathrm{M}}F}{1+\mathrm{j}\,\frac{f}{f_{\mathrm{H}}}}}=\frac{\frac{\dot{A}_{\mathrm{M}}}{1+\dot{A}_{\mathrm{M}}F}}{1+\mathrm{j}\,\frac{f}{(1+\dot{A}_{\mathrm{M}}F)f_{\mathrm{H}}}}=\frac{\dot{A}_{\mathrm{Mf}}}{1+\mathrm{j}\,\frac{f}{f_{\mathrm{Hf}}}} \tag{2.71}$$

式中，A_{Mf}为中频区闭环增益，f_{Hf}为闭环上限频率，有

$$f_{\mathrm{Hf}}=(1+\dot{A}_{\mathrm{M}}F)f_{\mathrm{H}} \tag{2.72}$$

上限频率扩展为开环的 $1+\dot{A}_M F$ 倍。

同理，可求出闭环下限频率为

$$f_{Lf}=\frac{1}{1+\dot{A}_M F}f_L \tag{2.73}$$

下限频率扩展为开环的$\frac{1}{1+\dot{A}_M F}$。

引入负反馈后，中频闭环增益下降为开环的$\frac{1}{1+\dot{A}_M F}$，通频带 $BW_f=f_{Hf}-f_{Lf}\approx f_{Hf}$，扩展为开环的 $1+\dot{A}_M F$ 倍，增益带宽积

$$A_{Mf}f_{Hf}=\frac{A_M}{1+A_M F}\times[(1+A_M F)f_H]=A_M f_H \tag{2.74}$$

保持不变。

(3) 实验电路。

由分立元件构成的负反馈放大电路如图 2.29 所示。T_1 为共射放大电路，R_{e12} 引入直流电流串联负反馈，稳定静态工作点。R_{e11} 主要引入本级交流电流串联负反馈，改善交流性能。T_2 为共射放大电路，结构与 T_1 相同。R_f 引入级间交流电压串联负反馈。

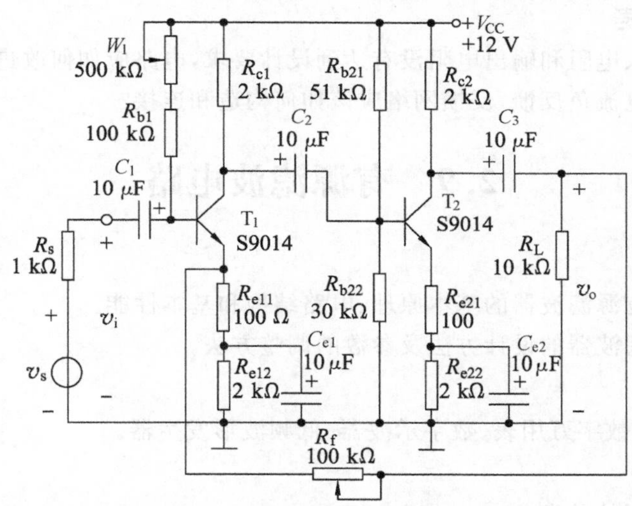

图 2.29　分立元件构成的负反馈放大电路

(4) 负反馈放大电路的设计方法。

根据设计任务提出的主要技术指标和条件，如电压增益 A_{vf}、输入电阻 R_{if}、输出电阻 R_{of} 等，可以按下列步骤进行设计。

① 设计基本放大电路。

根据闭环电压增益 $A_{vf}\approx\frac{1}{F_v}$确定反馈系数 F_v，由深度负反馈条件 $A_v F_v\gg 1$，确定开环电压增益 A_v，分配每级增益，设计单级放大器。

② 构造反馈网络。

根据放大电路性能指标、反馈对性能指标的影响，确定反馈类型，在基本放大电路中构

造反馈网络。

③ 确定反馈网络器件参数。

由反馈系数 F_v 确定反馈网络器件参数。对图 2.29 的电压串联负反馈，反馈系数为

$$F_v=\frac{R_{e11}}{R_f+R_{e11}} \tag{2.75}$$

由此确定 R_f。

四、实验内容

(1) 调整静态工作点。

调节 W_1，使 $I_{CQ1}=1.5\ \mathrm{mA}$，记录各级静态工作点数据。

(2) 开环放大电路的测试。

断开反馈支路，波形发生器输出 1 kHz 正弦信号，接入放大电路 v_s，调整波形发生器的输出幅度，使 v_i 为 20 $\mathrm{mV_{pp}}$，测量放大器的 A_v、R_i、R_o 和通频带，并与理论计算值比较。

(3) 闭环放大电路的测试。

连接反馈支路，R_f 取 20 kΩ，输入 1 kHz 正弦信号，使 v_i 为 20 $\mathrm{mV_{pp}}$，测量放大器的 A_{vf}、R_{if}、R_{of} 和通频带，并与理论计算值比较。比较开环和闭环情况下的增益、输入输出电阻和通频带。

五、研究与思考

(1) 若闭环输入电阻和输出电阻没有达到设计要求，电路应如何改进？

(2) 若要引入电流负反馈，反馈网络应该如何构造和连接？

2.9 有源滤波电路

一、实验目的

(1) 熟悉二阶有源滤波器的基本原理、电路结构和基本性能。

(2) 掌握有源滤波器的设计方法及参数的调整方法。

二、实验仪器

直流稳压电源、数字万用表、数字示波器、低频波形发生器。

三、实验原理

(1) 有源滤波器的种类。

滤波器是一种能使有用频率信号通过而同时抑制无用频率信号的电子装置。根据采用的元件不同，分为无源和有源滤波器两大类。无源滤波器采用 R、L 和 C 组成。有源滤波器由有源器件和 R、C 组成，不用电感，体积小，重量轻，有电压放大作用，带负载能力强。

设滤波器是一个线性时不变网络，电压传递函数为

$$\dot{A}(\mathrm{j}\omega)=\frac{\dot{V}_o(\mathrm{j}\omega)}{\dot{V}_i(\mathrm{j}\omega)} \tag{2.76}$$

通常用幅频响应来表征一个滤波器的特性，有

$$A(\mathrm{j}\omega)=|\dot{A}(\mathrm{j}\omega)|\,\mathrm{e}^{\mathrm{j}\varphi(\omega)} \tag{2.77}$$

时延 $\tau(\omega)$ 定义为

$$\tau(\omega)=-\frac{d\varphi(\omega)}{d\omega} \tag{2.78}$$

要使信号通过滤波器的失真很小，则时延响应也须考虑。当相位响应 $\varphi(\omega)$ 做线性变化，即时延响应为常数时，输出信号才可能避免相位失真。

通常把能够通过的信号频率范围定义为通带，而把受阻或衰减的信号频率范围称为阻带，通带和阻带的界限频率称为截止频率。理想滤波电路在通带内应具有零衰减的幅频响应和线性的相位响应，而在阻带内应具有无限大的幅度衰减。按照通带和阻带的相互位置不同，滤波电路通常可分为 4 类，幅频响应如图 2.30 所示。

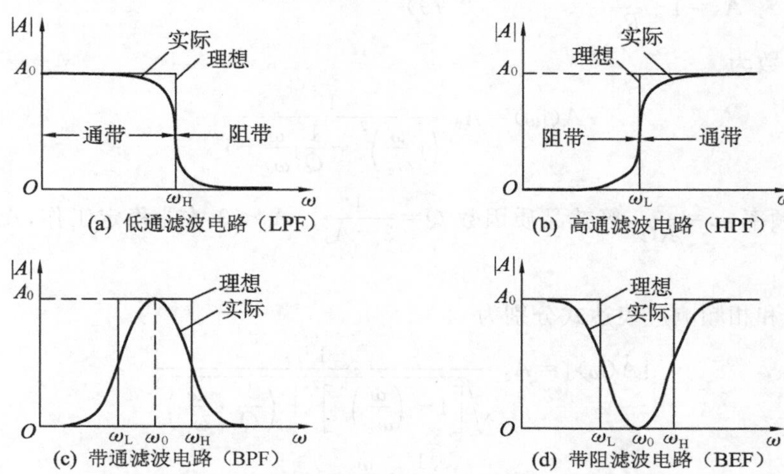

图 2.30　各种滤波电路的幅频响应

① 低通滤波电路(LPF)。

低通滤波电路幅频响应如图 2.30(a)所示，A_0 表示低频通带增益，ω_H 表示上限截止角频率，通带为 $0<\omega<\omega_H$，带宽为 ω_H。

② 高通滤波电路(HPF)。

高通滤波电路幅频响应如图 2.30(b)所示，ω_L 表示下限截止角频率，通带为 $\omega>\omega_L$。理论上高通滤波电路带宽为无穷大，但由于受有源器件的限制，带宽也是有限的。

③ 带通滤波电路(BPF)。

带通滤波电路幅频响应如图 2.30(c)所示，ω_0 为中心角频率，通带为 $\omega_L<\omega<\omega_H$，带宽为 $\omega_H-\omega_L$。

④ 带阻滤波电路(BEF)。

带阻滤波电路幅频响应如图 2.30(d)所示，阻带为 $\omega_L<\omega<\omega_H$。

有源滤波器的基本单元电路为一阶和二阶滤波器电路，高阶滤波器由一阶和二阶滤波器串接而成。二阶有源滤波器有两种结构，即同相输入的压控电压源型和反相输入的无限增益多路负反馈型滤波器。

按照逼近理想滤波器的传递函数的不同，滤波器有多种常见形式，如巴特沃思型、切比雪夫型、贝塞尔型、椭圆函数型等，其通带波动、阻带波动、阻带衰减特性及时延特性都有不同特点。

(2) 实验电路。

二阶压控电压源低通滤波器原理电路如图 2.31 所示，由两节 RC 滤波器和同相放大电路组成。一般取 $R_1=R_2=R$，$C_1=C_2=C$。其中同相放大电路实际上就是所谓的压控电压源，其电压增益就是低通滤波器的通带电压增益，即

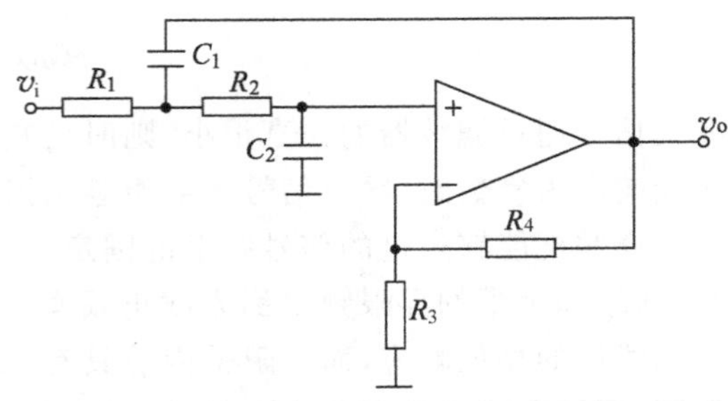

图 2.31 二阶压控电压源低通滤波器原理电路

$$A_0=1+\frac{R_4}{R_3} \tag{2.79}$$

电路的传递函数为

$$\dot{A}(\mathrm{j}\omega)=A_0\frac{1}{\left(\mathrm{j}\frac{\omega}{\omega_c}\right)^2+\frac{1}{Q}\mathrm{j}\frac{\omega}{\omega_c}+1} \tag{2.80}$$

式中，特征角频率 $\omega_c=\frac{1}{RC}$，等效品质因数 $Q=\frac{1}{3-A_0}$。$A_0<3$ 才能稳定工作，$A_0\geqslant 3$ 电路将自激振荡。

幅频响应和相频响应表达式分别为

$$|\dot{A}(\omega)|=A_0\frac{1}{\sqrt{\left[1-\left(\frac{\omega}{\omega_c}\right)^2\right]^2+\left(\frac{1}{Q}\cdot\frac{\omega}{\omega_c}\right)^2}} \tag{2.81}$$

$$\varphi(\omega)=-\arctan\frac{\frac{1}{Q}\cdot\frac{\omega}{\omega_c}}{1-\left(\frac{\omega}{\omega_c}\right)^2} \tag{2.82}$$

不同 Q 值下低通滤波器的幅频响应如图 2.32 所示。由图可见，当 $Q=0.707$ 时，幅频响应较平坦，而当 $Q>0.707$ 时，将出现峰值。当 $Q=0.707$ 时，$\omega/\omega_c=1$ 处衰减 −3 dB，$\omega/\omega_c=10$ 处衰减 −40 dB，这表明二阶低通滤波器比一阶的滤波效果好。

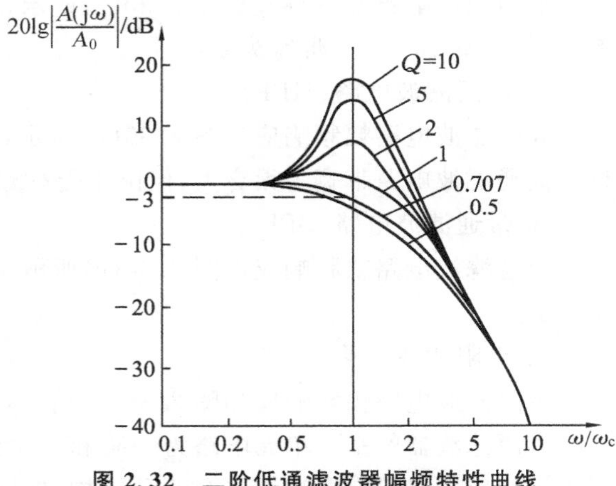

图 2.32 二阶低通滤波器幅频特性曲线

(3) 滤波器设计方法。

首先根据有用信号和无用信号的频率分布，确定滤波器幅频特性，如低通、高通、带通或带阻。根据滤波器的主要技术指标，如截止频率、最大通带衰减、最小阻带衰减、过渡带带宽等，确定滤波器传递函数形式，如巴特沃思型、切比雪夫型、贝塞尔型或椭圆函数型等，同时计算出滤波器的阶数。根据阶数，将滤波器分解为若干节一阶和二阶滤波器电路，然后设计单节电路，确定阻容元件参数。根据运放的频率特性指标，如单位增益带宽等，确定运放型号。由于滤波器设计过程较为复杂，可以采用相关软件进行辅助设计和仿真。

四、实验内容

(1) 设计二阶低通滤波器。

对于图 2.31 所示的二阶压控电压源低通滤波器，要求上限截止频率 $f_H=10$ kHz，品质因数 $Q=0.707$，确定运放型号和其他元器件参数，列出元件清单。

(2) 测量幅频特性曲线和相频特性曲线。

输入端 v_i 接入 1 V_{pp} 的正弦波，改变输入信号频率，保持幅度不变，用示波器测出输出电压的峰峰值 V_{opp} 及输出波形和输入波形的相位差 φ，记入表 2.7，画出幅频特性曲线和相频特性曲线，并与理论值比较。

表 2.7　二阶低通滤波器频率特性测量数据

f/kHz	0.5	1	2	5	10	20	50	100	200	500
V_{opp}/V										
A_v										
φ										

五、研究与思考

(1) 分析图 2.31 二阶压控电压源低通滤波器的时延特性。

(2) 根据图 2.31 二阶压控电压源低通滤波器，推导 $C_1\neq C_2$，$R_1\neq R_2$ 时的传递函数。

2.10　信号产生电路

2.10.1　*RC*正弦波振荡器

一、实验目的

(1) 掌握 *RC* 桥式正弦波振荡器的工作原理和设计方法。

(2) 熟悉 *RC* 桥式正弦波振荡器的调整和测试方法。

(3) 了解正弦波振荡器的稳幅措施。

二、实验仪器

直流稳压电源、数字万用表、数字示波器。

三、实验原理

正弦波振荡器是一个没有输入信号的带选频网络的正反馈放大电路，其组成框图如图 2.33 所示。

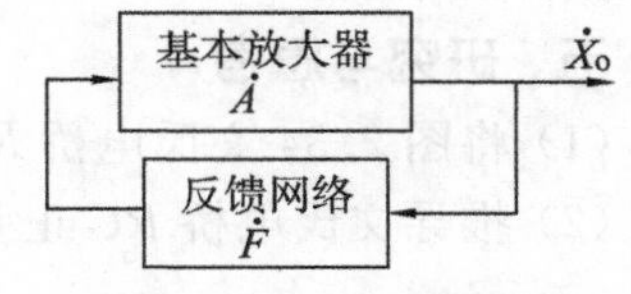

图 2.33　正弦波振荡器的组成框图

正弦波振荡电路产生持续振荡的条件是 $\dot{A}\dot{F}=1$，即

振幅平衡条件：$|\dot{A}\dot{F}|=1$

相位平衡条件：$\varphi_a+\varphi_f=2n\pi, n=0,1,2,\cdots$

其中，$\dot{A}$为基本放大器的增益，$\dot{F}$为反馈网络的反馈系数，φ_a为基本放大器的相移，φ_f为反馈网络的相移。

温度、电源电压或元件参数变化时，将破坏$|\dot{A}\dot{F}|=1$ 的条件。当$|\dot{A}\dot{F}|>1$ 时，输出电压

产生非线性失真；当$|\dot{A}\dot{F}|<1$时，输出波形消失。因此，必须采用稳幅措施，使电路$|\dot{A}|$随输出电压幅度增大而减小。常用热敏电阻、场效应管、二极管等实现稳幅。

根据选频网络元件的不同，正弦波振荡电路可以分为 RC 正弦波振荡电路、LC 正弦波振荡电路、石英晶体正弦波振荡电路等。RC 振荡电路一般用来产生低频信号，LC 和石英晶体振荡电路一般用来产生高频信号。

文氏电桥 RC 正弦波振荡器实验电路如图 2.34 所示，RC 串并联选频网络同时构成正反馈支路，运放构成同相放大器，R_w、R_3、R_4、D_1、D_2 构成负反馈支路，R_w 用于调节负反馈深度以满足起振条件和改善波形，并利用二极管正向导通电阻的非线性来自动地调节电路的闭环增益，以稳定波形的幅值。二极管两端并联电阻 R_4 用于削弱二极管的非线性影响以改善波形的失真。

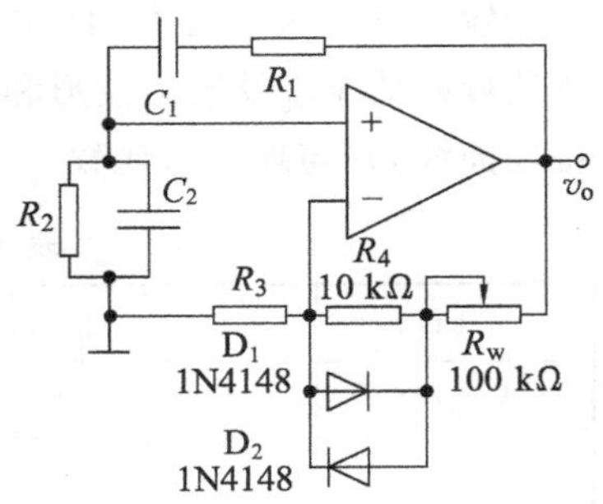

图 2.34 文氏电桥 RC 正弦波振荡器实验电路

一般取 $R_1=R_2=R$，$C_1=C_2=C$，振荡频率为

$$f_0=\frac{1}{2\pi RC} \tag{2.83}$$

起振条件为

$$1+\frac{R_w+R_4 \parallel r_D}{R_3}>3 \tag{2.84}$$

r_D为二极管的交流等效电阻。

四、实验内容

(1) 设计正弦波振荡器。

设计一个如图 2.34 所示的文氏电桥 RC 正弦波振荡器，要求 $f_0=1.6$ kHz。设计时取 $C_1=C_2=10$ nF。确定电路中元器件型号和参数，列出元件清单。

(2) 研究起振条件和振幅平衡条件。

逐步增大 R_w 使电路起振，用示波器观察输出波形的变化。稳定振荡时，测量基本放大器的增益 A 和反馈网络的反馈系数 F，验证振幅平衡条件。

(3) 测量输出波形。

用示波器观察输出波形，调节 R_w，使输出波形稳定且失真最小，记录此时的输出波形、标注频率和幅度。

五、研究与思考

(1) 将图 2.34 文氏电桥 RC 正弦波振荡器的实验结果与理论值比较，分析误差原因。

(2) 推导文氏电桥 RC 正弦波振荡器在 $C_1\neq C_2$，$R_1\neq R_2$ 时的振荡频率。

2.10.2 方波和三角波振荡电路

一、实验目的

(1) 掌握用集成运算放大器组成的方波、三角波发生器的工作原理和设计方法。

(2) 掌握用集成运算放大器组成的方波、三角波发生器的调整和测试方法。

二、实验仪器

直流稳压电源、数字万用表、数字示波器。

三、实验原理

(1) 方波发生器。

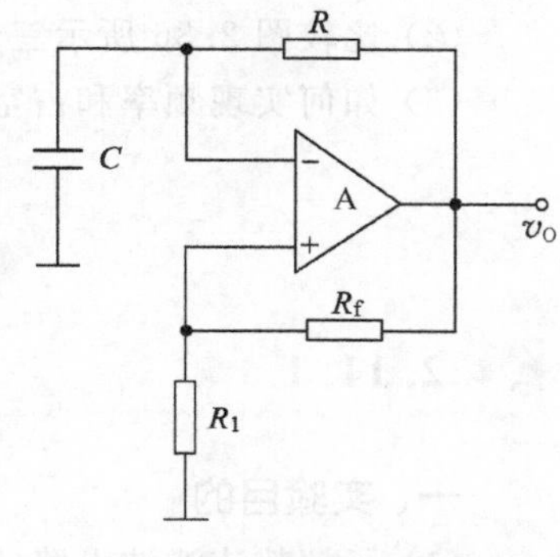

图 2.35　方波发生器电路

方波发生器电路如图 2.35 所示。该电路在迟滞比较器的基础上，增加了一个由 RC 回路组成的积分电路，将输出端电压以积分的方式反馈到反相输入端去。电容上的电压由于充放电而变化，经过比较器的阈值电压时，输出端电压发生翻转，如此周期变化，输出端即可得到方波。

根据迟滞比较器的工作原理及一阶暂态电路的分析方法，可得该电路的振荡周期为

$$T=2RC\ln\left(1+2\frac{R_1}{R_f}\right) \tag{2.85}$$

由此可见，方波的周期不仅与积分电路参数有关，且与比较器的电路参数有关。

(2) 三角波发生器。

三角波发生器电路如图 2.36 所示。运放 A_1 构成同相输入的迟滞比较器，输出方波。运放 A_2 构成的积分电路将输入方波转换为线性的三角波，而图 2.35 中 RC 积分电路产生的电容充放电波形为指数曲线。

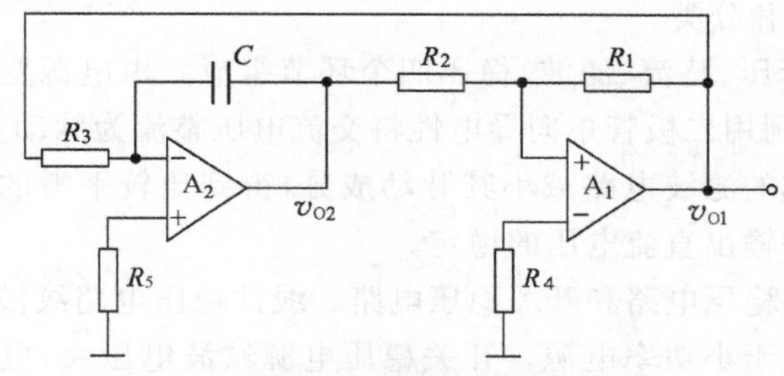

图 2.36　三角波发生器电路

利用积分电路的输入、输出关系和比较器的输入、输出关系，可得振荡周期为

$$T=\frac{4R_2R_3C}{R_1} \tag{2.86}$$

四、实验内容

(1) 设计方波发生器。

按照图 2.35 设计一个方波发生器，要求 $f=4.5$ kHz。设计时取 $C=10$ nF，$R_1=R_f$。确定电路中元器件参数。

(2) 测量方波发生器输出波形。

按照图 2.35 连接方波发生器，用示波器测量并记录输出波形 v_O 和电容两端波形 v_C。

(3) 设计三角波发生器。

按照图 2.36 设计一个三角波发生器，要求 $f=1$ kHz。设计时取 $C=10$ nF，$R_1=2R_2$。确定电路中元器件参数。

(4) 测量三角波发生器输出波形。

按照图 2.36 连接三角波发生器，用示波器测量并记录输出波形 v_{O1} 和 v_{O2}。

五、研究与思考

(1) 比较图 2.35 所示方波发生器的实验结果与理论值，分析误差原因。

(2) 比较图 2.36 所示三角波发生器的实验结果与理论值,分析误差原因。

(3) 如何实现频率和占空比可调的方波发生器?

2.11 直流稳压电源

2.11.1

一、实验目的

(1) 了解整流滤波电路的工作原理。

(2) 掌握整流滤波电路和稳压电路的设计方法。

(3) 了解直流稳压电源主要技术指标的测试方法。

(4) 掌握线性集成稳压器的使用方法。

二、实验仪器

数字万用表、数字示波器。

三、实验原理

(1) 稳压电源组成和分类。

直流稳压电源由降压、整流、滤波、稳压四个环节组成。由电源变压器将 220 V 的交流电压变换为交流低压,利用二极管单向导电性将交流电压整流为脉动直流电压,通过由电容或电感等储能元件组成的滤波电路减小其脉动成分,得到比较平滑的直流电压。稳压电路利用负反馈等措施维持输出直流电压的稳定。

稳压电路分为线性稳压电路和开关稳压电路。线性稳压电路纹波电压小,电路简单,但损耗大,效率低,一般用于小功率电源。开关稳压电源纹波电压大,电路复杂,但效率高,一般用于大功率电源。

线性稳压电路由基准电压源、取样电路、误差放大电路、调整管构成。输出电压变化时,输出电压的取样值与基准电压比较,经过误差放大电路,控制调整管的导通程度,从而改变输出电压大小,实现稳定电压输出。

(2) 实验电路。

图 2.37 为输出电压固定的直流稳压电源。$D_1 \sim D_4$ 组成桥式全波整流电路,电路可以采用 1N4007 或桥堆。C_1 构成电容滤波电路。稳压电路采用集成三端稳压器 LM7805,C_2 抑制高频噪声和高频自激,R_3 和 W_1 代表稳压电路的负载。

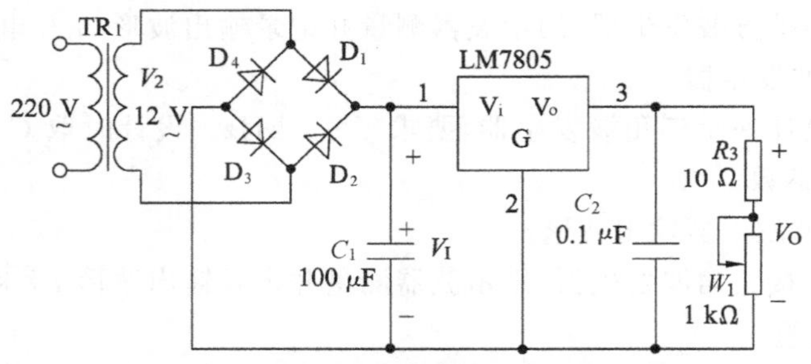

图 2.37 输出电压固定的直流稳压电源

图 2.38 为输出电压可调的直流稳压电源。稳压电路采用集成三端可调稳压器 LM317，其输出电压为

$$V_{O}=V_{REF}+\left(\frac{V_{REF}}{R_1}+I_{adj}\right)R_{w} \tag{2.87}$$

V_{REF} 为引脚 1 和 2 之间的参考电压，LM317 的 $V_{REF}=1.2$ V；$I_{adj}=50\ \mu$A，一般可忽略。上式可简化为

$$V_{O}=V_{REF}\left(1+\frac{R_{w}}{R_1}\right) \tag{2.88}$$

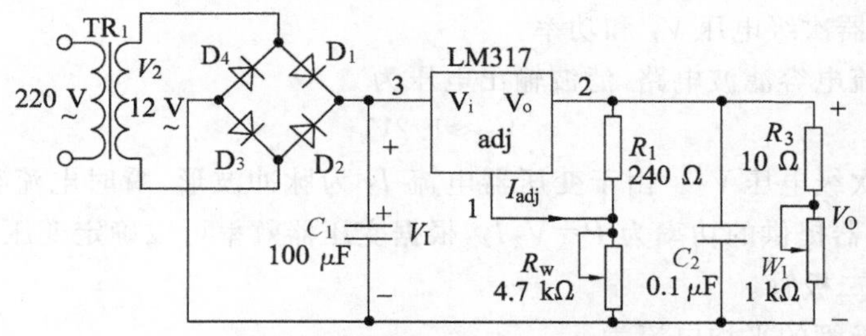

图 2.38　输出电压可调的直流稳压电源

(3) 性能指标。

稳压电源的主要质量指标有稳压系数、电压调整率、电流调整率、纹波电压和内阻等。

① 稳压系数。

稳压系数表示输出电压和输入电压的相对变化之比，即

$$\gamma=\frac{\Delta V_{O}/V_{O}}{\Delta V_{I}/V_{I}}\times 100\%\Bigg|_{\substack{\Delta I_{O}=0\\ \Delta T=0}} \tag{2.89}$$

② 电压调整率。

电压调整率表示由输入电压变化引起的输出电压相对变化，即

$$S_{V}=\frac{\Delta V_{O}/V_{O}}{\Delta V_{I}}\times 100\%\Bigg|_{\substack{\Delta I_{O}=0\\ \Delta T=0}} \tag{2.90}$$

③ 电流调整率。

电流调整率表示负载电流由零变到最大时输出电压的相对变化，即

$$S_{I}=\frac{\Delta V_{O}}{V_{O}}\times 100\%\Bigg|_{\substack{\Delta V_{I}=0\\ \Delta T=0\\ \Delta I_{Omax}}} \tag{2.91}$$

④ 电源内阻。

电源内阻反映负载电流变化对输出电压的影响，即

$$R_{O}=\frac{\Delta V_{O}}{\Delta I_{O}}\Bigg|_{\substack{\Delta V_{I}=0\\ \Delta T=0}} \tag{2.92}$$

R_{O} 实际上就是电源戴维南等效电路的内阻。

⑤ 纹波电压。

纹波电压表示稳压电路输出端交流分量的有效值,一般为毫伏数量级。

(4) 设计方法。

根据设计任务提出的主要技术指标和条件,如输出电压 V_O、输出电流 I_O等,可以按下列步骤进行设计。

① 确定整流滤波电路输出电压 V_I。

根据输出电压 V_O和三端稳压器的输入、输出压差,确定整流滤波电路输出电压 V_I。一般三端稳压器的压差为 2~3 V,低压差稳压器(LDO)压差可低至 0.1 V,压差与输出电流有关。

② 确定变压器次级电压 V_2 和功率。

对于桥式整流电容滤波电路,滤波输出电压为

$$V_I \approx 1.2V_2 \tag{2.93}$$

由此确定变压器次级电压 V_2。由于变压器电流 I_2 为脉冲波形,瞬时电流很大,一般取 $I_2=(1.5\sim2)I_O$,变压器提供的功率为 $P=V_2I_2$,根据变压器效率可以确定变压器额定功率。

③ 选择整流二极管。

流经每个二极管的平均电流为

$$I_D=\frac{1}{2}I_O \tag{2.94}$$

其承受的反向峰值电压为

$$V_{RM}=\sqrt{2}V_2 \tag{2.95}$$

一般取整流二极管的最大整流电流 $I_F>(1.5\sim2)I_D$,反向击穿电压 $V_{BR}>V_{RM}$。

④ 选择滤波电容。

由 $R_LC\geqslant(3\sim5)\frac{T}{2}$确定滤波电容容量,其耐压应大于$\sqrt{2}V_2$,其中 $R_L=V_O/I_O$为负载电阻,T 为电网电压周期。

⑤ 稳压芯片。

根据输出电压 V_O和输出电流 I_O,选择合适的稳压芯片。

四、实验内容

(1) 设计输出电压可调的直流稳压电源。

设计输出电压可调的直流稳压电源,输出电压为 1.25~24 V,输出电流为 1 A,画出电路图,确定元器件型号和参数,列出元件清单。

(2) 测试输出电压固定的直流稳压电源。

按照图 2.37 所示电路接线,将 W_1 调节至最大和最小时,用示波器观察和记录 V_I、V_O中的纹波电压。调节 W_1,改变输出电流,用万用表测量 V_I和 V_O,记入表 2.8 中,画出整流滤波电路 V_I-I_O输出特性曲线和稳压电路 V_O-I_O输出特性曲线,并求出各自的输出电阻。

表 2.8 稳压电源负载特性测量数据

I_O/mA	5									500
V_I/V										
V_O/V										

(3) 测试输出电压可调的直流稳压电源。

按照图 2.38 所示电路接线，将 W_1 调节至 100 Ω，调节 R_w，用万用表测量并记录 V_O 的可调范围。

五、研究与思考

(1) 画出由 LM317 构成的恒流电路原理图。

(2) 试用固定三端稳压器 LM7805 实现输出可调的电源，画出原理电路，并推导输出电压范围。

(3) 低压差集成稳压器通过什么技术降低输入电压和输出电压之间的压差？

2.11.2　开关稳压电源

一、实验目的

(1) 了解开关稳压电路的工作原理。

(2) 了解开关稳压电路的拓扑结构。

(3) 掌握升压、降压、负压开关稳压电路的原理和设计方法。

二、实验仪器

直流稳压电源、数字万用表、数字示波器。

三、实验原理

(1) 开关稳压电源原理和分类。

线性稳压电源中的调整管工作于放大状态，其损耗较大。而开关稳压电源中的调整管工作于饱和、截止状态，损耗主要发生在状态转换过程中，损耗较小。

开关稳压电路由基准电压源、取样电路、误差放大电路、脉宽或脉频控制电路、开关管、续流二极管、储能电感和电容构成。输出电压变化时，输出电压的取样值与基准电压比较，经过误差放大电路，改变脉冲宽度或脉冲频率，控制开关管饱和或截止，并利用二极管续流和电感、电容储能，输出稳定的直流电压。

开关稳压电路按照控制方式分为脉宽调制(PWM)、脉频调制(PFM)等，按照拓扑结构分为非隔离的 BUCK、BOOST、BUCK-BOOST、CUK、SEPIC、ZETA 和隔离的单端正激、单端反激、半桥、全桥、推挽等，按照谐振特性分为非谐振、准谐振、谐振等。

非隔离 PWM 型开关电源不同拓扑结构的比较见表 2.9，设电路工作于电感电流连续模式，其中 V_O 为输出电压，V_I 为输入电压，I_T 为开关管平均电流，V_T 为开关管最大漏源电压，I_D 为续流二极管平均电流，V_{DRM} 为续流二极管最大反向电压，D 为控制开关管的 PWM 占空比，I_I 为输入平均电流，I_O 为输出平均电流，忽略续流二极管、开关管的导通电压。

表 2.9　非隔离 PWM 型开关电源拓扑结构

结构	电路	V_O	I_T	V_T	I_D	V_{DRM}	I_I
BUCK	L_1 T_1 D_1 C_1	DV_I 降压	DI_O	V_I	$(1-D)I_O$	V_I	DI_O

续表

结构	电路	V_O	I_T	V_T	I_D	V_{DRM}	I_I
BOOST	L_1 D_1 T_1 C_1	$\frac{1}{1-D}V_I$ 升压	$\frac{1}{1-D}I_O$	V_O	I_O	V_O	$\frac{1}{1-D}I_O$
BUCK-BOOST	D_1 T_1 L_1 C_1	$\frac{D}{1-D}V_I$ 升降压 反向	$\frac{1}{1-D}I_O$	V_I+V_O	I_O	V_I+V_O	$\frac{D}{1-D}I_O$
SEPIC	L_1 C_2 D_1 T_1 L_2 C_1	$\frac{D}{1-D}V_I$ 升降压	$\frac{D}{1-D}I_O$	V_I+V_O	I_O	V_I+V_O	$\frac{D}{1-D}I_O$
CUK	L_1 C_2 L_2 T_1 D_1 C_1	$\frac{D}{1-D}V_I$ 升降压 反向	$\frac{1}{1-D}I_O$	V_I+V_O	I_O	V_I+V_O	$\frac{D}{1-D}I_O$
ZETA	C_2 L_2 T_1 L_1 D_1 C_1	$\frac{D}{1-D}V_I$ 升降压	$\frac{1}{1-D}I_O$	V_I+V_O	$\frac{1}{1-D}I_O$	V_I+V_O	$\frac{D}{1-D}I_O$

(2) 实验电路。

非隔离 PWM 型开关电源中，常用的拓扑结构为 BUCK 降压型、BOOST 升压型、BUCK-BOOST 负压型。

图 2.39 为 LM2576 构成的输出电压可调的降压电路。LM2576 内部集成了 BUCK 型 DC/DC 变换器的大部分控制电路及开关管。V_{in} 为输入端，C_1 为输入滤波电容，SW 为开关管的输出端，D_1 为续流二极管，L_1、C_3 为储能元件，W_1、R_1 分压获得取样电压并送至反馈输入端 FB，实现稳压控制。$\overline{ON}$为使能输入端，低电平时芯片工作。R_2、C_2 构成延时启动电路，输入电压 V_I 上电后延迟一段时间启动芯片，可用于存在多个电源的电路，实现上电顺序的控制。W_2、R_5 串联，构成实验中的模拟负载。LM2576 内部的基准电压为 $V_R=1.23$ V，输出电压为

$$V_O=\left(1+\frac{W_1}{R_1}\right)V_R \tag{2.96}$$

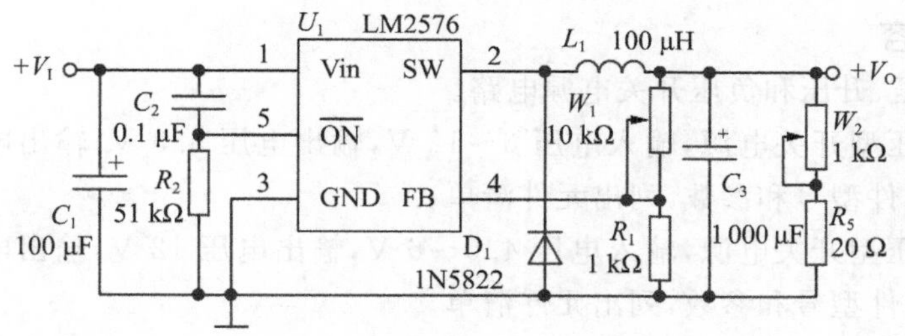

图 2.39　BUCK 降压电路

图 2.40 为 LM2577 构成的输出电压可调的升压电路。LM2577 内部集成了 BOOST 型 DC/DC 变换器的大部分控制电路及开关管。V_{in} 为输入端，C_1 为输入滤波电容，SW 为开关管的输出端，D_1 为续流二极管，L_1、C_3 为储能元件，W_1、R_1 分压获得取样电压并送至反馈输入端 FB，实现稳压控制。COMP 外接 R_2、C_2 构成的补偿网络，维持芯片的稳定工作。W_2、R_5 串联，构成实验中的模拟负载。LM2577 内部的基准电压为 $V_R=1.23$ V，输出电压为

$$V_O=\left(1+\frac{W_1}{R_1}\right)V_R \tag{2.97}$$

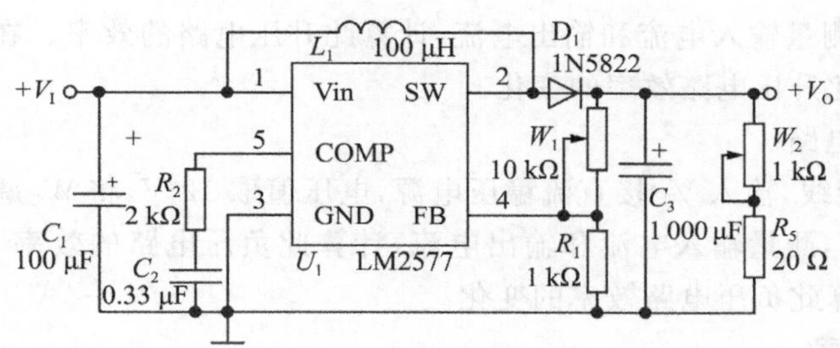

图 2.40　BOOST 升压电路

图 2.41 为 LM2576 构成的输出电压可调的负压电路，输入 V_I 为正电压，输出 V_O 为负电压，该电路实现了电压极性反转。LM2576 构成 BUCK-BOOST 结构，外围元件作用与图 2.39 的降压电路相同，输出电压为

$$V_O=-\left(1+\frac{W_1}{R_1}\right)V_R \tag{2.98}$$

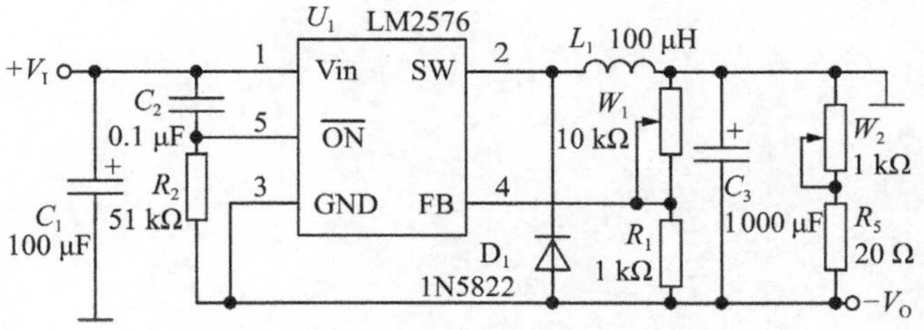

图 2.41　BUCK-BOOST 负压电路

对于上述三种 DC/DC 变换器，根据设计任务提出的主要技术指标，如输入电压、输出电压、输出电流等，可以通过芯片手册上的设计指南以及表 2.9，确定外围元件参数，如电容的容量和耐压值、电感的电感值和额定电流、二极管的额定电流和反向击穿电压。

四、实验内容

(1) 设计降压、升压和负压开关电源电路。

设计一个降压型开关电源，输入电压 6～12 V，输出电压 3.3 V，输出电流 0.5 A，画出电路图，确定元器件型号和参数，列出元件清单。

设计一个升压型开关电源，输入电压 4.5～6 V，输出电压 12 V，输出电流 0.5 A，画出电路图，确定元器件型号和参数，列出元件清单。

设计一个负压型开关电源，输入电压 5～12 V，输出电压－12 V，输出电流 0.5 A，画出电路图，确定元器件型号和参数，列出元件清单。

(2) 测试降压电路。

按照图 2.39 接线，输入 V_I 接直流稳压电源，电压值取 12 V，将 W_2 调节至最小。调节 W_1，用万用表测量并记录输出电压 V_O 的可调范围，并计算 LM2576 的最小压差。调节 W_1，使 $V_O=3.3$ V，测量输入电流和输出电流，计算此降压电路的效率，并用示波器观察输出电压中纹波电压的大小。

(3) 测试升压电路。

按照图 2.40 接线，输入 V_I 接直流稳压电源，电压值取 6 V，将 W_2 调节至 100 Ω。调节 W_1，使 $V_O=12$ V，测量输入电流和输出电流，计算此升压电路的效率。在 4.5～6 V 范围内调节输入 V_I，计算此升压电路效率的变化。

(4) 测试负压电路。

按照图 2.41 接线，输入 V_I 接直流稳压电源，电压值取 12 V，将 W_2 调节至 100 Ω。调节 W_1，使 $V_O=-12$ V，测量输入电流和输出电流，计算此负压电路的效率。在 5～12 V 范围内调节输入 V_I，计算此负压电路效率的变化。

五、研究与思考

(1) 由正电压电源通过极性转换电路，产生负电压输出的电源，有哪些实现方法？

(2) 设计 LM2576、LM2577 构成的降压、升压、负压电路，可以由程序控制输出电压的大小。

(3) 升压和负压电路中，输入电流可能大于输出电流，特别是上电过程中，输出端电容的充电电流很大。可以采取什么措施，降低启动过程中的浪涌电流？

(4) 设计 LM2576 构成的恒流源电路，可以由程序控制输出电流的大小。

第3章　高频模拟电子线路实验

3.1　高频小信号放大器

3.1.1　单调谐回路谐振放大器

一、实验目的

(1) 熟悉单调谐回路谐振放大器的工作原理和工程设计方法。

(2) 掌握单调谐回路谐振放大器电压增益、通频带、选择性的定义、测试及计算方法。

(3) 掌握信号源内阻及负载对谐振回路的影响。

(4) 掌握调整单调谐回路谐振放大器频率特性的方法。

二、实验仪器

高频波形发生器、高频交流电压表、数字示波器、数字万用表、直流稳压电源、扫频仪。

三、实验原理

(1) 实验电路。

小信号谐振放大器主要用于高频小信号或微弱信号的线性放大，在无线电通信系统中被广泛用作高频和中频放大器。

小信号谐振放大器的主要特点是晶体管的集电极负载不是纯电阻，而是由 LC 组成的并联谐振回路。由于 LC 并联谐振回路的阻抗是随频率而变化的，在谐振频率处阻抗是纯电阻，达到最大值。因此，用并联谐振回路作集电极负载的调谐放大器，在回路的谐振频率上具有最大的电压增益。偏离谐振频率，电压增益迅速减小。因此，用这种放大器可以放大所需要的某一频率范围的信号，抑制不需要的噪声或干扰信号。

如图 3.1 所示为单调谐回路谐振放大器电路，它由三级电路构成，其中第一级和第三级均为射极跟随电路，旨在提高输入阻抗和带负载能力。中间级为共发射极接法的晶体管和并联谐振回路组成的单调谐回路谐振放大器。

单调谐回路谐振放大器的基极用分压式偏置和射极电阻决定晶体管的静态工作点，调节 W_1 可改变静态工作点，同时可适当改变放大器的增益。放大器的输出采用电容抽头的并联谐振回路。印制线路板上电路元件和引线之间的分布电容会引起谐振频率的变化，通过调节微调电容 C_8，可以调整谐振频率。接不同的负载可以改变回路的 Q 值，从而改变放大器的增益和通频带。

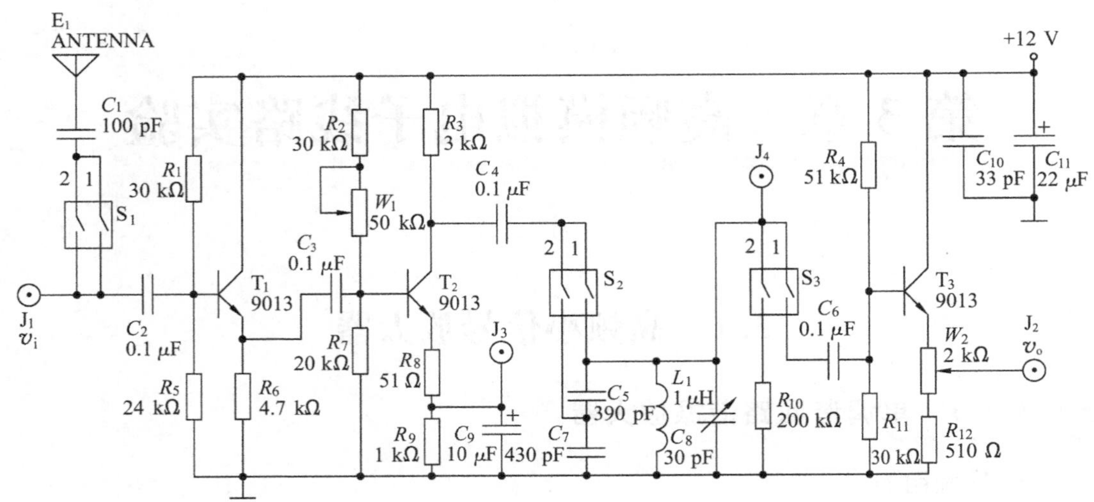

图 3.1　单调谐回路谐振放大电路

在高频情况下，晶体管本身的极间电容及连接导线的分布参数等会影响放大器输出信号的频率或相位。晶体管在高频情况下的分布参数除了与静态工作电流、电流放大系数有关外，还与工作频率有关。晶体管手册中给出的分布参数一般是在一定测试条件下测得的。如果工作条件发生变化，则上述参数值仅作为参考。因此，高频电路的设计计算一般采用工程估算方法。

谐振回路与放大电路间通过拨码开关 S_2 可选择以抽头或不抽头方式连接，抽头时其接入系数

$$p_1=\frac{C_5}{C_5+C_7} \tag{3.1}$$

谐振回路与负载间的连接通过拨码开关 S_3 选择，无抽头，故其接入系数 $p_2=1$。

(2) 单调谐回路谐振放大器的性能指标及测量方法。

单调谐回路谐振放大器的主要性能指标有谐振频率、谐振电压增益、通频带 $2\Delta f_{0.7}$ 及选择性等。

① 谐振频率。

放大器的谐振回路谐振时所对应的频率，称为放大器的谐振频率 f_0，其表达式为

$$f_0=\frac{1}{2\pi\sqrt{LC_\Sigma}} \tag{3.2}$$

式中，C_Σ 为谐振回路的总电容，表达式为

$$C_\Sigma=p_1^2C_{oe}+p_2^2C_{i2}+C \tag{3.3}$$

其中，C_{oe} 为三极管输出电容，C_{i2} 为后级输入电容，C 为谐振回路等效电容，表达式为

$$C=\frac{C_5C_7}{C_5+C_7}+C_8 \tag{3.4}$$

谐振频率 f_0 的调整方法如下：调整高频波形发生器输出频率为 f_0，输出电压为几十毫伏，接入放大器输入端。然后调节谐振回路的可调电容 C_8，使 LC 并联回路谐振时，三极管集电极直流电流最小，输出电压 v_o 达到最大，且输出波形无明显失真，这时回路的谐振频率就等于波形发生器的输出频率。

也可以用扫频仪调整谐振放大器,使电压谐振曲线的峰值出现在规定的谐振频率点 f_0。

在调整谐振频率的过程中,输入信号幅度不能过大,否则会使放大器进入非线性状态,使调谐不准确。在调谐回路的电感或电容时,最好采用用绝缘材料做的无感起子,以减小对回路电感或电容的影响。

② 谐振电压增益。

放大器谐振回路谐振时所对应的电压增益称为谐振电压增益 A_{v0},表达式为

$$A_{v0}=-\frac{p_1 p_2 |y_{fe}|}{G_p'} \tag{3.5}$$

式中,并联谐振回路的总电导 G_p'的表达式为

$$G_p'=G_p+p_1^2 g_{oe}+p_2^2 g_{i2} \tag{3.6}$$

其中,g_{oe}为三极管输出导纳,g_{i2}为后级输入导纳。谐振时输出电压 v_o 与输入电压 v_i 的相位差为 $180°+\angle\varphi_{fe}$。

测量 A_{v0}时,使放大器的谐振回路处于谐振状态。分别测量输入电压幅度 V_i 和输出电压幅度 V_o,则

$$A_{v0}=\frac{V_o}{V_i} \tag{3.7}$$

③ 通频带。

由于谐振回路的选频作用,当输入信号频率偏离谐振频率时,放大器的电压增益下降,当电压增益下降到谐振电压增益 A_{v0} 的$\frac{1}{\sqrt{2}}$倍时所对应的两个频率分别称为上限截止频率 f_H 和下限截止频率 f_L,而通频带 $2\Delta f_{0.7}$定义为

$$2\Delta f_{0.7}=f_H-f_L \tag{3.8}$$

通频带 $2\Delta f_{0.7}$与谐振回路的有载品质因数 Q_L 的关系为

$$2\Delta f_{0.7}=\frac{f_0}{Q_L} \tag{3.9}$$

通频带 $2\Delta f_{0.7}$与谐振电压增益 A_{v0}的关系为

$$A_{v0}=-\frac{p_1 p_2 |y_{fe}|}{4\pi\Delta f_{0.7} C_\Sigma} \tag{3.10}$$

上式说明,当选定晶体管即 y_{fe}确定且回路总电容 C_Σ 为定值时,谐振电压增益与通频带 $2\Delta f_{0.7}$的乘积为一常数。通频带越宽,则放大器的电压增益越小。想得到一定宽度的通频带,同时又要提高放大器的电压增益,应该选用 y_{fe} 较大的晶体管,尽量减小调谐回路的总电容。

可通过测量放大器的谐振曲线来得到通频带 $2\Delta f_{0.7}$。测量谐振曲线的方法有逐点法和扫频法。逐点法以高频波形发生器为信号源,用示波器或高频交流电压表为测试仪器。逐点法的测量步骤是:先调谐放大器的谐振回路使其谐振,记下此时的谐振频率 f_0 及谐振电压增益,然后在输出幅度不超过放大器线性动态范围的条件下,保持输入电压幅度不变,在谐振频率两侧改变输入信号的频率,测出对应的输出电压,然后绘制谐振曲线。

扫频法可以采用网络分析仪、选配跟踪源的频谱分析仪或扫频仪。测量时,将扫频信号接入放大器的输入端,放大器输出端接网络分析仪等的输入端口,可显示出放大器的谐振曲线。利用波形发生器的扫频功能,示波器检测放大器的输出波形,也可进行频率特性的测量。

④ 选择性。

常用矩形系数$K_{r0.1}$来表示谐振放大器的选择性，其定义为

$$K_{r0.1}=\frac{2\Delta f_{0.1}}{2\Delta f_{0.7}} \tag{3.11}$$

式中，$2\Delta f_{0.1}$为电压增益下降到谐振电压增益A_{v0}的10%时的带宽。

上式表明，矩形系数越小，谐振曲线的形状越接近矩形，选择性越好。一般单级谐振放大器的$K_{r0.1}\approx 9.95$，邻道选择性较差，为提高放大器的选择性，通常采用双调谐回路谐振放大器或多级单调谐回路谐振放大器。

可以通过放大器的谐振曲线来得到矩形系数。

⑤ 动态范围。

在谐振放大器中，由于LC回路具有选频作用，即使晶体管进入非线性区，也很难从波形上看出明显的非线性失真。为了准确地测量放大器的不失真动态范围，可以在放大器输入端加入频率为谐振频率的正弦波，逐步增大输入信号的幅度，逐点测出不同输入电压幅度V_i所对应的V_o，求出不同输入时的A_v值。当A_v开始下降时，就表明放大器已进入非线性区，由A_v刚开始下降所对应的输出幅度，可得放大器的最大不失真动态范围。

(3) 单调谐回路谐振放大器设计方法。

根据设计任务提出的主要技术指标，如谐振频率f_0、谐振电压增益A_{v0}和通频带$2\Delta f_{0.7}$，可以按下列步骤进行设计。

① 合理选择电路形式。

确定放大电路耦合方式，以及输入回路和输出回路的形式。

② 选择晶体管。

选取$r_{bb'}$和$C_{b'c}$小、f_T比谐振频率f_0大10倍左右的晶体管。

③ 选取静态工作点。

综合考虑静态工作点对增益和噪声系数的影响，确定合适的I_{CQ}。

④ 确定Y参数。

静态工作点确定后，可以采用Y参数测试仪测量晶体管Y参数，或由混合π型等效电路参数换算成Y参数。

⑤ 确定回路有载品质因数。

根据通频带的要求，Q_L值应为$Q_L=\frac{f_0}{2\Delta f_{0.7}}$。

⑥ 确定回路总电容。

由式(3.5)根据谐振电压增量A_{v0}和y_{fe}，初步选取谐振回路总电导G_p'。由$Q_L=\frac{\omega_0 C_\Sigma}{G_p'}$选用回路总电容$C_\Sigma$。

⑦ 确定回路电感量。

回路电感量为

$$L=\frac{1}{\omega_0^2 C_\Sigma} \tag{3.12}$$

由L值并参考Q_L大小，选取合适的电感。

⑧ 确定接入系数。

根据最大功率传输条件和 G'_p，确定接入系数 p_1 和 p_2，以及线圈抽头匝数。

⑨ 确定回路电容。

回路电容为

$$C=C_\Sigma-p_1^2C_{oe}-p_2^2C_{i2}-C_s \tag{3.13}$$

式中，C_s 为分布电容，一般为几 pF。

⑩ 选择耦合电容和旁路电容、电源滤波元件。

由于 Y 参数精度、分布参数等的影响，放大器的各项性能指标实测值与理论计算值有一定偏离。因此，电路元件参数还必须通过实验进行调整。可以根据性能指标的表达式进行分析和调整。如果电压增益较小，可以调整静态工作点或接入系数，或选用 β 较大的晶体管。如果通频带 $2\Delta f_{0.7}$ 太窄，可以增加集电极回路电阻，增加插入损耗，使通频带变宽。

由于工作频率较高，高频小信号放大器容易受到外界各种信号的干扰。可以把放大器放入金属屏蔽盒内，屏蔽盒与地线应接触良好。

四、实验内容

(1) 设计单调谐回路谐振放大器。

设计一个单调谐回路谐振放大器，谐振频率 $f_0=10.7$ MHz，谐振电压增益 $A_{v0}=10$，通频带 $2\Delta f_{0.7}=300$ kHz，画出电路图，确定元器件型号和参数，列出元件清单。

(2) 调整和测量静态工作点。

对于图 3.1 所示的单调谐回路谐振放大电路，将万用表置于直流电压挡，测量三极管 T_2 射极电阻 R_9 上的直流压降，调节基极可调电阻 W_1，将静态工作点电流 I_E 调整为 2.5 mA 左右，并测量各静态工作点，填入表 3.1 中，并将实验数据和理论计算值进行比较。其中 V_B、V_E 是三极管的基极和发射极对地电压。根据 V_{CE} 可以判断三极管是否工作在放大区。

表 3.1　放大器静态工作点测量数据

V_B	V_E	I_C	V_{CE}

(3) 测量放大器谐振电压增益 A_{v0}。

高频波形发生器输出峰峰值为 50 mV_{pp}、频率为 10.7 MHz 的正弦波，接到输入端 v_i，电路输出端 v_o 接示波器，在拨码开关 S_2 分别置 1(抽头)和置 2(不抽头)的情况下，调节微调电容 C_8 使回路谐振，输出电压 v_o 幅度最大。然后将输入电压 V_i 由 10 mV_{pp} 增大到 500 mV_{pp}，逐点记录不同负载下(由拨码开关 S_3 控制)的输出电压 V_o，填入表 3.2 中。最大输入幅度可根据实测情况来确定。

表 3.2　谐振电压增益测量数据

V_i/mV_{pp}			10	50	100	300	500
V_o/mV_{pp}	不抽头	空载					
		接 R_{10}					
		接输出级					

续表

V_i/mV$_{pp}$			10	50	100	300	500
V_o/mV$_{pp}$	抽头	空载					
		接 R_{10}					
		接输出级					

(4) 测量放大器的频率特性。

高频波形发生器输出峰峰值为 50 mV$_{pp}$、频率为 10.7 MHz 的正弦波，接到输入端 v_i，输出端 v_o 接示波器，在拨码开关 S_2 分别置 1(抽头)和置 2(不抽头)的情况下，调节微调电容 C_8 使回路谐振，输出电压 v_o 幅度最大。然后保持输入电压 v_i 幅值不变，改变波形发生器频率，由谐振频率向两边逐点偏离，在表 3.3 中记录对应的输出电压。频率偏离范围可根据各自实测的情况来确定。画出谐振曲线，计算不同负载时的谐振电压增益、通频带、品质因数和矩形系数。

表 3.3　放大器频率特性测量数据

f_i/MHz						10.7			
V_o/mV$_{pp}$	不抽头	空载							
		接 R_{10}							
		接输出级							
	抽头	空载							
		接 R_{10}							
		接输出级							

(5) 研究测量仪器对被测电路的影响。

将示波器探头置×1 衰减挡，接到输出端 v_o，使回路调谐，记录 f_0 和 A_{v0}。然后将示波器的探头接到晶体管 T_2 集电极，重新调整输入信号的频率，使回路再次调谐，记录此时的 f_0 和 A_{v0}，说明引起 f_0 和 A_{v0} 变化的原因，并求出示波器探头的输入电阻和输入电容。

按照上述方法，将示波器探头置×10 衰减挡，再次测量其输入电阻及输入电容。

五、研究与思考

(1) 引起高频小信号谐振放大器不稳定的原因是什么？如果实验中出现自激现象，应该怎样消除？

(2) 谐振回路的接入系数对放大器的性能有哪些影响？应该怎样选择接入系数？

(3) 如果实验得到的谐振曲线左右不对称，其原因是什么？

(4) 当集电极负载变化时，单调谐回路谐振放大器的谐振电压增益 A_{v0} 将如何变化？

(5) 改变单调谐回路谐振放大器的有载品质因数 Q 值，能否改善其矩形系数？

(6) 在调整谐振回路的谐振频率时，对输入信号幅度有什么要求？如果输入信号过大会出现什么现象？

(7) 可以采取哪些措施提高电压增益 A_{v0}？

(8) 可以采取哪些措施加宽通频带 $2\Delta f_{0.7}$？

3.1.2　双调谐回路谐振放大器

一、实验目的

(1) 熟悉双调谐回路谐振放大器的工作原理和工程设计方法。

(2) 掌握双调谐回路谐振放大器电压增益、通频带、选择性的定义、测试及计算方法。

(3) 掌握双调谐回路谐振放大器频率特性的测试方法。

(4) 了解放大器的动态范围及测试方法。

二、实验仪器

高频波形发生器、高频交流电压表、数字示波器、数字万用表、直流稳压电源、扫频仪。

三、实验原理

(1) 实验电路。

与单调谐回路谐振放大器相比，双调谐回路谐振放大器具有通频带宽、选择性好的优点。

如图 3.2 所示为电容耦合双调谐回路谐振放大器电路。输入信号 v_i 接波形发生器，或直接接到接收天线。高频变压器 TR_1 和电容 C_1、C_2 构成输入选频回路。基极电阻 R_1、R_2、R_4 和射极电阻 R_5 决定晶体管的静态工作点。L_1、L_2、C_4 和 C_5、C_7、D_1、D_2 构成初级并联谐振回路，通过变容二极管 D_1、D_2 调整谐振频率。W_1、R_{13}、L_6、L_8 构成 D_1、D_2 的偏置电路，调节 W_1 可改变变容二极管的反向电压，从而改变电容量。L_1、L_2 采用抽头方式与三极管 T_1 相连，实现三极管输出阻抗和谐振回路的阻抗匹配。开关 K_1 闭合时，将电阻 R_3 接入谐振回路，可减小放大器增益，降低谐振回路品质因数。L_3、L_4、C_9 和 C_{10}、C_{11}、D_3、D_4 构成次级并联谐振回路，W_2、R_{14}、L_7、L_9 构成 D_3、D_4 的偏置电路。L_3、L_4 采用抽头方式与后级三极管 T_2 相连，实现谐振回路和三极管输入阻抗的阻抗匹配。C_6 为耦合电容，决定耦合强度，调节 C_6 可改变耦合系数。根据耦合因数 η 的不同，双调谐回路谐振放大器的频率响应特性分为三种情况：弱耦合、临界耦合、强耦合。开关 S_2 打开时，为双调谐回路谐振放大器，S_2 闭合时为单调谐回路谐振放大器。T_2 构成共射放大电路，对信号做进一步放大。

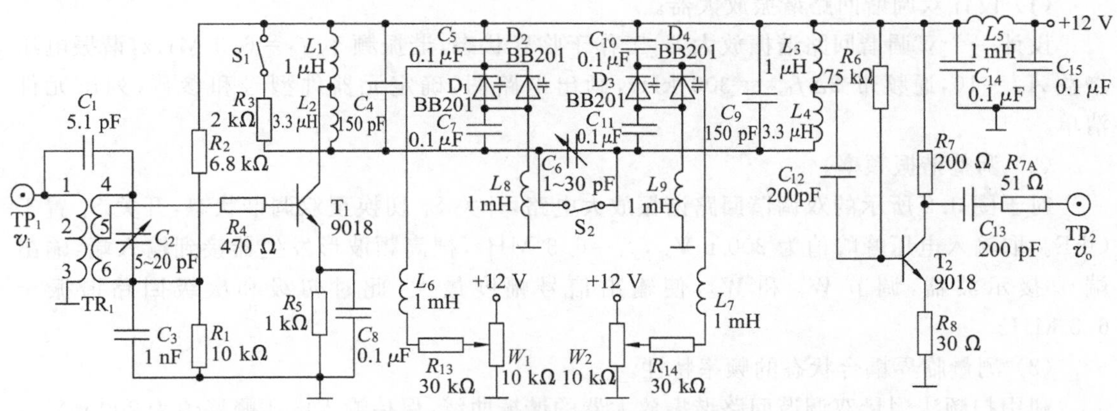

图 3.2　双调谐回路谐振放大器电路

(2) 双调谐回路谐振放大器的性能指标及测量方法。

双调谐回路谐振放大器的主要性能指标有谐振频率、谐振电压增益、通频带 $2\Delta f_{0.7}$ 及选择性等，与单调谐回路谐振放大器相同。

设初级谐振回路总电导、总电感、总电容分别为 G_{p1}、L_1、C_1，次级谐振回路总电导、总电感、总电容分别为 G_{p2}、L_2、C_2，三极管输出导纳为 $y_{oe}=g_{oe}+j\omega C_{oe}$，后级输入导纳为 $y_{i2}=g_{i2}+j\omega C_{i2}$，初级电感和次级电感的抽头接入系数分别为 p_1、p_2。设初级和次级谐振回路参数相同，即

$G_{p1}=G_{p2}=G_p, L_1=L_2=L, C_1+p_1^2C_{oe}=C_2+p_2^2C_{i2}=C, G_{p1}+p_1^2g_{oe}=G_{p2}+p_2^2g_{i2}=g$

① 谐振频率。

$$f_0=\frac{1}{2\pi\sqrt{LC}} \tag{3.14}$$

② 谐振电压增益。

$$A_{v0}=\frac{2\eta}{1+\eta^2}\cdot\frac{p_1p_2|y_{fe}|}{2g} \tag{3.15}$$

临界耦合时，$\eta=1$，此时的谐振电压增益为

$$A_{v0}=\frac{p_1p_2|y_{fe}|}{2g} \tag{3.16}$$

③ 通频带。

临界耦合时，有

$$2\Delta f_{0.7}=\sqrt{2}\frac{f_0}{Q_L} \tag{3.17}$$

④ 选择性。

临界耦合时，有

$$K_{r0.1}=\frac{2\Delta f_{0.1}}{2\Delta f_{0.7}}\approx 3.16 \tag{3.18}$$

(3) 双调谐回路谐振放大器的设计方法。

双调谐回路谐振放大器的设计方法可以参照单调谐回路谐振放大器的设计方法。

四、实验内容

(1) 设计双调谐回路谐振放大器。

设计一个双调谐回路谐振放大器，工作于临界状态，谐振频率 $f_0=6.3$ MHz，谐振电压增益 $A_{v0}=10$，通频带 $2\Delta f_{0.7}=300$ kHz，画出电路图，确定元器件型号和参数，列出元件清单。

(2) 调整谐振频率。

对于图 3.2 所示的双调谐回路谐振放大电路，开关 S_2 切换至双调谐状态，开关 S_1 置于 OFF。取输入电压峰峰值为 200 mV_{pp}，$f_i=6.3$ MHz，把高频波形发生器接到输入端，输出端 v_o 接示波器，调节 W_1 和 W_2，使输出信号幅度最大，此时初级和次级回路谐振于 6.3 MHz。

(3) 测量临界耦合状态的频率特性。

利用扫频法测量双调谐回路谐振放大器的谐振曲线，保持输入电压峰峰值为 200 mV_{pp}，频率范围为 4.8～7.8 MHz。从大到小改变电容 C_6，观察谐振曲线逐步从双峰变为单峰。调节 C_6，使放大器工作于临界耦合状态，记录谐振曲线的数据点，填入表 3.4 中，画出谐振曲线，并计算通频带和矩形系数。

表 3.4　临界耦合状态的频率特性测量数据

f_i/Hz												
A_v												

(4) 测量强耦合状态的频率特性。

利用扫频法测量双调谐回路谐振放大器的谐振曲线，保持输入电压峰峰值为 200 mV_{pp}，频率范围为 4.8～7.8 MHz。从小到大改变电容 C_6，观察谐振曲线逐步从单峰变为双峰。调节 C_6，使放大器工作于强耦合状态，且谐振电压增益 A_v 为峰值处的 0.707 倍，此时 $\eta=\sqrt{2}+1$。记录谐振曲线的数据点，填入表 3.5 中，画出谐振曲线，计算两峰间的频带宽度，并计算通频带和矩形系数。

表 3.5　强耦合状态的频率特性测量数据

f_i/Hz												
A_v												

(5) 测量放大器的动态范围。

调节 C_6，使放大器工作于临界耦合状态。把高频波形发生器接到输入端，输入信号频率保持 6.3 MHz 不变，改变输入电压峰峰值 V_{ipp}，用示波器观察输出波形，记录输出电压峰峰值 V_{opp}，填入表 3.6 中，并计算电压增益 A_v。

表 3.6　放大器动态范围测量数据

V_{ipp}/mV	50											1 000
V_{opp}/mV												
A_v												

(6) 观察回路品质因数对频率特性的影响。

利用扫频法测量双调谐回路谐振放大器的谐振曲线。调节 C_6，分别使放大器工作于临界耦合和强耦合状态，打开和闭合开关 S_1，改变初级谐振回路品质因数，观察谐振曲线的变化。

五、研究与思考

(1) 如何调节电路参数，实现耦合因数 $\eta=1$，$\eta<1$ 和 $\eta>1$ 三种不同耦合强度？

(2) 实验中，如何判断双调谐回路谐振放大器是否处于临界耦合状态？

(3) 如果双调谐回路谐振放大器初级和次级回路的谐振频率不同，总电导相同，那么谐振曲线的形状有什么变化？

(4) 如果双调谐回路谐振放大器初级和次级回路的总电感和总电容相同，总电导不同，那么谐振曲线的形状有什么变化？

3.2　高频功率放大器

3.2.1　丙类谐振功率放大器

一、实验目的

(1) 了解丙类功率放大器的基本工作原理，了解工程估算和设计的方法。

(2) 掌握丙类功率放大器的调谐特性以及负载特性，比较欠压、临界和过压三种工作状态。

(3) 了解丙类功率放大器基极偏置电压变化、激励信号变化和电源电压变化对功率放大器工作状态的影响。

二、实验仪器

高频波形发生器、高频交流电压表、数字示波器、数字万用表、直流稳压电源、功率计。

三、实验原理

(1) 实验电路。

利用选频网络作为负载回路的功率放大器称为谐振功率放大器，它是无线电发射机中的重要组成部件。

根据放大器半电流导通角 θ_c 的范围，可以将放大器分为甲类、乙类、丙类等不同类型。半电流导通角 θ_c 越小，放大器的效率越高。甲类功率放大器的 θ_c 为 180°，效率最高只能达到 50%；乙类功率放大器的 θ_c 为 90°，效率最高可达 78.5%；丙类功率放大器的 θ_c 小于 90°，效率可达 80%以上。甲类功率放大器适合作为中间级或输出功率较小的末级功率放大器。高频功率放大器工作于丙类状态，可以得到较高的输出功率和较高的效率。

如图 3.3 所示的实验电路为丙类谐振功率放大电路，其中 T_1、T_2 分别为共发射极和共集电极放大器，进行电压放大和跟随，工作于甲类。T_3 为丙类谐振功率放大器，L_3 与 C_{13}、C_{14} 组成的并联谐振回路作为 T_3 的负载。当放大器输入信号为正弦波时，集电极的输出电流为脉冲余弦波，利用谐振回路的选频作用可得到基波输出电压。R_{11} 和 W_2 构成基极自给偏置电路，利用发射极电流的直流分量 I_{E0} 在 R_{11} 和 W_2 上的压降得到偏置电压。该偏置电

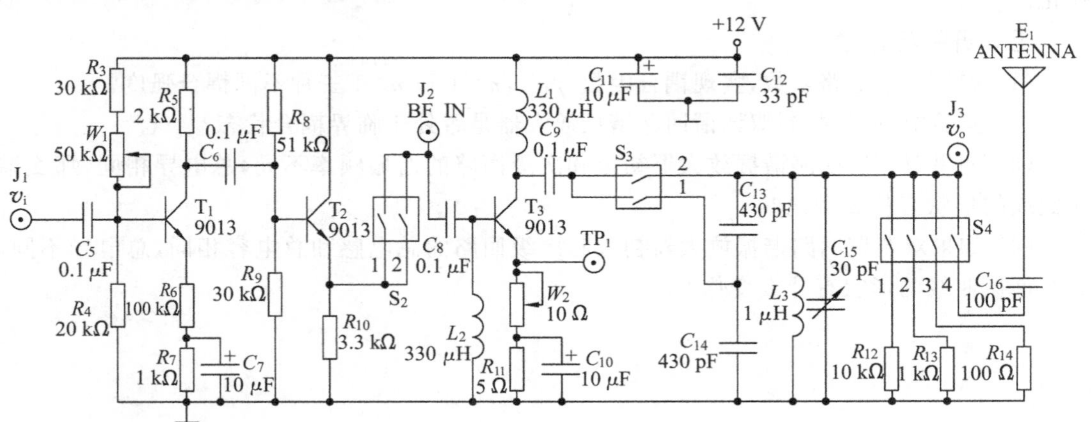

图 3.3　丙类谐振功率放大电路

路的偏置电压可以随输入信号电压幅度的大小自动调节，当激励信号增大时，I_{E0} 增大，负偏压加大，使得 I_{E0} 增量趋于减小，维持放大器的工作状态基本不变。

谐振回路与放大电路间通过拨码开关 S_3 可选择抽头或不抽头方式连接。拨码开关 S_4 用于选择不同的负载电阻 R_L。

(2) 谐振功率放大器的性能指标及测量方法。

① 输出功率。

高频功率放大器的输出功率是指在放大器的负载 R_L 上得到的最大不失真功率。集电极输出功率 P_o 的表达式为

$$P_o=\frac{1}{2}V_{cm}I_{cm1}=\frac{1}{2}I_{cm1}^2R_p=\frac{1}{2}\frac{V_{cm}^2}{R_p} \tag{3.19}$$

式中，V_{cm} 为集电极基波输出电压的幅度，R_p 为谐振时的等效负载电阻，I_{cm1} 为集电极脉冲余弦电流的基波分量。

在测量功率放大器的输出功率时，高频波形发生器提供激励信号电压与谐振频率，示波器用于监测输出波形是否失真，万用表电流挡用于测量集电极的直流电流，高频交流电压表测量负载 R_L 上的输出电压。输出电压最大、集电极的直流电流最小时，集电极回路处于谐振。只有在集电极回路处于谐振状态时，才能进行各项技术指标的测量。

计算放大器的输出功率的公式如下：

$$P_o=\frac{V_o^2}{R_L} \tag{3.20}$$

式中，V_o 是输出电压的有效值。

由于高频交流电压表测量的是正弦电压的有效值，因此当功率放大器输出电压含有谐波成分时，测量精度较低。

也可以直接用功率计测量输出功率，为保证测量精度，功率计与负载之间必须匹配。

② 效率。

高频功率放大器的总效率由晶体管集电极的效率和输出网络的传输效率决定。而输出网络的传输效率通常由电容、电感在高频工作时产生的一定的损耗决定。放大器的能量转换效率主要由集电极的效率决定，功率放大器依靠激励信号对放大管电流的控制，把集电极直流电源的功率变换成负载回路的交流功率。在同样的直流功率的条件下，转换的效率越高，输出的交流功率越大。

集电极电源 V_{CC} 提供的直流功率为

$$P_= =V_{CC}I_{C0} \tag{3.21}$$

式中，I_{C0} 为集电极脉冲余弦电流的直流分量，可以将万用表置于直流电流挡，串入集电极回路中测量。设 i_{Cmax} 为脉冲余弦的最大值，$\alpha_0(\theta_c)$ 为余弦脉冲的直流分解系数，则

$$I_{C0}=i_{Cmax}\alpha_0(\theta_c) \tag{3.22}$$

集电极脉冲余弦电流的基波分量为

$$I_{cm1}=i_{Cmax}\alpha_1(\theta_c) \tag{3.23}$$

式中，$\alpha_1(\theta_c)$ 为余弦脉冲的基波分解系数。计算集电极效率的公式如下：

$$\eta_c=\frac{P_o}{P_=}=\frac{1}{2}\cdot\frac{V_{cm}}{V_{CC}}\cdot\frac{\alpha_1(\theta_c)}{\alpha_0(\theta_c)}=\frac{1}{2}\xi\frac{\alpha_1(\theta_c)}{\alpha_0(\theta_c)} \tag{3.24}$$

式中，ξ 为集电极电压利用系数。

集电极耗散功率为

$$P_c = P_= - P_o \tag{3.25}$$

如果测出集电极和发射极间直流电压 V_{CE}，则集电极耗散功率也可由下式计算：

$$P_c = I_{C0} V_{CE} \tag{3.26}$$

③ 功率增益。

放大器的输出功率 P_o 与输入功率 P_i 之比称为功率增益，用 A_p 表示，即

$$A_p = \frac{P_o}{P_i} \tag{3.27}$$

(3) 谐振功率放大器的特性及调整方法。

① 调谐特性和谐振频率的调整。

调谐特性是指谐振功率放大器集电极回路调谐时，集电极直流电流 I_{C0} 或基极直流电流 I_{B0} 的变化特性。当回路谐振时，I_{C0} 最小，I_{B0} 最大。当回路失谐时，回路阻抗呈感性或呈容性，且回路阻抗减小，使 V_{CEmin} 和 V_{BEmax} 不同时出现。回路阻抗减小使放大器向欠压方向变化，引起 I_{C0} 增大、I_{B0} 减小，而回路电抗分量进一步加剧了这种变化。

回路谐振时，回路两端的电压理论上达到最大，测量回路电压也可以判断回路的调谐情况。实际上由于回路 Q 值较低，测得的电压包含高次谐波成分，不能真实地反映高频基波电压的大小。同时，当晶体管在高频区工作时，由于集电极电流滞后于激励电压，以及晶体管内反馈的作用，使得谐振时 I_{C0} 最小值与输出电压最大值不同时出现，所以谐振频率的调整可能存在偏差。同时应注意，测量仪器的输入阻抗要大，输入电容要小，尽量减小对回路的影响。

由于功率放大器处于高电压大电流工作状态，如果调谐过程中集电极回路出现失谐状态，回路阻抗呈感性或呈容性，等效阻抗下降，则集电极输出电压减小，集电极电流增大，集电极的耗散功率增加，严重时可能损坏晶体管。为保证晶体管安全工作，在调谐过程中，可以先将电源电压降低到正常值以下，找到谐振频率后，再将电源电压增加到正常值。由于电源电压改变时，晶体管的 Y 参数会随之改变，因此电源电压恢复正常值后，须重新微调谐振回路。

② 负载特性。

当负载电阻 R_L 由小增大时，等效到集电极回路的基波谐振阻抗 R_p 也由小增大，集电极电流波形也由尖顶脉冲变为凹顶脉冲，放大器的工作状态将由欠压通过临界进入过压。集电极电流基波分量 I_{cm1} 和集电极电流直流分量 I_{C0} 减小，集电极基波输出电压 V_{cm} 增大，集电极电源提供的功率 $P_=$ 减小，集电极损耗功率 P_c 减小，集电极输出功率 P_o 在临界时达到最大，集电极效率 η_c 增大并在弱过压区达到最大。

当功率放大器交流负载线正好穿越晶体管静态特性曲线的转折点时，晶体管的集电极电压等于管子的饱和压降，集电极电流脉冲接近最大值，放大器处于临界工作状态，集电极输出功率和效率都较高，此时所对应的负载电阻值称为最佳负载电阻值，即

$$R_p = \frac{(V_{CC} - V_{CES})^2}{2P_o} \tag{3.28}$$

为了兼顾输出功率和效率的要求，谐振功率放大器通常选择在临界工作状态。判断放大器

是否处于临界工作状态的依据是

$$V_{cm}=V_{CC}-V_{CES} \tag{3.29}$$

③ 电源电压 V_{CC} 对谐振功率放大器工作状态的影响。

当 V_{CC} 由小变大时，放大器的工作状态由过压通过临界进入欠压，集电极电流基波分量 I_{cm1} 和集电极电流直流分量 I_{C0} 增大，集电极基波输出电压 V_{cm} 增大，集电极电源提供的功率 $P_=$ 增大，集电极损耗功率 P_c 增大，集电极输出功率 P_o 增大但进入欠压区后增量很小。

④ 输入激励电压 V_{bm} 变化对放大器工作状态的影响。

当 V_{bm} 由小变大时，放大器的工作状态由欠压通过临界进入过压，集电极电流基波分量 I_{cm1} 和集电极电流直流分量 I_{C0} 增大，集电极基波输出电压 V_{cm} 增大，集电极电源提供的功率 $P_=$ 增大，集电极损耗功率 P_c 增大，集电极输出功率 P_o 增大，但进入过压区后 $P_=$、P_c 和 P_o 增量很小。

如果采用基极自给偏置电路，当 V_{bm} 增大时，基极负偏压也增大，将削弱 V_{bm} 对放大器工作状态的影响。

⑤ 自激振荡及消除方法。

自激振荡是高频功率放大器调整过程中经常遇到的一种现象，分为参量型和反馈型两种。

外加激励电压足够大时，晶体管的参数如集电结电容 $C_{b'c}$ 等随着工作状态而变化，将产生许多新的频率分量，其中某些频率分量由于相位和幅度合适，形成分频或倍频参量自激，放大器输出基波和谐波频率的合成波形。

参量自激时，功率放大器输出电压的峰值可能显著增加，集电极回路可能处于失谐状态，集电极的耗散功率会很大，有可能导致晶体管损坏。

消除参量自激的方法有：在基极或发射极接入消振电阻，引入适当的高频电压负反馈，降低回路的有载品质因数，或减小激励电平。

反馈型自激振荡是由于电路中的分布参数（如分布电容和引线电感等）引起的，振荡频率可能高于或低于功率放大器的谐振频率。消除反馈型自激振荡的方法有：尽量减少引线的长度，在基极回路接入消振电阻，降低线圈的品质因数，从而破坏其正反馈条件。

(4) 谐振功率放大器设计方法。

根据设计任务提出的主要技术指标，如输出功率 P_o、谐振频率 f_0、效率 η_c，可以按下列步骤进行设计。

① 确定放大器的工作状态。

为了获得较高的效率和最大的输出功率，丙类功率放大器的工作状态应为临界状态。兼顾高的输出功率和高效率，通常取 θ_c 为 70°左右。

谐振回路的最佳负载电阻 R_p 为

$$R_p=\frac{(V_{CC}-V_{CES})^2}{2P_o} \tag{3.30}$$

集电极基波电流振幅为

$$I_{cm1}=\sqrt{\frac{2P_o}{R_p}} \tag{3.31}$$

集电极脉冲电流最大值为

$$i_{Cmax}=I_{cm1}/\alpha_1(\theta_c) \tag{3.32}$$

集电极脉冲电流的直流分量为

$$I_{C0}=i_{Cmax}\alpha_0(\theta_c) \tag{3.33}$$

直流电源提供的功率为

$$P_= =V_{CC}I_{C0} \tag{3.34}$$

集电极耗散功率为

$$P_c=P_= -P_o \tag{3.35}$$

集电极效率为

$$\eta_c=\frac{P_o}{P_=} \tag{3.36}$$

② 根据集电极耗散功率 P_c、集电极脉冲电流最大值 i_{Cmax} 和谐振频率 f_0，确定晶体管参数 P_{CM}、I_{CM} 和 f_T，选择晶体管型号。

③ 计算谐振回路及耦合回路的参数。

功率放大器的负载电阻 R_L 通过抽头变换，等效变换成最佳负载电阻 R_p。采用 C_{13}、C_{14} 构成电容抽头，接入系数为

$$p=\frac{C_{13}}{C_{13}+C_{14}} \tag{3.37}$$

若选定集电极并联谐振回路的总电容 C，则回路电感为

$$L=\frac{1}{(2\pi f_0)^2C} \tag{3.38}$$

式中，总电容 $C=C_{15}+\frac{C_{13}C_{14}}{C_{13}+C_{14}}$。

④ 基极偏置电路。

根据晶体管参数选定合适的功率增益 A_p，则得到输入功率

$$P_i=\frac{P_o}{A_p} \tag{3.39}$$

基极脉冲余弦电流的最大值为

$$i_{Bmax}=\frac{i_{Cmax}}{\beta} \tag{3.40}$$

基极基波电流振幅为

$$I_{bm1}=i_{Bmax}\alpha_1(\theta_c) \tag{3.41}$$

由此得输入激励电压的振幅为

$$V_{bm}=\frac{P_i}{I_{bm1}} \tag{3.42}$$

根据

$$\cos\theta_c=\frac{V_{BZ}+V_{BB}}{V_{bm}} \tag{3.43}$$

可求得晶体管的基极偏置电压 V_{BB}，式中 V_{BZ} 为晶体管的导通电压。

由 $V_{BB}=-I_{E0}R_e\approx-I_{C0}R_e$ 即可确定发射极电阻 R_e。

四、实验内容

(1) 设计丙类功放电路。

设计一个丙类功放电路，谐振频率 $f_0=10$ MHz，输出功率 $P_o=100$ mW，画出电路图，确定电路元器件型号和参数，列出元件清单。

(2) 测量丙类功放静态工作点。

对于图 3.3 所示的丙类谐振功放电路，负载电阻 R_L 开路，开关 S_2 断开，输入端 J_2 接入峰峰值 3 V_{pp}、频率 10 MHz 高频信号，用万用表直流电压挡测量并记录晶体管 T_3 的发射结电压 V_{BE}，该电压为负偏压。改变输入电压振幅，该负偏压随之变化。若输入端激励信号为 0，则负偏压也为 0。若波形发生器输出峰峰值较小，可接入输入端 J_1 先进行电压放大，经开关 S_2 送入输入端 J_2。

(3) 测试调谐特性。

负载电阻 R_L 开路，输入信号峰峰值为 3 V_{pp} 左右，在 4～20 MHz 范围内改变输入信号频率，用示波器测量输出电压峰峰值 V_{opp}，用万用表直流电流挡测量集电极脉冲电流的直流分量 I_{C0}，逐点记入表 3.7 中，得到谐振频率 f_0，画出谐振曲线，并计算有载品质因数 Q 值。

表 3.7　丙类功放调谐特性测量数据

f/MHz	4								20
V_{opp}/V									
I_{C0}/mA									

(4) 测试负载特性。

负载电阻 R_L 空载，输入信号频率为谐振频率 f_0，输入电压峰峰值为 3 V_{pp} 左右。调整回路电容 C_{15}(或微调信号源频率)，使回路调谐，调节 W_2，观察此时的发射极对地电压 v_E 的波形，应出现凹顶脉冲，与 i_e 形状相同。如果 v_E 电压波形的凹顶脉冲不明显，可增大激励电压或降低电源电压。如果 v_E 电压波形出现不对称的凹顶脉冲，可微调集电极回路使其对称。实际上，这种现象并不一定说明没有正确调谐，产生这种现象的主要原因是放大管的高频效应，因此实验过程中不要求凹顶脉冲严格对称。

改变负载电阻 R_L 的大小，分别取 10 kΩ、1 kΩ、100 Ω，用示波器测量相应的输出电压峰峰值 V_{opp} 和发射极电压峰峰值 V_{epp}，描绘相应的 v_E 波形，用万用表直流电流挡测量集电极脉冲电流的直流分量 I_{C0}，记入表 3.8 中，分析负载对工作状态的影响。每当改变负载电阻时，回路分布电容会发生变化，必要时适当微调集电极回路。

表 3.8　丙类功放负载特性测量数据

R_L	10 kΩ	1 kΩ	100 Ω	∞
I_{C0}/mA				
V_{opp}/V				
V_{epp}/V				
i_e 的波形				

(5) 观察输入激励电压 V_{bm} 变化对工作状态的影响。

负载电阻为 10 kΩ 定值，使发射极电压 v_E 为凹顶脉冲，然后将输入激励电压 V_{bm} 峰峰值由 3 V_{pp} 开始减小，用示波器观察 i_e 波形的变化，选择不同 i_e 波形时的 2 个 V_{bm} 值，分别测量相应的输出电压峰峰值 V_{opp} 和集电极的直流电流 I_{C0}，描绘相应的 i_e 波形，记入表 3.9 中，分析激励电压对工作状态的影响。

表 3.9 激励电压对丙类功放工作状态的影响

V_{bm}/V		
I_{C0}/mA		
V_{opp}/V		
i_e 的波形		

(6) 观察电源电压 V_{CC} 变化对工作状态的影响。

调整输入激励电压 V_{bm} 峰峰值为 3 V_{pp}，选择负载电阻为某一定值，使发射极电压 v_E 为余弦脉冲，然后将电源电压 V_{CC} 由 12 V 开始减小，用示波器观察 i_e 波形的变化，选择不同 i_e 波形时的 2 个 V_{CC} 值，分别测量相应的输出电压峰峰值 V_{opp} 和集电极的直流电流 I_{C0}，描绘相应的 i_e 波形，记入表 3.10 中，分析电源电压对工作状态的影响。

表 3.10 电源电压对丙类功放工作状态的影响

V_{CC}/V		
I_{C0}/mA		
V_{opp}/V		
i_e 的波形		

(7) 测量功率和效率。

调整电源电压为 12 V，输入信号频率为谐振频率 f_0，输入电压峰峰值为 3 V_{pp} 左右，不同负载电阻下，用示波器测量输入电压峰峰值 V_{ipp} 和输出电压峰峰值 V_{opp}，用万用表直流电流和电压挡分别测量集电极直流电流 I_{C0}、集电极和发射极间直流电压 V_{CE}，填入表 3.11 中，并计算输出功率 P_o、集电极电源提供的直流功率 $P_=$、集电极耗散功率 P_c 和功放效率 η。

表 3.11 丙类功放功率与效率测量数据

R_L	I_{C0}	V_{CE}	V_i	V_o
10 kΩ				
1 kΩ				
100 Ω				

五、研究与思考

(1) 当调谐谐振回路时，发现 I_{C0} 最小值和集电极回路电压最大值往往不是同时出现的，为什么？

(2) 利用 I_{C0} 指示回路调谐时，为什么负载电阻较大时容易调谐？

(3) 在测量负载特性时，为什么集电极电压波形和负载电压波形有较大的差异？

(4) 功率放大器调试过程中输出负载阻抗短路为什么可能损坏晶体管？

(5) 在调谐过程中，先将电源电压降低，找到谐振点后再升高电源电压到正常值。为什么最后还要再微调一下谐振回路的参数？

(6) 调谐功率放大器时，是否出现过寄生振荡？是什么寄生振荡？是如何消除的？

(7) 将示波器探头连接在集电极或负载电阻 R_L 两端观察输出电压波形，对测量结果有什么影响？在发射极观察输出电压波形是否更好？

3.2.2　线性宽带功率放大器

一、实验目的

(1) 了解线性宽带功率放大器的基本工作原理和设计方法。

(2) 掌握线性宽带功率放大器幅频特性的测量方法。

(3) 熟悉传输线变压器的特性和应用。

二、实验仪器

高频波形发生器、高频交流电压表、数字示波器、数字万用表、直流稳压电源、功率计。

三、实验原理

(1) 实验电路。

丙类、丁类等谐振高频功率放大器效率高，但只能放大 GSM 等恒包络调制信号和窄带信号。现代无线通信系统须支持高信息传输速率，广泛采用非恒包络线性调制方式(如 M-QAM、QPSK)和多载波技术(如 OFDM、WCDMA)，以提高频谱利用率，这对射频功率放大器的线性度和带宽提出了很高的要求。为满足功率放大器的线性要求，一般选用效率较低的甲类或甲乙类放大器，并进一步采用包络分离和恢复、预失真、反馈、前馈、包络跟踪等线性化技术。

为实现宽带功率放大，级间耦合不能采用具有选频能力的谐振回路。无线通信系统阻抗通常为 50 Ω。功率放大器的输入阻抗及输出阻抗较小，并且随着输出功率能力的提高，阻抗逐渐减小，因此阻抗匹配电路是设计宽带功率放大器的关键问题。

传输线变压器是一种较理想的高频宽带耦合及匹配元件，它采用传输线作为绕组，较合理地将分布电容、线圈漏感加以利用或限制，使响应频带得到很大的展宽，可以实现阻抗变换、不平衡-平衡转换、功率合成和分配等，被广泛应用于放大器级间耦合、混频、调制解调、射频开关、功率合成等。

将双绞线、带状传输线或同轴电缆绕于高磁导率磁环，构成传输线变压器。工作于高频时，考虑线间的分布电容和导线电感，可以将传输线看作是由许多电感、电容组成的耦合链，两个线圈电流大小相等，方向相反，磁芯中无磁场，无功率损耗，初次级能量传输靠分布电容。工作于低频时，信号波长远大于传输线长度，分布参数可以忽略，线圈中有激励电流，初次级能量传输靠磁耦合。

如图 3.4 所示的实验电路为线性宽带功率放大器，由两级相同的甲类高频功率放大器组成。4∶1 传输线变压器 TR_1、TR_2 和 TR_3 作为级间耦合网络，实现前后级间的阻抗匹配。T_1 组成共发射极电路，W_1、R_7 和 R_8 构成静态工作点偏置电路，调节 W_1 可以改变静态电流，从而改变增益。集电极采用高频扼流圈 L_1 作负载，提供晶体管集电极的直流电流，同时，电感负载提高了输出信号的动态范围。R_2 和 R_6 构成电压并联负反馈，可以减小输出阻抗，展宽频带，改善非线性失真，增加电路的稳定性。T_2 的电路组成和原理与 T_1 相同。为了滤除电源干扰，防止寄生振荡，每级集电极电源都采用电容滤波，把频率特性不同的两种电容并联，分别实现高频和低频滤波。TH_1 为电路的实际输入端 v_i，电阻 R_1 仅用于测量输入电阻。

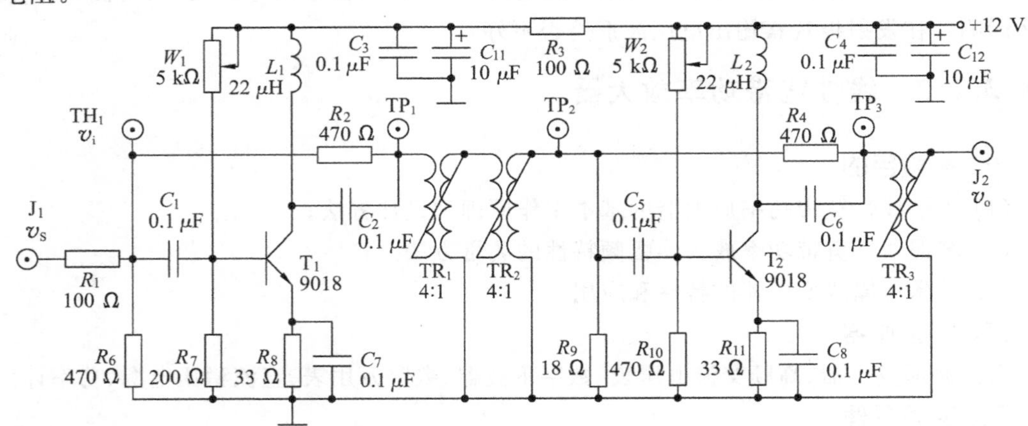

图 3.4 线性宽带功率放大器电路

(2) 线性宽带功率放大器的性能指标。

① 带宽。

带宽是指放大器输出功率的波动或增益平坦度在一定范围内时的工作频率范围。根据放大器件的频率特性，放大器须采用补偿匹配网络以保证一定的工作频带。

② 输出功率。

功率放大器的输出功率可以采用饱和输出功率或 1 dB 压缩点输出功率来表征。

功率放大器的输入功率加大到某一值后，输出功率趋于一恒定值，称为功率放大器的饱和输出功率。

放大器的输入功率增加到一定程度以后，放大器的增益会降低，引起输出功率呈非线性增大，发生增益压缩。放大器增益比小信号增益下降 1 dB 处称为 1 dB 压缩点，此时的输出功率称为 1 dB 压缩点输出功率。

③ 功率增益及增益平坦度。

功率增益是指放大器输出功率与输入功率的比值。增益平坦度指在一定温度和固定输入功率下，在整个工作频率范围内，放大器增益变化的范围。

④ 效率。

通常采用集电极效率 η_c 和功率附加效率（η_{PAE}）表示效率。功率附加效率定义为输出功率与输入功率之差与电源提供功率的比值，即

$$\eta_{PAE}=\frac{P_o-P_i}{P_=}=\left(1-\frac{1}{A_p}\right)\eta_c \tag{3.44}$$

式中，A_p 为功率增益。

⑤ 谐波失真。

功率放大器的非线性特性将产生谐波失真。对于宽带放大器，谐波频率可能处于工作

频带内。n 次谐波失真大小由下式决定：

$$HD_n = 10\lg\frac{P_{on}}{P_{o1}}(\text{dBc}) \tag{3.45}$$

式中，P_{on} 为 n 次谐波输出功率，P_{o1} 为基波输出功率。

⑥ 三阶互调。

由于功率放大器的非线性，两个或多个输入信号同时经过放大器时，输出信号中将含有新的组合频率分量。如果输入信号频率为 f_1 和 f_2，则三阶互调频率 $2f_1-f_2$ 或 $2f_2-f_1$ 可能落在放大器的工作频带内，不能用滤波器滤除，则会造成失真。

三阶互调输出功率与输入功率的三次方成正比，基波输出功率与输入功率成正比。三阶互调输出功率和基波输出功率相等的点，称为三阶互调截点 IP_3。

(3) 线性宽带功率放大器设计方法。

根据设计任务提出的主要技术指标，如输出功率、增益、带宽，可以按下列步骤进行设计。

① 确定放大器电路形式。

根据功率、效率、线性度等要求，选用甲类或甲乙类功率放大电路，并采用负反馈减小非线性失真，提高稳定性，增加电抗元件，实现宽带频率补偿。

② 选取功率管。

功率晶体管可以选择双极型晶体管或 GaAs、LDMOS、SiC、GaN 等材料的场效应管。

根据电源电压、输出功率、增益、带宽等指标，选择合适的功率管。

下面以三极管构成的甲类功率放大器为例说明。

③ 确定静态工作点和偏置电路。

静态工作点决定了功率管的静态功耗。根据功率管的集电极耗散功率 P_{CM} 和集电极最大电流 I_{CM}，确定静态工作电流 I_{CQ}，并设计偏置电路。集电极高频扼流圈应取较大电感量，但电感量太大可能加大线圈的分布电容，所以工作频率较高时电感量可适当减小。

④ 设计匹配网络。

根据放大器的输出阻抗和后级输入阻抗大小，采用传输线变压器设计宽带匹配网络。

四、实验内容

(1) 设计线性宽带功率放大器。

设计一个线性宽带功率放大器，工作频率范围为短波波段 3～30 MHz，功率增益为 20 dBm，输出功率为 100 mW。画出电路图，确定元器件型号和参数，并列出元件清单。

(2) 调整静态工作点。

对于图 3.4 所示的线性宽带功率放大器，不接输入信号，调节电位器 W_1，使三极管 T_1 的 $I_{CQ1}=16$ mA，调节电位器 W_2，使三极管 T_2 的 $I_{CQ2}=45$ mA。

(3) 测量电压增益。

v_s 处输入频率为 11.5 MHz、峰峰值为 100 mV$_{pp}$ 的高频信号，用示波器分别测量 v_i、TP_1、TP_2、v_o 处的电压峰峰值，填入表 3.12 中，并计算每一级的电压增益和总增益，以及第一级的输入阻抗。

表 3.12　线性宽带功率放大器电路各点的电压峰峰值

测量点	v_i	$TP_1(v_{o1})$	$TP_2(v_{i2})$	v_o
电压峰峰值				

(4) 测量频率特性。

v_s 端输入峰峰值 100 mV_{pp} 的高频信号，在 1～50 MHz 范围内改变输入信号频率，同时保持输入峰峰值不变，记录输出电压峰峰值，填入表 3.13 中，画出幅频特性曲线，计算通频带宽。

表 3.13　线性宽带功率放大器频率特性测量数据

f/MHz	1															50
V_{opp}/V																

(5) 测量线性特性。

v_s 端输入频率为 11.5 MHz 的高频信号，改变其幅度，用示波器分别测量 v_i 和 v_o 端的电压峰峰值，填入表 3.14 中，并计算不同输入下的电压增益。

表 3.14　线性宽带功率放大器不同输入下的电压增益测量数据

v_s/mV_{pp}	50	100	200	300	400
v_i					
v_o					
A_v					

五、研究与思考

(1) 传输线的特性阻抗对功率放大器性能有什么影响？如何选取传输线的特性阻抗？

(2) 传输线变压器绕制过程中，哪些因素会影响其带宽和特性阻抗？

(3) 高频小信号放大器和功率放大器都工作于甲类功率放大电路，两者在器件选择和电路结构上有什么不同？

3.3　高频振荡器

一、实验目的

(1) 掌握三端式正弦波振荡电路的工作原理和设计方法。

(2) 掌握晶体管静态工作点、反馈系数大小、负载变化对起振和振荡幅度的影响。

(3) 研究外界因素如温度、电源电压等对振荡器频率稳定度的影响。

二、实验仪器

高频交流电压表、数字示波器、无感起子、数字万用表、频率计、直流稳压电源。

三、实验原理

(1) 实验电路。

正弦波振荡器是无线电发送设备的核心，也是超外差式接收机的主要部分。正弦波振

荡器按工作原理可分为反馈式和负阻式两大类，高频时一般采用反馈式 LC 振荡器或石英晶体振荡器。

如图 3.5 所示为电容三端反馈式正弦波振荡电路，T_1 构成 LC 振荡器，T_3 构成石英晶体振荡器。

在 LC 振荡器电路中，晶体管 T_1 构成共基极放大电路，R_1、R_2、R_3 和 R_4 构成自给偏压电路，偏置电压 V_{BE} 由固定偏压 V_B 和发射极电阻 R_4 上的直流压降 V_E 共同确定。电路起振前，V_E 取决于静态电流 I_{E0}，此时 V_{BE} 为正偏压，易于起振。电路起振后，由于反馈电压的存在，V_E 将随振幅强度而变化，振荡稳定时，V_{BE} 可能为负偏压。自给偏压电路有较强的稳幅作用，但如果 R_4 和 C_3 时间常数太大或工作点选择不当，会产生间歇振荡。

开关 S_5 置于 S 端时，T_1、C_2、C_3、L_1、C_6 和 D_2 构成克拉泼振荡电路。开关 S_5 置于 P 端时，T_1、C_2、C_3、C_4、L_1、C_6 和 D_2 构成西勒振荡电路。调节 W_4，可以改变变容二极管 D_2 的反向电压，从而改变电容量，实现压控振荡。若 C_4 取值远小于 C_2 和 C_3，可以减小晶体管极间电容和分布电容对振荡电路的影响，提高频率稳定度。

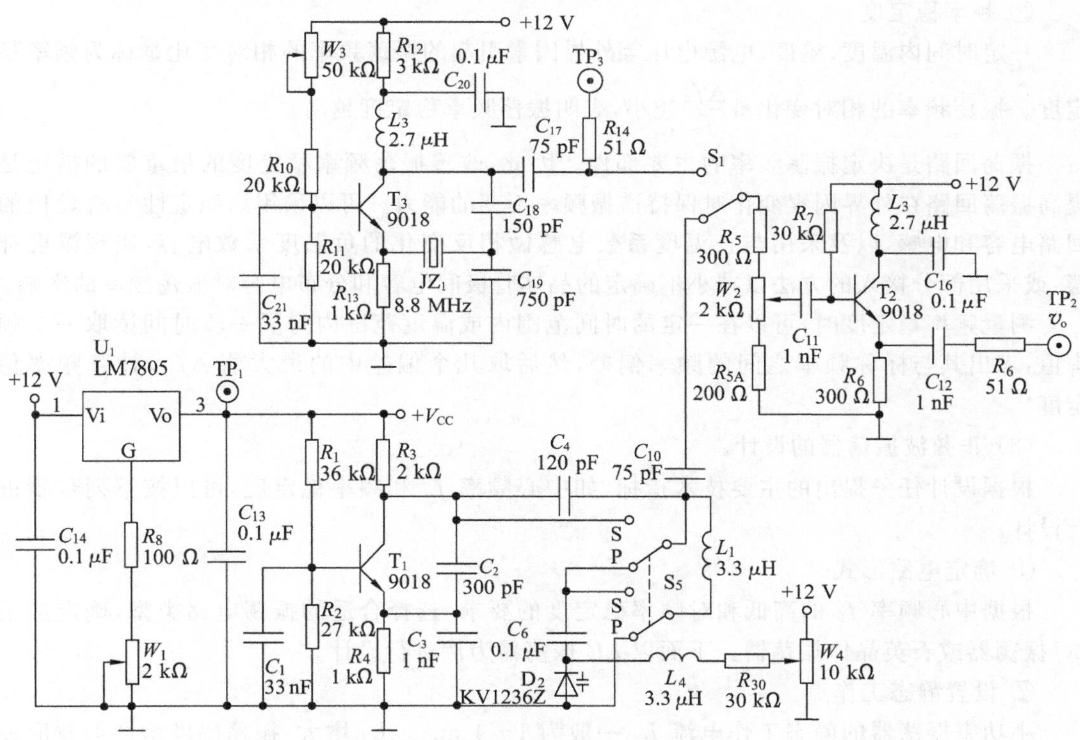

图 3.5　正弦波振荡电路

C_3 两端的电压构成振荡器的反馈电压，反馈系数为

$$F=\frac{C_2}{C_2+C_3} \tag{3.46}$$

U_1、R_8、W_1 等构成可调直流稳压电源，调节 W_1 可改变振荡电路供电电压 V_{CC} 的大小，影响振荡电路的工作状态。

在石英晶体振荡器电路中，晶体管 T_3 构成共基极放大电路，R_{11}、R_{10}、R_{13}、W_3 构成 T_3

的直流偏置电路，调节 W_3 可改变 T_3 的静态工作点。R_{12} 和 C_{20} 为电源去耦电路。C_{18}、C_{19}、L_3 构成振荡回路。石英晶体 JZ_1 工作于串联谐振频率，呈纯阻性，相移为零，振荡电路满足相位平衡条件。

LC 振荡器和石英晶体振荡器的输出，通过开关 S_1 选择，进入 T_2 构成的射极跟随器，缓冲放大后输出。电位器 W_2 可以调节输出电压的大小。

(2) 正弦波振荡器的性能指标及测量方法。

① 振荡频率。

在高频情况下，测量仪器的输入阻抗(包含电阻和电容)及连接电缆的分布参数有可能影响被测电路的谐振频率及谐振回路的 *Q* 值。为尽量减小这种影响，应正确选择测试点，使仪器的输入阻抗远大于电路测试点的输出阻抗。

测量振荡频率时，可以用频率计在输出端测量。如果直接在振荡级测量，可以将频率计通过一个几十皮法的小电容连接到 T_3 或 T_1 集电极，以减小频率计的输入阻抗对谐振回路的影响。

② 频率稳定度。

一定时间内温度、湿度、电源电压等外界因素引起的振荡频率的相对变化量称为频率稳定度。振荡频率的相对变化量 $\frac{\Delta f_0}{f_0}$ 越小，表明振荡频率稳定度越高。

振荡回路是决定振荡频率的主要部件。因此，改善振荡频率稳定度的最重要的措施是提高振荡回路在外界因素变化时保持谐振频率不变的能力。可以采用高稳定性和高 *Q* 值的回路电容和电感，以及采用与正温度系数电感做相反变化的负温度系数电容，实现温度补偿，或采用部分接入的方法以减小不确定的晶体管极间电容和分布电容对振荡频率的影响。

测量频率稳定度时，可以在一定的时间范围内或温度范围内每隔一段时间读取一个频率值，求出其与标称频率之间的频率偏差，然后取几个偏差中的最大值 Δf_m，计算频率稳定度。

(3) 正弦波振荡器的设计。

根据设计任务提出的主要技术指标，如中心频率 f_0 和频率稳定度，可以按下列步骤进行设计。

① 确定电路形式。

根据中心频率 f_0 的高低和对频率稳定度的要求，选择合适的振荡电路类型，确定选用 *LC* 振荡器或石英晶体振荡器。下面以 *LC* 振荡器为例进行设计。

② 设置静态工作点。

小功率振荡器的静态工作电流 I_{CQ} 一般为 1～4 mA。I_{CQ} 增大，振荡幅度增加但波形失真增大，频率稳定性差。I_{CQ} 减小，放大器增益下降，起振困难。根据选取的 I_{CQ}，计算相应的偏置电阻 R_1、R_2、R_3 和 R_4。

基极旁路电容 C_1 的作用是使基极交流对地短路，一般应使 C_1 的容抗远小于其并联电阻 R_1、R_2。

R_3 的取值对振荡电路的直流、交流工作状态都有很大的影响，通常取集电极电位为电源电压的 0.6 倍左右。

R_4 的选取应保证 R_4 和 C_3 时间常数不太大，以免产生间歇振荡。

③ 计算振荡回路元件值。

振荡回路电容 C_2、C_3、C_4 应尽可能远大于晶体管极间电容和分布电容，C_4 取值应尽可能远小于 C_2 和 C_3。

C_2 和 C_3 的比值由反馈系数决定。反馈系数 F 一般为 $\frac{1}{8}\sim\frac{1}{2}$。$F$ 过大，振荡器容易起振，但波形较差。F 过小，波形较好，但往往振幅较小，稳幅能力也较弱，而且不易起振。

四、实验内容

(1) 设计高频正弦波振荡电路。

设计一个高频振荡电路，振荡频率为 6～8 MHz，输出电压幅度为 5 V_{pp}，频率稳定度为 10^{-3}。画出电路图，确定元器件型号和参数，并列出元件清单。

(2) LC 振荡器起振和停振时的工作点。

对于图 3.5 中的正弦波振荡器，开关 S_1 切换到 LC 振荡器，开关 S_5 置于 P 端，构成西勒振荡电路。调节 W_1，使供电电压 V_{CC} 为 6 V。输出端 v_o 接示波器，调节 W_2 使输出电压 v_o 幅度最大，然后调节 W_4 使输出频率最高。记录此时 T_1 静态工作点电流 I_{EQ} 和发射结电压 V_{BEQ}。将振荡回路电感短接，使振荡器停振，记录停振时静态工作点电流和发射结电压，记入表 3.15 中。

表 3.15　LC 振荡器起振和停振时的工作点测量数据

	I_{EQ}/mA	V_{BEQ}/V
停振时		
振荡时		

开关 S_5 置于 S 端，构成克拉泼振荡电路，重复上述实验内容。

(3) 电源电压对振荡器频率的影响。

开关 S_1 切换到 LC 振荡器，开关 S_5 置于 P 端，构成西勒振荡电路。调节电位器 W_1，在 TP_1 端用万用表测量电源电压 V_{CC}，用示波器在输出端 v_o 测量振荡频率 f_0，记入表 3.16 中，画出振荡频率和电源电压的关系曲线。

表 3.16　电源电压对振荡器频率的影响

V_{CC}/V	5.5	6.5	7.5	8.5	9.5	10.5
f_0/Hz						

开关 S_5 置于 S 端，构成克拉泼振荡电路，重复上述实验内容。

(4) 静态工作点对振荡电路的影响。

开关 S_1 切换到石英晶体振荡器。调节电位器 W_3，分别用示波器测量不同静态工作点电流 I_{EQ} 下的输出电压峰峰值 V_{opp} 和振荡频率 f_0，记入表 3.17 中，分析静态工作点对振荡器起振、振荡频率和振荡幅度的影响。

表 3.17　不同静态工作点的振荡电路输出变化

I_{EQ}/mA						
V_{opp}/mV						
f_0/MHz						

(5) 反馈系数对振荡电路的影响。

开关 S_1 切换到 LC 振荡器，开关 S_5 置于 P 端，构成西勒振荡电路。改变反馈电容 C_3，分别取 1 nF、3 nF、20 nF，用示波器测量不同反馈系数 F 时的输出电压峰峰值 V_{opp} 和振荡频率 f_0，记入表 3.18 中，分析反馈系数对振荡电路起振、振荡频率和振荡幅度的影响。

表 3.18 不同反馈系数时的振荡电路输出变化

C_3/nF	1	3	20
F			
V_{opp}/mV			
f_0/MHz			

开关 S_5 置于 S 端，构成克拉泼振荡电路，重复上述实验内容。

(6) 温度变化对频率稳定度的影响。

开关 S_5 置于 P 端。将电烙铁靠近振荡管和振荡回路，开关 S_1 交替接 LC 振荡器和石英晶体振荡器，每隔 1 分钟用频率计记录振荡频率 f_0，记入表 3.19 中，分析温度变化对 LC 振荡器和石英晶体振荡器频率稳定度的影响。

表 3.19 不同温度下的振荡电路输出频率变化

时间/min	0	1	2	3	4	5
LC 振荡器输出频率 f_0/MHz						
石英晶体振荡器输出频率 f_0/MHz						

(7) 振荡器的幅频特性。

开关 S_1 切换到 LC 振荡器，开关 S_5 置于 P 端，构成西勒振荡电路。调节电位器 W_4，改变变容二极管 D_2 的反向偏置电压 V_{D2}，用示波器输出电压峰峰值 V_{opp} 和振荡频率 f_0，记入表 3.20 中，画出振荡频率与输出幅度的幅频特性曲线。

表 3.20 压控振荡器输出频率

V_{D1}/V	0	2	4	6	8	10	12	
f_0/MHz								
V_{opp}/mV								

开关 S_5 置于 S 端，构成克拉泼振荡电路，重复上述实验内容。

五、研究与思考

(1) 为什么起振前后的静态工作点电流不同？在什么情况下起振后的静态工作点电流大于起振前？在什么情况下，起振后的静态工作点电流小于起振前？

(2) 为什么静态工作点电流过大或过小都会使振荡器输出电压幅度下降？

(3) 为什么提高振荡回路的 Q 值可以提高振荡频率的稳定度？

3.4 混频器

3.4.1 二极管双平衡混频器

一、实验目的

(1) 掌握二极管双平衡混频器的工作原理和设计方法。

(2) 研究二极管双平衡混频器本振电压、输入信号电压对中频输出电压大小的影响。

(3) 研究二极管双平衡混频器的混频损耗。

(4) 研究混频前后的频谱分析。

二、实验仪器

高频波形发生器、数字示波器、频率计、频谱分析仪、直流稳压电源。

三、实验原理

(1) 实验电路。

二极管混频器动态范围大，组合频率干扰少，噪声小，不存在本地辐射，工作频率高，可达微波波段。其缺点是变频电压增益小于 1。

二极管双平衡混频原理性电路如图 3.6 所示，图中 v_s 为输入信号电压，v_o 为本振电压，在负载电阻 R_L 上取出中频信号 v_i。TR_1 和 TR_2 为带有中心抽头的宽频带变压器，如传输线变压器，其初、次级绕组的匝数比均为 1∶1。D_1～D_4 一般为肖特基表面势垒二极管或砷化镓器件。

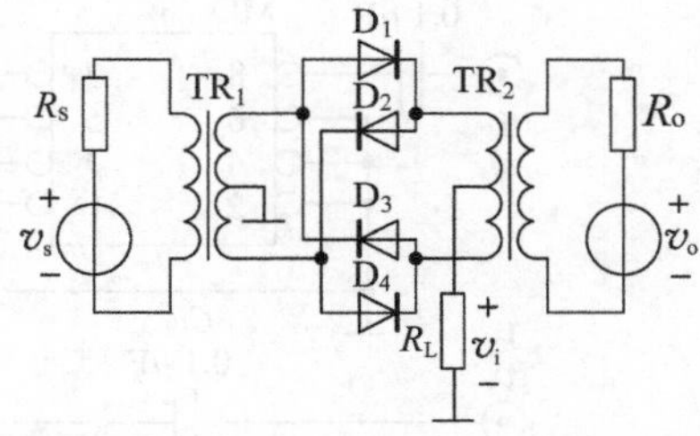

图 3.6　二极管双平衡混频原理性电路

由于本振信号 v_o 远大于输入信号 v_s，可以近似认为，二极管的导通与否，完全取决于 v_o 的极性。当 v_o 为正半周时，二极管 D_2 和 D_4 导通，D_1 和 D_3 截止。若 v_o 为负半周时，二极管 D_1 和 D_3 导通，D_2 和 D_4 截止。

当 v_o 为正半周时，通过负载电阻 R_L 的电流为

$$i_1=\frac{-v_s}{R_L+r_d}S(t) \tag{3.47}$$

式中，r_d 为二极管正向导通电阻，开关函数 $S(t)$ 为

$$S(t)=\frac{1}{2}+\frac{2}{\pi}\cos\omega_0 t-\frac{2}{3\pi}\cos 3\omega_0 t+\cdots+\frac{2\cdot(-1)^{n+1}}{(2n-1)\pi}\cos(2n-1)\omega_0 t+\cdots \tag{3.48}$$

式中，ω_0 为本振信号角频率。

当 v_o 为负半周时，通过负载电阻 R_L 的电流为

$$i_2=\frac{v_s}{R_L+r_d}S^*(t) \tag{3.49}$$

式中，开关函数 $S^*(t)$ 为

$$S^*(t)=\frac{1}{2}-\frac{2}{\pi}\cos\omega_0 t+\frac{2}{3\pi}\cos 3\omega_0 t+\cdots-\frac{2\cdot(-1)^{n+1}}{(2n-1)\pi}\cos(2n-1)\omega_0 t+\cdots \tag{3.50}$$

因而，负载电阻 R_L 的总电流为

$$i=\frac{v_s}{R_L+r_d}[S^*(t)-S(t)]=-\frac{V_{sm}\cos\omega_s t}{R_L+r_d}\left(\frac{4}{\pi}\cos\omega_0 t-\frac{4}{3\pi}\cos 3\omega_0 t+\cdots\right) \tag{3.51}$$

式中，ω_s 为输入信号角频率，V_{sm} 为输入信号幅度。

由式(3.51)可知，双平衡混频器的输出电流中仅包含 $p\omega_0 \pm \omega_s$，且 p 为奇数的组合频率分量，而抵消了 ω_0、ω_s 和 p 为偶数的众多组合频率分量。

二极管双平衡混频器的本振输入端口、信号输入端口和中频输出端口之间有良好的隔离。实际上，由于二极管特性不配对，变压器中心抽头不对称，各端口之间的隔离是不理想的。将二极管双平衡混频器中的 4 个二极管和变压器等整体封装在一起，可以构成二极管双平衡混频器组件产品。

二极管双平衡混频器实验电路如图 3.7 所示。MIX_1 为二极管双平衡混频器组件。J_2 为本振信号 v_o 输入端，J_5 为射频信号 v_s 输入端，它们通过变压器将单端输入变为平衡输入并进行阻抗变换，TH_3 为中频输出，是不平衡输出。工作时，要求本振信号幅度大于输入信号幅度，内部 4 个二极管按照本振周期处于开关工作状态。中频输出电压含有组合频率分量 $p\omega_0 \pm \omega_s$（p 为奇数），C_{20}、C_{21} 和 L_1 组成 T 形高通滤波器，取出所需和频分量 $\omega_0+\omega_s$。T_2、C_{18}、TR_4 组成谐振放大器，将混频器输出的和频信号进行放大，以弥补无源混频器的损耗。

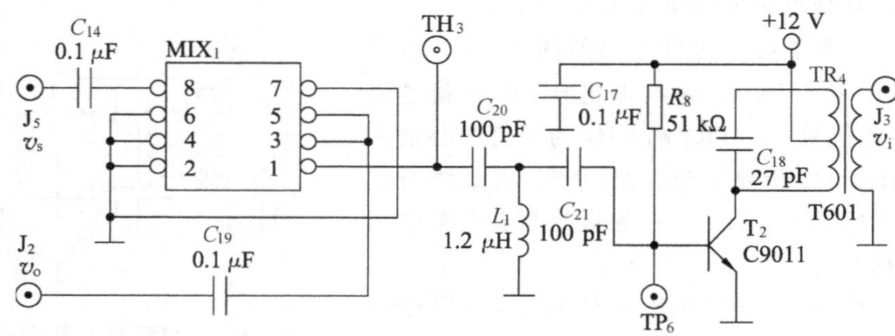

图 3.7 二极管双平衡混频器电路

(2) 二极管双平衡混频器性能指标。

① 变频电压增益。

变频电压增益 A_{vc} 定义为中频输出电压幅度 V_{im} 和高频信号电压幅度 V_{sm} 之比，即

$$A_{vc}=\frac{V_{im}}{V_{sm}} \tag{3.52}$$

对于图 3.6 所示的二极管双平衡混频原理性电路，可以计算出其 $A_{vc}\approx\frac{2}{\pi}$。

② 变频功率增益。

变频功率增益 A_{pc} 定义为中频输出信号功率 P_i 和高频信号功率 P_s 之比，即

$$A_{pc}=\frac{P_i}{P_s} \tag{3.53}$$

满足最大功率传输条件时的功率增益称为最大变频功率增益 A_{pcmax}。对于图 3.6 所示的二极管双平衡混频原理性电路，在最大功率传输条件下，满足 $R_s=R_o=R_L$，此时

$$A_{pcmax}=\frac{P_i}{P_s}=A_{vc}^2\approx\frac{4}{\pi^2} \tag{3.54}$$

二极管双平衡混频器的变频功率增益小于 1，一般把其倒数称为混频损耗 L_c。

③ 失真和干扰。

混频器的失真有频率失真与非线性失真。由于非线性，混频器还会产生组合频率、寄生通道、交叉调制、互相调制、阻塞和倒易混频等干扰。

当高频信号电压和本振电压同时作用时，混频器输出电流中将包含组合频率分量 $\pm pf_o \pm qf_s(p,q=0,1,2,\cdots)$。当其中某些组合频率等于或接近于中频频率时，通过检波器的非线性效应与中频差拍检波，产生音频哨叫，形成组合频率干扰。

当干扰信号电压和本振电压同时作用时，混频器输出电流中将包含组合频率分量 $\pm pf_o \pm qf_n(p,q=0,1,2,\cdots)$。当其中某些组合频率等于或接近于中频频率时，产生音频哨叫，形成寄生通道干扰。

④ 选择性。

中频选频回路的选择性决定了混频器从组合频率中取出中频信号、滤除干扰信号的能力。

⑤ 噪声系数。

混频器的噪声系数是指输入信号噪声功率比 $(P_s/P_n)_i$ 对输出中频信号噪声功率比 $(P_i/P_n)_o$ 的比值，用分贝数表示，即

$$F_n = 10\lg\frac{(P_s/P_n)_i}{(P_i/P_n)_o}\text{dB} \tag{3.55}$$

混频器处于接收机的前端，其噪声系数对整机的总噪声系数影响很大。

(3) 设计方法。

根据设计任务提出的主要技术指标和条件，如输入高频信号频率、中频频率、中频带宽等，可以按下列步骤进行设计。

① 确定本振信号频率和幅度。

二极管双平衡混频器在工作时，要求本振信号幅度大于输入信号幅度，否则随着本振功率减小，或者输入信号功率增大，混频损耗将相应增大。一般取本振电压为输入信号电压的两倍以上，据此设计本振电路输出电压。

② 设计中频滤波器。

C_{20}、C_{21} 和 L_1 组成 T 形高通滤波器，同时完成阻抗匹配。T 形网络可以看成由 2 个 L 形网络级联而成，设其品质因数分别为 Q_1、Q_2，中间阻抗为 R。设混频器组件 MIX_1 的输出阻抗为 R_s，谐振放大器 T_2 的输入阻抗为 R_i，C_{20}、C_{21}、L_1 的电抗分别为 X_{C20}、X_{C21}、X_{L1}。首先根据带宽，确定品质因数 Q_1、Q_2 中较大的一个，然后由

$$R = R_s(1+Q_1^2) \tag{3.56}$$

$$R = R_L(1+Q_2^2) \tag{3.57}$$

计算 R 及另一个品质因数。最后由

$$Q_1 = \frac{X_{C20}}{R_s} \tag{3.58}$$

$$Q_2 = \frac{X_{C21}}{R_L} \tag{3.59}$$

$$X_{L1} = \frac{R}{Q_1+Q_2} \tag{3.60}$$

计算 X_{C20}、X_{C21}、X_{L1}，进而确定 C_{20}、C_{21}、L_1。

四、实验内容

（1）设计二极管双平衡混频器。

设计一个二极管双平衡混频器，射频信号频率为 30 MHz，中频频率为 455 kHz，中频带宽为 10 kHz。画出电路图，确定元器件型号和参数，并列出元件清单。

（2）观测混频输出。

对于图 3.7 所示的二极管双平衡混频器电路，将 $f_o=8.7$ MHz、$V_{opp}=1$ V 的本振信号从 J_2 端输入，$f_s=4.19$ MHz、$V_{spp}=400$ mV 的射频信号从 v_s 端输入。用示波器观测 TH_3 端混频输出，并观测高通滤波后 TP_6 端的输出和调谐放大后输出端 v_i 端的波形，计算二极管双平衡混频器的混频增益。

（3）混频前后信号的频谱分析。

用频率计分别测量本振信号和射频输入信号的频率，记录中频输出 J_3 端的频率。用频谱分析仪观察 TH_3 端 MIX_1 混频输出信号及 TP_6 端高通滤波、调谐放大后的输出信号，分析其频率成分。

（4）研究中频电压与本振电压幅度的关系。

保持输入信号 v_s 的电压 $V_{spp}=400$ mV 不变，改变本振电压峰峰值 V_{opp}，用示波器观察输出电压波形，在表 3.21 中记录对应的输出电压峰峰值 V_{ipp}，作出混频电压增益与本振电压幅度的关系曲线。

表 3.21　中频电压与本振电压幅度的关系

V_{opp}/mV	100	200	300	400	500	600	700	800	900	1 000
V_{ipp}/V										

（5）研究中频电压与射频信号电压幅度的关系。

将本振信号 v_o 的峰峰值置为 $V_{opp}=1$ V，改变射频信号电压峰峰值 V_{spp}，用示波器观察混频输出电压波形，在表 3.22 中记录对应的输出电压峰峰值 V_{ipp}，作出混频电压增益与射频信号电压幅度的关系曲线。

表 3.22　中频电压与射频信号电压幅度的关系

V_{spp}/mV	100	200	300	350	400	450	500	550	600	700
V_{ipp}/mV										

（6）观察寄生通道干扰的频率分布规律。

高频波形发生器输出等幅正弦波，作为干扰信号，接入混频器的射频信号输入端 v_s，适当加大射频信号电压峰峰值，在较大范围内改变射频信号的频率，记录有中频输出时干扰信号的频率。整理测得的寄生通道干扰频率，并与计算值做比较。同时，计算混频器的噪声系数。

五、研究与思考

（1）二极管双平衡混频器相对于模拟乘法器混频和晶体管混频，有什么优缺点？

（2）若图 3.7 中要取出混频后的差频信号，应如何设计电路？

（3）如何有效降低二极管双平衡混频器的混频损耗？

3.4.2　晶体管混频器

一、实验目的

(1) 掌握晶体管混频器的工作原理和设计方法。

(2) 研究晶体管混频器静态工作点对混频增益的影响。

(3) 研究晶体管混频器本振电压输入幅度对混频增益的影响。

(4) 了解混频器中的干扰现象。

二、实验仪器

高频波形发生器、数字示波器、频率计、数字万用表、直流稳压电源。

三、实验原理

(1) 实验电路。

混频器常用在超外差接收机中，将高频调幅或调频信号转换成中频信号而保持调制规律不变，使接收机的增益和选择性与接收频率无关。常用的混频电路包括二极管混频器电路、晶体管混频器电路和模拟乘法器混频器电路。

如图 3.8 所示为晶体管混频器电路。电路采用共发射极组态，本振信号 v_o 从发射极输入，高频信号 v_s 从基极输入，集电极 LC 选频回路选出差频信号，从集电极输出中频信号。T_4 组成射极跟随器。

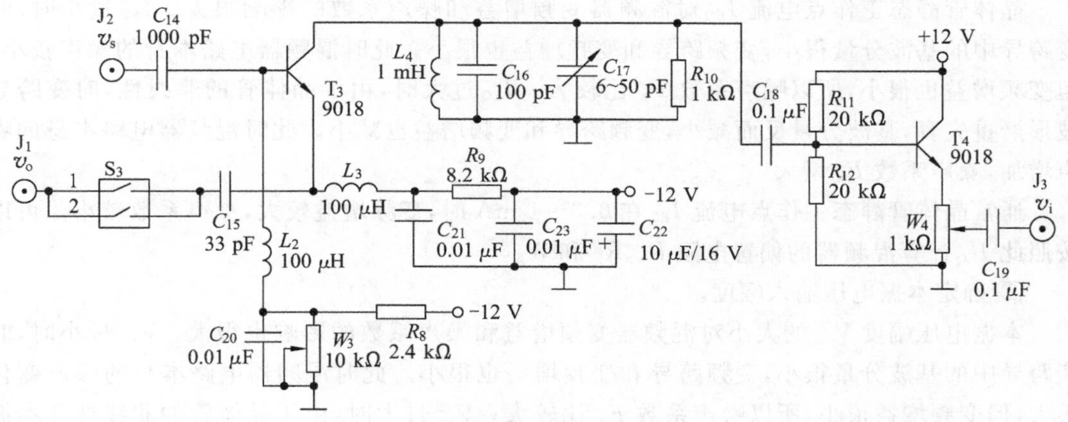

图 3.8　晶体管混频器电路

电阻 R_8、R_9 和电位器 W_3 为晶体管 T_3 提供静态偏置电压，调节 W_3 可以改变混频器静态工作点，从而改变混频增益。实验电路中的输入信号频率 f_s 为 10.7 MHz，本振频率 f_0 为 10.245 MHz，中频信号频率 f_i 为 455 kHz。

如图 3.9 所示为本振电路，用于产生混频器所需的本振信号。T_1 构成克拉泼振荡电路，T_2 构成射极跟随器。

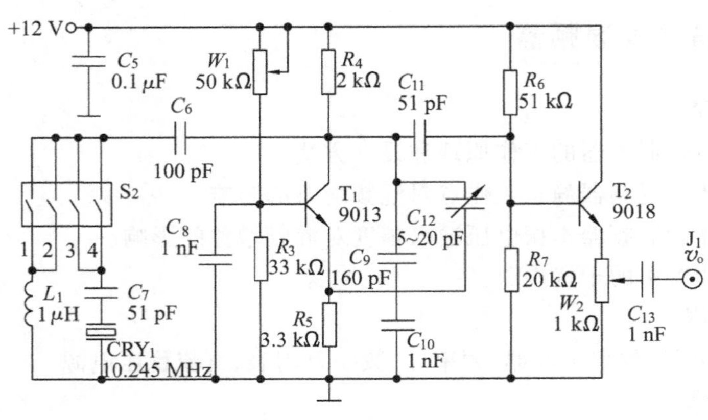

图 3.9　本振电路

(2) 晶体管混频器的性能指标。

晶体管混频器的性能指标有变频电压增益、变频功率增益、失真和干扰、选择性、噪声系数等，与二极管双平衡混频器相同。

(3) 晶体管混频器设计方法。

晶体管混频器可以按下列步骤进行设计。

① 设置静态工作点。

晶体管静态工作点电流 I_{EQ} 对混频器变频增益和噪声系数的影响很大。I_{EQ} 过小时，时变跨导中的基波分量很小，变频跨导和变频增益也很小。此时混频器电路本身的噪声较小，但变频增益也很小，所以噪声系数 F_n 比较大。I_{EQ} 过大时，由于晶体管的非线性，时变跨导波形严重失真，基波分量反而减小，变频跨导和变频增益也减小。此时混频器电路本身的噪声增加，噪声系数 F_n 增大。

通常晶体管静态工作点电流 I_{EQ} 在 0.3～1 mA 时，变频增益较大，噪声系数较小。可以按照此 I_{EQ} 计算混频器的偏置电阻 R_8、R_9 和 W_3。

② 确定本振电压输入幅度。

本振电压幅度 V_{om} 的大小对混频器变频增益和噪声系数的影响也很大。V_{om} 过小时，时变跨导中的基波分量很小，变频跨导和变频增益也很小。此时混频器电路本身的噪声变化不大，但变频增益很小，所以噪声系数 F_n 比较大。V_{om} 过大时，由于晶体管的非线性和本振电压的自给偏置效应，变频跨导和变频增益反而减小。此时振荡器引入噪声，混频器干扰增加，噪声系数 F_n 增大。

通常本振电压在 50～200 mV_{rms} 时，变频增益较大，噪声系数较小。

四、实验内容

(1) 设计晶体管混频器。

设计一个晶体管混频器，射频信号频率为 10.7 MHz，中频频率为 455 kHz，中频带宽为 10 kHz。画出电路图，确定元器件型号和参数，并列出元件清单。

(2) 调整本振输出。

对于图 3.8 所示的晶体管混频器，本振电路 S_2 接石英晶体，调节 W_1 使 v_o 输出最大不失真正弦信号，调节 W_2 使本振电压峰峰值为 500 mV_{pp}。

(3) 观测混频输出。

调节 W_3,使晶体管 T_3 发射极电阻 R_9 两端的直流电压 V_{R9} 为 2 V。将本振电路输出接入晶体管混频器的本振输入端 v_o。高频波形发生器输出 10.7 MHz、200 mV$_{pp}$ 的正弦波,接入混频器的高频信号输入端 v_s,用示波器在晶体管混频器输出端 v_i 观察混频后的输出中频电压波形。用无感起子调节中频选频回路可调电容 C_{17},使中频电压幅度最大且波形不失真。记录此时的中频电压幅度,计算混频电压增益。用频率计分别测出高频输入信号频率、本振频率和中频输出频率,分析三者的关系。

(4) 研究中频电压与混频管静态工作电流的关系。

保持本振电压峰峰值为 500 mV$_{pp}$,高频信号电压为 200 mV$_{pp}$,调节 W_3,改变混频管静态工作电流 I_{EQ},用示波器观察中频电压波形,在表 3.23 中记录对应的中频电压峰峰值 V_{ipp},作出混频电压增益与混频管静态工作电流 I_{EQ} 的关系曲线。

表 3.23　中频电压与混频管静态工作电流的关系

V_{R9}/V	2	3	4	5	6	7	8	9
I_{EQ}/mA								
V_{ipp}/V								

(5) 研究中频电压与本振电压幅度的关系。

调节 W_3,使 R_9 两端的电压 V_{R9} 为 2 V。调节 W_2 改变本振电压峰峰值 V_{opp},用示波器观察中频电压波形,在表 3.24 中记录对应的中频电压峰峰值 V_{ipp},作出混频电压增益与本振电压幅度的关系曲线。

表 3.24　中频电压与本振电压幅度的关系

V_{opp}/mV	50	100	150	200	250	300	350	400	450	500
V_{ipp}/V										

(6) 研究中频电压与高频信号电压幅度的关系。

保持本振电压峰峰值为 500 mV$_{pp}$,改变信号电压幅度,用示波器观察中频电压波形,在表 3.25 中记录对应的中频电压峰峰值 V_{ipp},作出混频电压增益与信号电压幅度的关系曲线。

表 3.25　中频电压与高频信号电压幅度的关系

V_{spp}/mV	50	100	150	200	250	300	350	400	450	500
V_{ipp}/V										

(7) 观察混频器对已调波调制规律的影响。

高频波形发生器输出载波频率为 10.7 MHz、峰峰值为 200 mV$_{pp}$ 的调幅波,调制信号频率为 1 kHz,调幅度 m_a 为 50%,接入混频器的高频信号输入端 v_s,用示波器在混频器输出端 v_i 观察混频后的输出中频电压波形,观察混频后调幅波包络是否改变,记录中频电压波形的调幅度。

高频波形发生器输出载波频率为 10.7 MHz、峰峰值为 200 mV$_{pp}$ 的调频波,调制信号频率为 1 kHz,频偏为 50 kHz,接入混频器的高频信号输入端 v_s,用示波器在混频器输出端 v_i

观察混频后的输出中频电压波形，观察混频后的调频波，记录中频电压波形的频偏。

(8) 观察寄生通道干扰的频率分布规律。

高频波形发生器输出等幅正弦波，作为干扰信号接入混频器的高频信号输入端 v_s，适当加大高频信号电压峰峰值，在较大范围内改变输入高频信号的频率，记录有中频输出时干扰信号的频率。整理测得的寄生通道干扰频率，并与计算值做比较。

五、研究与思考

(1) 晶体管混频器的变频增益与哪些因素有关？应该如何选择本振电压幅度和晶体管直流工作点电流？

(2) 混频实验中出现的寄生通道干扰与哪些因素有关？

3.4.3 模拟乘法器混频电路

一、实验目的

(1) 掌握模拟乘法器混频的原理。

(2) 了解模拟乘法器混频电路的输出频率成分。

(3) 研究本振和高频输入信号幅度对输出中频信号的影响。

(4) 了解 MC1496 模拟乘法器混频电路的设计方法。

二、实验仪器

高频波形发生器、数字示波器、数字万用表、直流稳压电源。

三、实验原理

(1) 实验电路。

集成模拟乘法器是一种非线性运算电路，能完成两个模拟信号(电压或电流)的相乘。它具有两个输入端和一个输出端，理想模拟乘法器的输出为

$$v_o = K v_x v_y \tag{3.61}$$

其中，K 为乘法器增益，单位为 1/V。

在高频电子线路中，振幅调制、同步检波、混频、倍频、鉴频和鉴相等功能，均可视为两个信号相乘或包含相乘的过程。因此模拟乘法器在无线通信、广播电视等方面应用广泛。

图 3.10 是通用集成模拟乘法器 MC1496 的内部电路图。MC1496 是双平衡四象限模拟乘法器，T_1、T_2 与 T_3、T_4 组成双差分放大器，T_5、T_6 组成的单差分放大器用以激励 $T_1 \sim T_4$。T_7、T_8 及其偏置电路组成恒流源。引脚 8 与 10 接输入电压 v_x，引脚 1 与 4 接输入电压 v_y，输出电压 v_o 从引脚 6 与 12 输出。引脚 2 与 3 外接电阻，对差分放大器 T_5、T_6 产生串联电流负反馈，以扩展输入电压 v_y 的线性动态范围。引脚 5 可外接电阻，用来调节偏置电流及镜像电流。引脚 14 为负电源端，双电源供电时接负电源，单电源供电时接地。

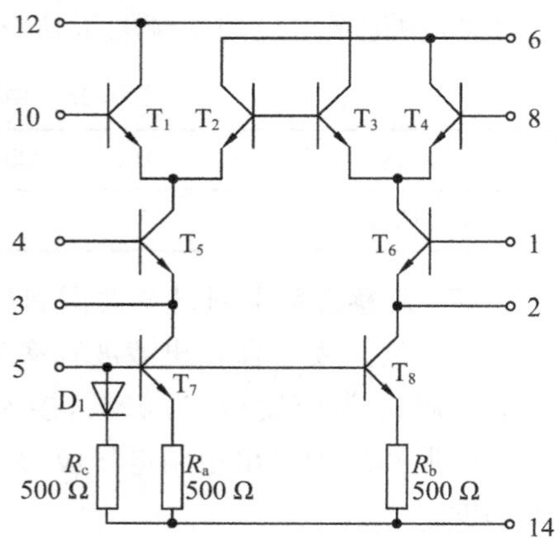

图 3.10 MC1496 的内部电路

图 3.11 是由集成模拟乘法器 MC1496 构成的混

频电路。本振信号和高频信号采用单端输入，本振信号 v_c 经耦合电容 C_1 从 TP_1 输入，高频信号 v_s 经耦合电容 C_2 从 TP_2 输入。混频后的信号从引脚 12 单端输出。R_3、R_4、R_9 将直流电源电压分压后为引脚 1、4 内部的差分对管 T_5、T_6 和引脚 8、10 内部的晶体管 $T_1 \sim T_4$ 提供基极偏置电压，C_3 为旁路电容，将引脚 8 交流接地。R_{10} 用来设置引脚 5 的偏置电流，R_7 用来扩展线性范围和调节增益。MC1496 采用＋12 V 单电源供电方式。从引脚 12 输出的信号，经过 L_1、C_9、C_{10} 组成的 π 型低通滤波器，选出两个输入信号的差频作为中频，滤除其他组合频率。中频信号经 T_1 构成的射极跟随器缓冲输出。

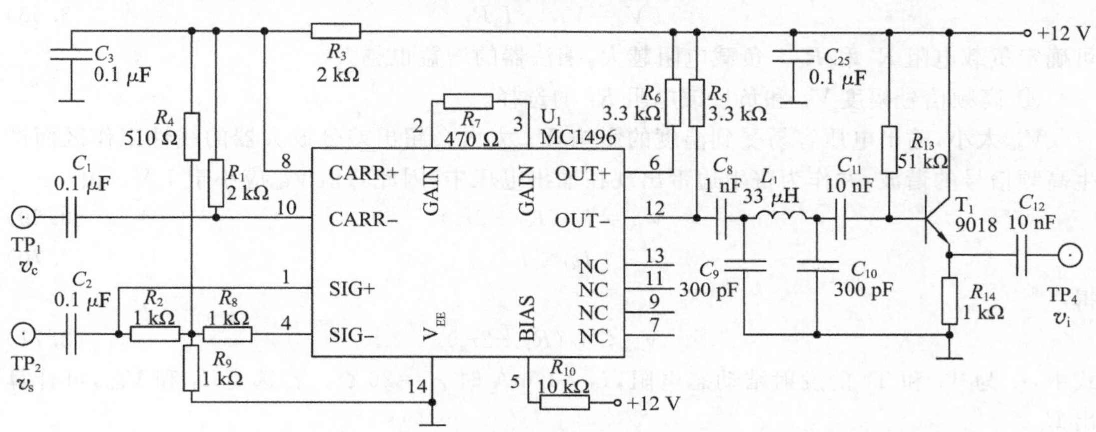

图 3.11　模拟乘法器混频电路

(2) 模拟乘法器混频电路的性能指标及测量方法。

模拟乘法器混频电路的性能指标有变频电压增益、变频功率增益、失真和干扰、选择性、噪声系数等，与二极管双平衡混频器相同。

(3) 模拟乘法器混频电路的设计。

MC1496 外围元件确定了器件的静态工作点、动态线性范围及乘法器增益。

① 静态工作点设置。

静态偏置电压应保证 MC1496 内部各个晶体管工作在放大状态，即晶体管的集基极间的电压应大于或等于 2 V，小于或等于最大允许工作电压。根据 MC1496 的内部电路和特性参数，输入电压为 0 时，各引脚的静态偏置电压应满足下列关系：

$$V_8 = V_{10}, V_1 = V_4, V_6 = V_{12} \tag{3.62}$$

$$V_6 - V_8 > 2\ \text{V}, V_{12} - V_{10} > 2\ \text{V} \tag{3.63}$$

$$V_8 - V_1 > 2.7\ \text{V}, V_{10} - V_4 > 2.7\ \text{V} \tag{3.64}$$

$$V_1 - V_5 > 2.7\ \text{V}, V_4 - V_5 > 2.7\ \text{V} \tag{3.65}$$

② 静态偏置电流的确定。

一般情况下，三对差分放大器的基极电流 I_8、I_{10}、I_4、I_1 很小，可以忽略不计，器件的静态偏置电流主要由恒流源来确定。当器件为单电源工作时，引脚 14 接地，引脚 5 通过电阻 R_{10} 接正电源 V_{CC}。若设 D_1 的正向压降 V_{D1} 和 T_7 的发射结正向压降 V_{BE7} 相等，则镜像电流源 I_0 大小为

$$I_0 = I_{Ra} = I_{Rc} \approx \frac{V_{CC} - V_{D1}}{R_{10} + R_c} \tag{3.66}$$

当器件为双电源工作时，引脚 14 接负电源$-V_{EE}$，引脚 5 通过电阻 R_{10} 接地，调节电阻 R_{10} 可以改变镜像电流 I_0 的大小，有

$$I_0=I_{Ra}=I_{Rc}\approx\frac{V_{EE}-V_{D1}}{R_{10}+R_c} \tag{3.67}$$

I_0 最大为 10 mA，推荐值为 $I_0=1$ mA，由此可求得 R_{10} 的大小。

③ 负载电阻 R_5 和 R_6 的选择。

静态时选定 V_6 和 V_{10}，$I_{R5}=I_{R6}=I_0=1$ mA，设 $R_5=R_6=R_L$，由

$$V_6=V_{CC}-I_0R_L \tag{3.68}$$

可确定负载电阻 R_5 和 R_6。负载电阻越大，乘法器的增益也越大。

④ 高频信号幅度 V_{sm} 和负反馈电阻 R_7 的选择。

V_{sm} 太小，输出电压容易受到温度的影响，V_{sm} 太大会超出差分放大器的线性工作区而产生高频信号的谐波，并作为寄生边带出现在输出电压中，因此峰值 V_{sm} 应小于 1 V。由

$$V_{sm}=I_{R7}(R_7+2r_e) \tag{3.69}$$

$$I_{R7}\leqslant I_0 \tag{3.70}$$

得

$$V_{sm}\leqslant I_0(R_7+2r_e) \tag{3.71}$$

式中，r_e 为 T_7 和 T_8 的发射结动态电阻，$I_0=1$ mA 时 $r_e=26\ \Omega$。若选定 I_0 和 V_{sm}，可计算出 R_7。

接入负反馈电阻 R_7 后，扩展了高频信号 V_s 的线性动态范围，但乘法器的增益随之减小。

V_s 一般取 300 mV_{rms} 以下，R_7 一般取 1 kΩ 以下。

⑤ 本振信号 v_c 幅度的选择。

本振信号 v_c 幅度的大小决定了乘法器的工作状态。

当 $V_c\leqslant 20\ mV_{rms}$ 时，$T_1\sim T_4$ 均工作于小信号线性状态，输出电压表达式为

$$v_o=\frac{R_L}{4V_T(R_7+2r_e)}V_{cm}V_{sm}[\cos(\omega_c+\omega_s)t+\cos(\omega_c-\omega_s)t] \tag{3.72}$$

式中，V_T 为温度电压的当量。

当 $V_c\geqslant 60\ mV_{rms}$ 时，$T_1\sim T_4$ 均工作于大信号开关状态，输出电压表达式为

$$v_o=\frac{R_L}{(R_7+2r_e)}V_{sm}\sum_{n=1}^{\infty}\frac{\sin\frac{n\pi}{2}}{\frac{n\pi}{2}}[\cos(n\omega_c+\omega_s)t+\cos(n\omega_c-\omega_s)t] \tag{3.73}$$

式中，n 为奇数。

v_c 工作于小信号时，近似为一理想的乘法器，输出波形中只包含两个输入信号的和频与差频，不含其他组合频率，但乘法器增益小，且本振信号幅度 V_{cm} 的变化会反映在输出波形中。v_c 工作于大信号时，乘法器增益较高，输出幅度与本振信号幅度 V_{cm} 无关，但输出波形含有组合频率 $n\omega_c\pm\omega_s$，这些组合频率分量的频率都很高，幅度较小，可以用滤波器将其滤除，留下有用信号频率。

v_c 一般取 60 mV_{rms}。

⑥ 输入端耦合电容的选择。

输入端耦合电容 C_1 和 C_2 的选择应使其阻抗远小于 MC1496 输入端的输入阻抗。

⑦ 低通滤波器设计。

根据输出中频频率，确定 π 型低通滤波器的谐振频率，确定 L_1、C_9、C_{10} 的大小，并选择品质因数较高的电感。

四、实验内容

(1) 设计模拟乘法器混频电路。

设计一个模拟乘法器混频电路，射频信号频率为 30 MHz，中频频率为 455 kHz，中频带宽为 10 kHz。画出电路图，确定元器件型号和参数，并列出元件清单。

(2) 观察中频输出。

对于图 3.11 所示的模拟乘法器混频电路，用高频波形发生器产生频率 8.8 MHz、峰峰值 1.5 V_{pp} 的正弦波，作为本振信号送入乘法器的一个输入端 v_c。另外产生频率 6.3 MHz、峰峰值 0.8 V_{pp} 的正弦波，作为高频信号输入乘法器的另一个输入端 v_s，用示波器观察 v_c、v_s 和混频输出 v_i 的波形，测量并记录 v_c、v_s、v_i 端的频率和幅度，计算变频电压增益 A_{vc}。

(3) 观察乘法器工作状态对输出波形的影响。

本振电压峰峰值为 0.2 V_{pp} 和 1.5 V_{pp} 时，断开 C_8，分别用示波器观察并记录 MC1496 的 12 引脚的输出波形，用示波器 FFT 功能分析频谱，比较乘法器在大信号和小信号工作状态下输出波形的差异。

(4) 研究中频电压与本振电压幅度的关系。

保持高频信号峰峰值为 0.8 V_{pp}，改变本振电压峰峰值 V_{cpp}，用示波器观察中频电压波形，在表 3.26中记录对应的中频电压峰峰值 V_{ipp}，作出变频电压增益与本振电压幅度的关系曲线。

表 3.26　中频电压与本振电压幅度的关系

V_{cpp}/V	0.2	0.4	0.6	0.8	1.0	1.2	1.4
V_{ipp}/V							

(5) 研究中频电压与高频信号电压幅度的关系。

本振电压峰峰值为 1.5 V_{pp}，改变高频信号峰峰值 V_{spp}，用示波器观察中频电压波形，在表 3.27 中记录对应的中频电压峰峰值 V_{ipp}，作出变频电压增益与高频信号电压幅度的关系曲线。

表 3.27　中频电压与高频信号电压幅度的关系

V_{spp}/V	0.2	0.3	0.4	0.5	0.6	0.7	0.8
V_{ipp}/V							

(6) 射频信号为调幅波时混频的输出波形观测。

高频波形发生器输出载波频率为 6.3 MHz、峰峰值为 0.8 V_{pp}、调制信号频率为 1 kHz、调幅度为 50% 的调幅波，送入高频输入端 v_s，本振信号是频率为 8.8 MHz、峰峰值为 1.5 V_{pp} 的正弦波，用示波器观察并记录输入端 v_s 和中频电压输出端 v_i 的波形。

五、研究与思考

(1) 模拟乘法器平衡混频器相对晶体管混频器有什么优缺点？

(2) 高频输入为调幅波时，MC1496 的 12 引脚的输出波形中含有哪些频率成分？

3.5 振幅调制器

3.5.1 集电极调幅电路

一、实验目的

(1) 了解三极管集电极调幅电路的工作原理和设计方法。

(2) 掌握调幅度的测量方法。

(3) 研究调幅电路的振幅特性和频率特性。

二、实验仪器

高频波形发生器、低频波形发生器、数字示波器、数字万用表、直流稳压电源。

三、实验原理

(1) 实验电路。

调制是通信系统的重要环节。通信系统的主要目的是实现远距离不失真地传送信息。所要传送的信息转换成电信号后,直接进行多路远距离传输是很困难的。通常是将此信号加载到高频信号上,用高频信号作为运载工具。将要传送的信号加载到高频信号上去的过程称为调制。通常称高频信号为载波信号,要传送的信号为调制信号。

振幅调制就是用调制信号去控制载波信号,使载波的振幅随调制信号的变化规律而变化。

调幅信号分为普通调幅信号、抑制载波双边带调幅信号、抑制载波单边带调幅信号和残留边带调幅信号。设载波信号为

$$v_c(t)=V_{cm}\cos\omega_c t \tag{3.74}$$

调制信号为

$$v_\Omega(t)=V_{\Omega m}\cos\Omega t \tag{3.75}$$

则普通调幅信号表达式为

$$v_{AM}(t)=V_{cm}(1+m_a\cos\Omega t)\cos\omega_c t \tag{3.76}$$

式中,m_a 为调幅度。

抑制载波双边带调幅信号表达式为

$$v_{DSB}(t)=k_a V_{cm}V_{\Omega m}\cos\Omega t\cos\omega_c t \tag{3.77}$$

式中,k_a 为比例系数。

振幅调制的方法分为高电平调幅和低电平调幅。

高电平调幅电路采用调制信号控制谐振功放的输出信号幅度,能同时实现调制和功率放大。集电极调幅属于高电平调幅。

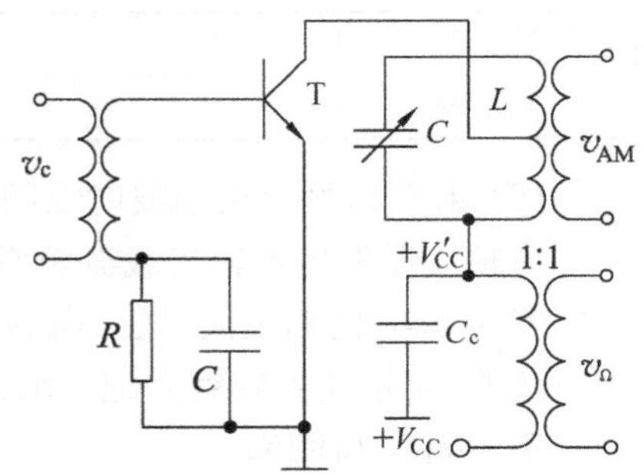

图 3.12 集电极调幅原理性电路

图 3.12 为集电极调幅原理性电路。R、C 提供自给负偏压,三极管构成丙类功放电路。v_c 为载波信号,v_Ω 为调制信号。输入载波幅度 V_{cm} 取值较大,保证功放处于丙类过压状态。等效电源

$$V'_{CC}=V_{CC}+V_{\Omega}\cos\Omega t=V_{CC}(1+m_a\cos\Omega t) \tag{3.78}$$

其中

$$m_a=\frac{V_{\Omega}}{V_{CC}} \tag{3.79}$$

丙类功放工作于过压状态时，输出电压随等效电源 V_{CC}' 线性变化，有

$$v_{AM}(t)=kV_{CC}'\cos\omega_0 t=kV_{CC}(1+m_a\cos\Omega t)\cos\omega_0 t \tag{3.80}$$

式中，k 为比例系数。由 $v_{AM}(t)$ 表达式可知，v_{AM} 为普通调幅波。

图 3.13 为集电极调幅实际电路。高频载波信号从 v_c 端输入，送入 T_3 组成的功放推动级。T_3 工作于甲类放大，为后级功放提供足够大的驱动功率，保证后级处于丙类过压状态。T_4 组成丙类高频功放，由 R_{16}、R_{17}、C_{20} 提供发射结负偏压，使 T_4 工作于丙类。R_{18}～R_{21} 为丙类功放的负载。音频调制信号从 v_{Ω} 端输入，经过运放 LM386 放大，通过变压器 TR_5 感应到次级，与＋5 V 电源串联，构成 T_4 的等效电源，实现调幅，调幅波从 v_{AM} 端输出。

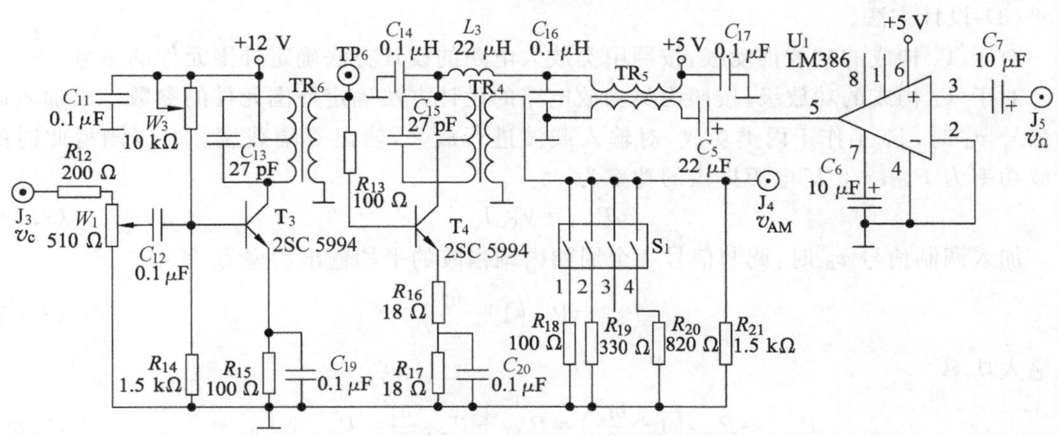

图 3.13　集电极调幅电路

(2) 调幅电路性能指标及测量方法。

① 调幅度 m_a。

调幅度的测量方法有两种：波形法及专用仪器法。波形法是指根据示波器显示的调幅波形，通过测量和计算获得 m_a。专用仪器法是指用专门的调幅度仪来测量 m_a。

用波形法测量 m_a 时，将调幅信号电压加到示波器，使屏幕显示完整的包络波形，测量载波信号峰峰值的最大值 V_{max} 和最小值 V_{min}，则 m_a 可由下式计算：

$$m_a=\frac{V_{max}-V_{min}}{V_{max}+V_{min}} \tag{3.81}$$

或测量调幅电路不加调制信号时的载波输出幅度 V_{cm}，以及加入调制信号后生成的调幅信号包络变化的幅度 $V_{\Omega m}$，则 m_a 为

$$m_a=\frac{V_{\Omega m}}{V_{cm}} \tag{3.82}$$

也可以在示波器上通过梯形法测量 m_a，即把被测的调幅信号加在示波器的 Y 轴输入端，调制信号加在示波器的 X 轴输入端，调整示波器的 Y 轴增益和 X 轴增益，则在示波器显示出梯形，梯形的上底和下底分别为 V_{max} 和 V_{min}，则可按照下式计算 m_a：

$$m_a=\frac{V_{max}-V_{min}}{V_{max}+V_{min}} \tag{3.83}$$

如果包络线在 X 轴方向存在相移，则示波器显示椭圆形。

② 动态调制特性。

调幅电路的动态调制特性包括振幅特性和频率特性。

在调制信号频率 Ω 不变的情况下，改变调制信号幅度 $V_{\Omega m}$，得到的调幅度 m_a 与调制信号幅度 $V_{\Omega m}$ 间的关系曲线称为振幅特性曲线。它反映了调幅电路的包络失真，此失真属于非线性失真。

在调制信号幅度 $V_{\Omega m}$ 不变的情况下，改变调制信号频率 Ω，得到的调幅度 m_a 与调制信号频率 Ω 间的关系曲线称为频率特性曲线。它反映了已调波的频率失真，此失真属于线性失真。

振幅特性和频率特性曲线可以用逐点法测量和绘制。

(3) 设计方法。

对于 T_3 构成的功放推动级，按照甲类放大电路的设计方法确定外围元件的参数。

对于 T_4 构成的功放级，按照丙类功放电路的设计方法确定外围元件的参数。未加入调制信号 v_Ω 时，T_4 工作于丙类功放，对输入载波进行放大，输出等幅载波。可以测得此时的载波功率为 P_{oT}，+5 V 电源提供的功率为

$$P_{=T}=V_{CC}I_{C0T} \tag{3.84}$$

加入调制信号 v_Ω 时，调制信号一个周期内调幅波的平均输出功率为

$$P_{oav}=P_{oT}\left(1+\frac{m_a^2}{2}\right) \tag{3.85}$$

总输入功率

$$P_{=av}=P_{=T}\left(1+\frac{m_a^2}{2}\right)=P_{=T}+P_{=T}\frac{m_a^2}{2}=P_{=T}+P_\Omega \tag{3.86}$$

总输入功率包括直流电源提供的功率 $P_{=T}$ 和调制信号提供的功率 P_Ω。因此要求调制信号经过 LM386 送到 TR_5 次级的功率达到 P_Ω 的要求，由 m_a 和式(3.79)确定 v_Ω 的幅度并设计 TR_5。

四、实验内容

(1) 设计集电极调幅电路。

设计一个集电极调幅电路，载波为 10.7 MHz，调制信号为音频信号，画出电路图，确定器件型号和参数，并列出元件清单。

(2) 调节功放推动级。

拨码开关 S_1 置于 3。高频波形发生器输出 10.7 MHz、500 mV_{pp} 的正弦波，接入载波输入端 J_3。调节 W_1，使 TP_6 端输出波形达到 4 V_{pp}，并观察 v_{AM} 端的输出波形。

(3) 观察调幅波形。

低频波形发生器输出 1 kHz、500 mV_{pp} 的音频信号，接入调制信号输入端 v_Ω 端。拨码开关 S_1 分别置于 1 和 3，使 T_4 分别工作于欠压和过压状态，用示波器观察 v_{AM} 端的调幅波形，并计算调幅度 m_a。

(4) 振幅特性测量。

拨码开关 S_1 置于 3。保持调制信号频率为 1 kHz，调节调制信号幅度 $V_{\Omega m}$，使输出调幅波的调幅度 m_a 为 100%，然后逐步减小调制信号幅度 $V_{\Omega m}$，逐点测量不同调幅度 m_a 时的 $V_{\Omega m}$，记入表 3.28 中，画出振幅特性曲线。

表 3.28　调幅电路振幅特性的测量数据

m_a	20%										100%
$V_{\Omega m}$/mV											

(5) 频率特性测量。

拨码开关 S_1 置于 3。调节调制信号幅度 $V_{\Omega m}$，使输出调幅波的调幅度 m_a 为 50%，然后保持 $V_{\Omega m}$ 不变，改变调制频率 F，从 20 Hz 增大到 20 kHz，逐点测量调制频率为不同值时的调幅度，记入表 3.29 中，画出频率特性曲线。

表 3.29　调幅电路频率特性的测量数据

F	20 Hz								20 kHz
m_a									

五、研究与思考

(1) 集电极调幅电路中，如何判断功放级处于丙类过压状态？

(2) 和基极调幅电路相比，集电极调幅电路有什么优缺点？

(3) 集电极调幅电路的效率与哪些因素有关？

3.5.2　模拟乘法器调幅电路

一、实验目的

(1) 掌握模拟乘法器调幅的原理。

(2) 掌握普通调幅波和抑制载波双边带调幅波的产生方法。

(3)了解 MC1496 模拟乘法器调幅电路的设计方法。

二、实验仪器

高频波形发生器、低频波形发生器、数字示波器、数字万用表、直流稳压电源。

三、实验原理

(1) 实验电路。

图 3.14 是由集成模拟乘法器 MC1496 构成的调幅电路。载波信号和调制信号采用单端输入，载波信号 v_c 经高频耦合电容 C_6 从引脚 10 输入，调制信号 v_Ω 经低频耦合电容 C_7 从引脚 1 输入。两个信号相乘后从引脚 12 单端输出。R_5、R_6、W_1、R_7、R_8 将直流负电源电压分压后为引脚 1、4 内部的差分对管 T_5、T_6 提供基极偏置电压。R_{12}、R_{14}、R_{13} 将直流正电源电压分压后为引脚 8、10 内部的晶体管 T_1～T_4 提供基极偏置电压，C_4 为低频旁路电容，将引脚 8 交流接地。R_4 用来设置引脚 5 的偏置电流，R_{11} 用来扩展线性范围和调节增益。MC1496 采用＋12 V 和－8 V 双电源供电方式。

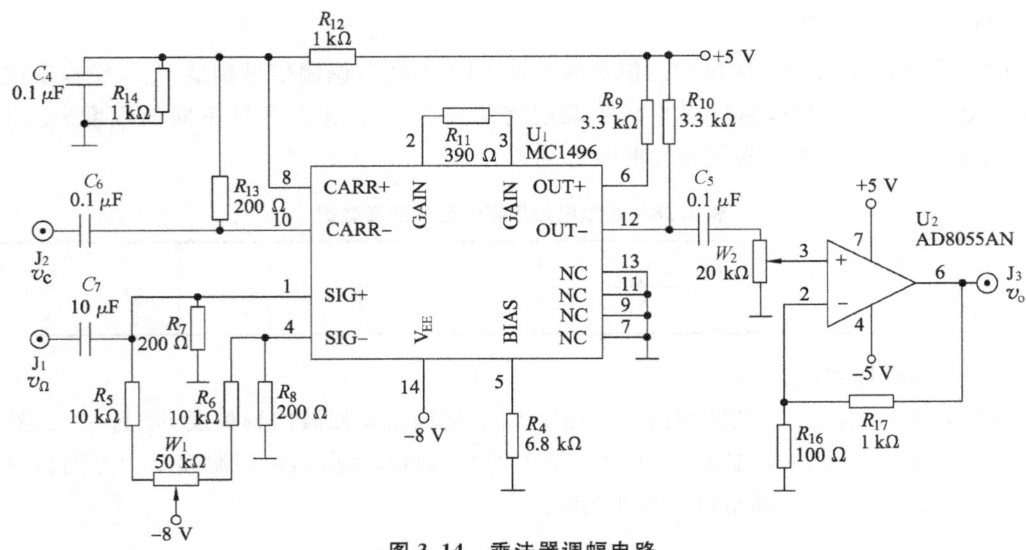

图 3.14　乘法器调幅电路

调节 W_1，使 MC1496 的引脚 1、4 间的直流电位差为 0，乘法器输入端 1、4 只有调制信号而没有直流分量，载波信号与调制信号直接相乘，此时调幅电路输出抑制载波双边带调幅波，输出电压表达式为

$$v_{DSB}(t)=KV_{cm}V_{\Omega m}\cos\Omega t\cos\omega_c t \tag{3.87}$$

式中，K 为乘法器比例系数。

调节 W_1，使 MC1496 的引脚 1、4 间的直流电位差不为 0，乘法器输入端 1、4 为调制信号和直流分量叠加后的信号，将其与高频载波信号电压相乘，调幅电路得到普通调幅波，输出电压表达式为

$$v_{AM}(t)=KV_{cm}(V_{DC}+V_{\Omega m}\cos\Omega t)\cos\omega_c t=KV_{DC}V_{cm}\left(1+\frac{V_{\Omega m}}{V_{DC}}\cos\Omega t\right)\cos\omega_c t \tag{3.88}$$

MC1496 输出的调幅信号，送到 AD8055 构成的同相放大电路，进行幅度放大后从 v_o 端输出。

(2) 模拟乘法器调幅器的性能指标及测量方法。

模拟乘法器调幅器的性能指标有调幅度、动态调制特性等，与集电极调幅电路相同。

(3) 模拟乘法器调幅器的设计。

模拟乘法器调幅器的设计内容主要是计算 MC1496 外围元件参数，从而确定器件的静态工作点、动态线性范围及乘法器增益，可参见实验 3.4.3“模拟乘法器混频电路”。

四、实验内容

(1) 使用 MC1496 设计一个模拟乘法器调幅电路，载波为 10.7 MHz，调制信号为音频信号，画出电路图，确定外围器件的参数，并列出元件清单。

(2) 抑制载波双边带调幅。

调节电位器 W_1 至其中点，此时 MC1496 管脚 1 和管脚 4 对地直流电压相等，调制信号输入端未叠加直流电压。用高频波形发生器从 v_c 端输入 10.7 MHz、幅度为 100 mV 的载波信号，用低频波形发生器从 v_Ω 端输入 1 kHz、幅度为 100 mV 的调制信号，用示波器观测 v_o 端的抑制载波双边带调幅信号，画出输出波形。改变调制信号的幅度，观测输出波形的变

化。调节 W_2 可以改变最终输出波形的幅度值。

(3) 普通调幅波。

从 v_Ω 端输入 1 kHz、幅度为 100 mV 左右的调制信号，从 v_c 端输入 10.7 MHz、幅度为 100 mV 左右的载波信号，信号均为正弦信号。

调节电位器 W_1 使其偏移中点，此时 MC1496 管脚 1 和管脚 4 直流电压不等，输出端载波没有被完全抑制，用示波器观测载波被抑制的调幅波输出，画出输出波形。改变调制信号的幅度，观测输出波形的变化。调节 W_2 可以改变最终输出波形的幅度值。

(4) 振幅特性测量。

按照普通调幅波的实验步骤，保持调制信号频率为 1 kHz，调节调制信号幅度 $V_{\Omega m}$，使输出调幅波的调幅度 m_a 为 100%，然后逐步减小调制信号幅度 $V_{\Omega m}$，逐点测量不同调幅度 m_a 时的 $V_{\Omega m}$，记入表 3.30 中，画出振幅特性曲线。

表 3.30　调幅电路振幅特性的测量数据

m_a	20%									100%
$V_{\Omega m}$/mV										

(5) 频率特性测量。

按照普通调幅波的实验步骤，调节调制信号幅度 $V_{\Omega m}$，使输出调幅波的调幅度 m_a 为 50%，然后保持 $V_{\Omega m}$ 不变，改变调制频率 F，从 20 Hz 增大到 20 kHz，逐点测量当调制频率为不同值时的调幅度，记入表 3.31 中，画出频率特性曲线。

表 3.31　调幅电路频率特性的测量数据

F	20 Hz								20 kHz
m_a									

五、研究与思考

(1) 当调制信号幅度一定而改变调制频率时，调幅系数是否会发生变化？为什么？

(2) 由 MC1496 构成的调幅电路中，载波信号和调制信号幅度大小应如何选择？

(3) 试分析抑制载波双边带调幅和普通调幅实验中可能观察到的各种失真波形的产生原因，并提出消除失真的方法。

(4) m_a=100%的普通调幅波形和抑制载波双边带调幅波形有什么区别？

3.6　检波器

3.6.1　包络检波器

一、实验目的

(1) 掌握包络检波器的工作原理和设计方法。

(2) 了解二极管大信号峰值包络检波器的主要指标及测量方法，观察分析检波器电路元件参数对检波器性能的影响。

(3) 掌握包络检波器惰性失真和负峰切割失真的产生原因及其消除方法。

二、实验仪器

高频波形发生器、数字示波器、数字万用表、直流稳压电源。

三、实验原理

(1) 实验电路。

调幅波的解调是指从调幅信号中恢复音频调制信号的过程，通常称为检波。

调幅波的解调方法包括包络检波和同步检波。包络检波包括峰值包络检波和平均值包络检波，适用于解调普通调幅波。同步检波用于解调抑制载波双边带调幅信号和抑制载波单边带调幅信号。

图 3.15 为大信号二极管峰值包络检波器电路，由二极管 D_1 及低通滤波器串联组成，利用二极管的单向导电特性和检波负载的充放电过程实现检波。二极管 D_1、电容 C_1 和 C_2、直流负载电阻 R_2 和 R_3 或 R_4 组成分负载形式的峰值检波器。为提高检波器的高频滤波能力，在 R_3 两端并联了电容 C_2。C_3 为隔直电容，R_5 或 R_6 为后级低频放大器的等效输入电阻。

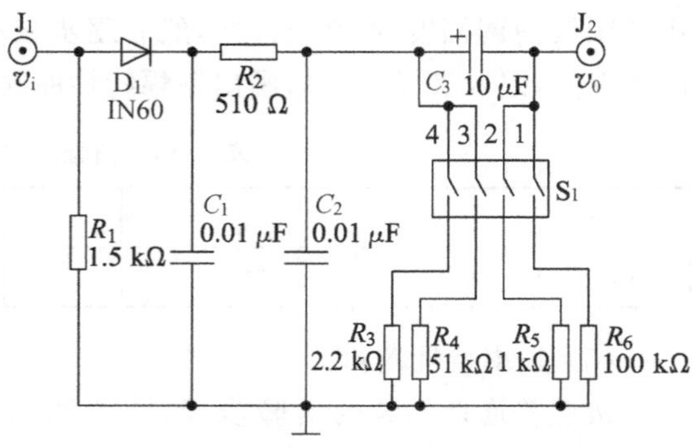

图 3.15 二极管峰值包络检波器电路

检波器输入普通调幅信号 v_i 时，在输入信号正半周，二极管 D_1 导通，对电容 C_1、C_2 充电。由于二极管的正向电阻 r_d 和 R_2 很小，使得 C_1、C_2 很快被充电到接近于输入信号的峰值。电容 C_1 两端存在电压 V_{C1} 后，二极管是否导通将由电容两端电压 V_{C1} 与输入信号 v_i 共同决定。只有在输入调幅信号的峰值 V_{im} 附近，满足 $V_{im}>V_{C1}$ 时，二极管 D_1 才重新导通，对电容 C_1、C_2 充电。$V_{im}<V_{C1}$ 时，二极管 D_1 截止，C_1、C_2 通过电阻 R_2 和 R_3 放电。由于放电时间常数远大于输入信号的周期，因此电容两端电压下降很慢。在输入调幅信号下一周期来到时，再次满足 $V_{im}>V_{C1}$ 的条件，二极管 D_1 导通，电容 C_1 和 C_2 再次充电。如此不断循环，使电容 C_1 和 C_2 两端的电压重现输入调幅波包络的形状，完成峰值包络检波。

(2) 包络检波器的性能指标。

① 电压传输系数(检波效率)。

电压传输系数 K_d 又称检波效率，定义为输出低频信号振幅 V_{om} 与输入调幅波包络振幅 $V_{\Omega m}$ 之比，即

$$K_d=\frac{V_{om}}{V_{\Omega m}} \tag{3.89}$$

对于二极管包络检波器，如果检波负载具有理想的滤波性能，运用折线分析法可以近似求得电压传输系数为

$$K_d=\cos\theta=\cos\sqrt[3]{\frac{3\pi r_d}{R_L}} \tag{3.90}$$

式中，θ 为二极管 D_1 的余弦脉冲电流通角；R_L 为检波器负载电阻，$R_L=R_2+R_3$。大信号检波时，$R_L\gg r_d$，电压传输系数接近于 1，V_{om} 与 $V_{\Omega m}$ 之间保持线性关系。

② 等效输入电阻。

对于输入调幅波来说，检波器相当于一个负载，此负载就是检波器的等效输入阻抗，一般可用输入电阻和输入电容的并联表示。输入电容影响前级谐振回路的谐振频率，而输入电阻降低前级谐振回路的品质因数。等效输入电阻 R_{id} 可按下式计算：

$$R_{id}=\frac{R_L}{2K_d} \tag{3.91}$$

如果 $K_d\approx 1$，则等效输入电阻约为检波器负载电阻 R_L 的一半。R_L 越大，检波器的等效输入电阻也越大。

③ 惰性失真(对角线切割失真)。

输出电压能否不失真地反映输入调幅波的包络变化是包络检波器的重要指标。

为了提高检波效率和滤波效果，包络检波器低通滤波器的时间常数 RC 一般取值较大，通常满足 $RC\gg T_c$，式中 T_c 为输入调幅波载波信号周期。但如果 RC 取值过大，电容放电过慢，则输出电压在输入调幅波包络下降的区间内不能跟随包络的变化，在这一区间，二极管 D_1 始终截止，输出电压为电容放电波形而与输入无关。只有当输入调幅波振幅重新超过电容两端电压时，输出电压才跟随包络变化。这种非线性失真是由于电容 C 惰性太大引起的，因此称为惰性失真，又称对角线切割失真。

为避免出现惰性失真，时间常数 RC 的大小应满足下列条件：

$$RC\leqslant\frac{\sqrt{1-m_a^2}}{m_a\Omega_{max}} \tag{3.92}$$

式中，Ω_{max} 为调制信号最高角频率。对于图 3.15 所示的检波电路，如果 R_2 远小于 R_3，则时间常数 RC 近似为 $R_3(C_1+C_2)$。

④ 负峰切割失真。

包络检波器的输出通过隔直电容 C_3 与后级低频放大器耦合，R_5 为后级低频放大器的等效输入电阻。在检波过程中，电容 C_3 两端的直流电压近似等于输入载波振幅。由于 C_3 容量较大，在低频信号的一个周期内，电容 C_3 两端的直流电压基本不变。这个电压通过电阻 R_5 和 R_3 的分压，会在 R_3 上建立电压 V_{R3}，通过 R_2 加到二极管 D_1 的负极，有可能阻止二极管的导通。当调幅度 m_a 较小时，不影响二极管的检波作用。当调幅度 m_a 较大时，在调幅波包络的负半周，输入信号幅值可能小于 V_{R3}，造成二极管截止，在此时间内，输出信号不能跟随输入信号包络变化，出现了负峰切割失真，直到输入信号振幅大于 V_{R3} 时，才恢复正常。

为避免出现负峰切割失真，必须满足下列条件：

$$m_a\leqslant\frac{R_o}{R_L} \tag{3.93}$$

式中，R_L 是检波器的直流负载，R_o 是检波器的交流负载，由下式计算：

$$R_o=R_2+\frac{R_3R_5}{R_3+R_5} \tag{3.94}$$

从上式可以看出，R_2 越大，交、直流负载电阻差别就越小，负峰切割失真就越不容易产生。但是由于 R_2 与 R_3 的分压作用，会使输出电压减小。

⑤ 频率失真。

隔直电容 C_3 和后级低频放大器等效输入电阻 R_5 组成高通电路，影响调制信号中低频

成分的解调。为避免低频频率失真，应满足

$$R_5C_3 \gg \frac{1}{\Omega_{min}} \tag{3.95}$$

式中，Ω_{min}为调制信号最低角频率。

同时，包络检波器低通滤波器时间常数 RC 过大，会影响调制信号中高频成分的解调。为避免高频频率失真，应满足

$$RC \ll \frac{1}{\Omega_{max}} \tag{3.96}$$

式中，时间常数 RC 可近似取为 $R_3(C_1+C_2)$。

(3) 包络检波器的设计方法。

根据设计任务给定的技术指标和条件，如载波频率 f_c、调制信号频率范围 $f_{min} \sim f_{max}$、平均调幅度 m_a 和后级低频放大器等效输入电阻 R_5、检波器等效输入电阻 R_{id} 等，可以按下列步骤进行设计。

① 检波二极管的选择。

检波二极管要求正向电阻小，反向电阻大，正向导通电压小，二极管 PN 结的结电容小，结电容影响输入调幅波的最高载波频率。

② 电阻 R_2 和 R_3 的确定。

一般情况下满足 $K_d \approx 1$，则由等效输入电阻 R_{id}公式

$$R_{id} \approx \frac{R_L}{2} \tag{3.97}$$

可确定 R_L 的大小，$R_L=R_2+R_3$。R_L 越大，等效输入电阻 R_{id}越大，但越容易产生惰性失真和负峰切割失真。

取 $R_2=\left(\frac{1}{5} \sim \frac{1}{10}\right)R_3$，同时考虑不产生负峰切割失真的条件

$$m_a \leqslant \frac{R_o}{R_L} \tag{3.98}$$

可确定电阻 R_2 和 R_3。

③ 电容 C_1 和 C_2 的确定。

根据不产生惰性失真的条件

$$RC \leqslant \frac{\sqrt{1-m_a^2}}{m_a\Omega_{max}} \tag{3.99}$$

和不产生高频频率失真的条件

$$RC \ll \frac{1}{\Omega_{max}} \tag{3.100}$$

可求出时间常数 RC 的最大值。

根据 $RC \gg \frac{1}{f_c}$可求出时间常数 RC 的最小值。

由 $RC \approx R_3(C_1+C_2)$可确定电容 C_1 和 C_2。

④ 电容 C_3 的确定。

根据不产生低频频率失真的条件

$$R_5C_3 \gg \frac{1}{\Omega_{\min}} \tag{3.101}$$

可求出 C_3 的大小。

四、实验内容

（1）设计包络检波器。

根据下列技术指标和条件：载波频率 $f_c=455$ kHz，调制信号频率范围 20 Hz～20 kHz，平均调幅度 $m_a=30\%$，后级低频放大器等效输入电阻 $R_5=100$ kΩ，设计包络检波器，确定电路中各元器件型号和参数大小，列出元件清单。

（2）解调普通调幅信号。

输入载波频率 $f_c=455$ kHz、载波峰峰值为 2 V 的调幅波，调幅度 m_a 取 30%，调制信号频率为 1 kHz。开关 S_1 切换至电阻 $R_3=2.2$ kΩ，电阻 $R_6=100$ kΩ，用示波器分别观察并记录输入调幅波 v_i 和输出电压 v_o 波形，测量调幅波包络的振幅值和输出电压的振幅值。

改变 m_a 的大小，当 $m_a=80\%$ 和 $m_a=100\%$ 时，重复上述实验内容。根据测量值计算不同调幅度 m_a 时检波器的电压传输系数 K_d，并与理论计算值做比较。

（3）观察惰性失真。

① 取 $m_a=50\%$，开关 S_1 切换至电阻 $R_6=100$ kΩ，电阻 $R_4=51$ kΩ，用示波器记录输出电压 v_o 波形，观察惰性失真。利用理论计算结果，分析说明观察到的惰性失真。

② 取 $m_a=50\%$，开关 S_1 切换至电阻 $R_6=100$ kΩ，电阻 $R_3=2.2$ kΩ，逐步增大调制频率 F，直至出现惰性失真，记录此时的调制频率。

③ 取 $m_a=50\%$，开关 S_1 切换至电阻 $R_6=100$ kΩ，电阻 $R_3=2.2$ kΩ，调制频率 $F=1$ kHz，逐步增大调幅度 m_a，直至出现惰性失真，记录此时的 m_a 值。

（4）观察负峰切割失真。

① 取 $m_a=50\%$，开关 S_1 切换至电阻 $R_5=1$ kΩ，电阻 $R_3=2.2$ kΩ，用示波器记录输出电压 v_o 波形，观察负峰切割失真。利用理论计算结果，分析说明观察到的负峰切割失真。

② 取 $m_a=50\%$，开关 S_1 切换至电阻 $R_6=100$ kΩ，电阻 $R_3=2.2$ kΩ，逐步增大调幅度 m_a，直至出现负峰切割失真，记录此时的 m_a 值。

五、研究与思考

（1）如果检波器低通滤波器的时间常数 RC 选得太小，输出波形会出现什么现象？

（2）包络检波器输入的调幅信号幅度较小，输出波形会产生什么样的失真？为什么？如何解决？

（3）包络检波器输入高频等幅波时，电路输出什么信号？

（4）如果用包络检波器对抑制载波双边带调幅波或单边带调制信号进行解调，电路将输出什么波形？

3.6.2　同步检波器

一、实验目的

（1）掌握同步检波器的工作原理。

（2）了解同步检波器的设计和调试方法。

（3）熟悉同步检波器的应用。

二、实验仪器

高频波形发生器、数字示波器、数字万用表、直流稳压电源。

三、实验原理

(1) 实验电路。

同步检波器分为乘积型和叠加型,用于解调载波被抑制的双边带及单边带信号。乘积型同步检波器将本地恢复载波与接收的调幅波相乘,经过低通滤波器提取低频信号。叠加型同步检波器在抑制载波双边带或单边带信号中插入恢复载波,构造普通调幅波信号,经过包络检波器恢复调制信号。

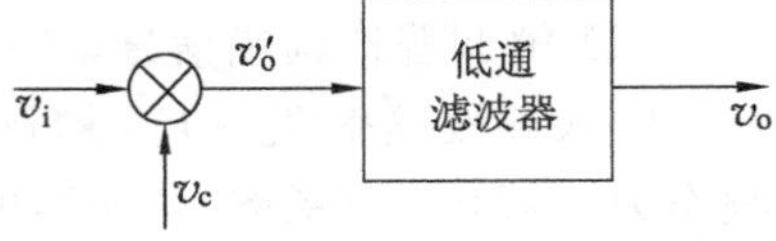

图 3.16　乘积型同步检波器原理框图

图 3.16 为乘积型同步检波器原理框图,其中 v_i 为调幅波信号,v_c 为本地恢复载波信号,v_o 为解调的低频信号。

设输入的已调波 v_i 为载波分量被抑制的双边带信号,即

$$v_i = V_i \cos \Omega t \cos \omega_c t \tag{3.102}$$

本地载波电压

$$v_c = V_c \cos(\omega_c t + \varphi) \tag{3.103}$$

其中,φ 为本地载波和发送端载波的相位差。此时乘法器输出

$$\begin{aligned} v'_o &= K V_i V_c \cos \Omega t \cos \omega_c t \cos(\omega_c t + \varphi) \\ &= \frac{1}{2} K V_i V_c \cos \varphi \cos \Omega t + \frac{1}{4} K V_i V_c \cos[(2\omega_c + \Omega)t + \varphi] + \frac{1}{4} K V_i V_c \cos[(2\omega_c - \Omega)t + \varphi] \end{aligned} \tag{3.104}$$

式中第二、第三项为高频分量,经低通滤波器滤除后,就得到频率为 Ω 的低频信号。

$$v_o = \frac{1}{2} K V_i V_c \cos \varphi \cos \Omega t \tag{3.105}$$

其幅度为

$$\frac{1}{2} K V_i V_c \cos \varphi \tag{3.106}$$

由上式可见,低频信号输出幅度与本地载波和发送端载波的相位差 φ 有关。当 $\varphi = 0$ 时,低频信号电压幅度最大,随着 φ 加大,输出电压减小。因此,乘积型检波器要求本地载波与发送端的载波同频同相。如果其频率或相位有一定的偏差,将会使恢复出来的调制信号产生失真。

图 3.17 为乘积型同步检波器电路,它采用乘法器 MC1496 构成解调器。MC1496 实现输入调幅波 v_i 和载波 v_c 相乘。乘法器输出经过 R_6、C_4、C_5 构成的 π 型低通滤波器去除高频分量。

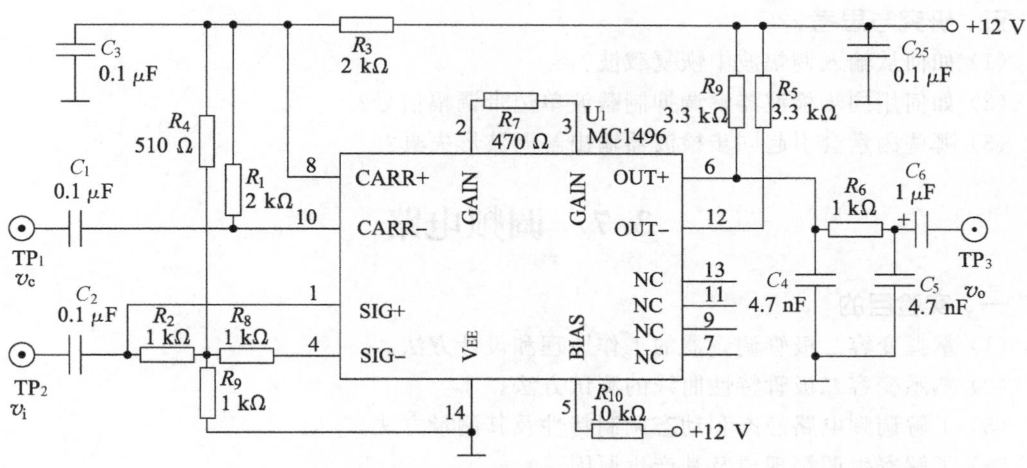

图 3.17　乘积型同步检波器电路

(2) 同步检波器的性能指标及测量方法。

同步检波器的性能指标有电压传输系数、输入电阻、失真等,与包络检波器类似。

(3) 同步检波器的设计方法。

根据设计任务给定的技术指标和条件,如载波频率 f_c、调制信号频率范围 $f_{min} \sim f_{max}$、平均调幅度 m_a 等设计乘法器和低通滤波器电路。

乘法器的设计内容主要是计算 MC1496 外围元件参数,从而确定器件的静态工作点、动态线性范围及乘法器增益,可参见实验 3.4.3。

低通滤波器的上限截止频率 f_H 由调制信号最高频率 f_{max} 决定,根据 f_H 确定 R_6、C_5、C_6。

四、实验内容

(1) 设计同步检波电路。

使用 MC1496 设计一个模拟乘法器同步检波电路,载波频率为 10.7 MHz,调制信号为音频信号,确定外围器件型号和参数。

(2) 解调 AM 波。

在同步检波器输入端 v_i 输入普通调幅波,载波频率为 10.7 MHz,载波幅度为 100 mV 左右,调制信号频率为 1 kHz。在 v_c 端输入与调幅信号载波同频同相的载波信号。输入调幅度分别为 30%、100%及过调制的普通调幅波,用示波器观察并记录输出端 v_o 波形。

本实验的调幅波及载波可以取自实验 3.5.2“模拟乘法器调幅电路”,或用载波恢复电路从调幅波中提取载波信号。

(3) 解调 DSB 波。

在同步检波器输入端 v_i 输入抑制载波双边带调幅信号,载波频率为 10.7 MHz,载波幅度为 100 mV 左右,调制信号频率为 1 kHz。在 v_c 端输入与调幅信号载波同频同相的载波信号。用示波器观察并记录输出端 v_o 波形和调制信号波形。改变调制信号的频率和幅度,观察解调输出信号的变化。将调制信号改为三角波和方波,继续观察解调输出信号。

五、研究与思考

(1) 如何从输入调幅波中恢复载波?

(2) 如何用同步检波器解调抑制载波单边带调幅信号?

(3) 哪些因素会引起同步检波器输出解调波形失真?

3.7 调频电路

一、实验目的

(1) 掌握变容二极管调频器的工作原理和设计方法。

(2) 熟悉变容二极管特性曲线的测试方法。

(3) 了解调频电路静态和动态调制特性及其测量方法。

(4) 了解寄生调幅现象及其产生原因。

(5) 了解变容二极管静态工作点变化对调频器的影响。

二、实验仪器

低频波形发生器、数字示波器、数字万用表、频率计、直流稳压电源、无感起子。

三、实验原理

(1) 实验电路。

高频振荡的瞬时频率随调制信号的大小线性地改变,叫作频率调制,简称调频。和调幅比较,调频的主要优点是抗干扰能力强,在广播电视、通信及遥测等领域得到广泛应用。

实现调频的方法有两类,即直接调频和间接调频。直接调频是指将受到调制信号控制的可变电抗与谐振回路连接,直接控制振荡回路中的电容或电感发生变化,从而改变振荡器的瞬时频率。间接调频是指首先产生稳定频率的载波,然后通过调相的中间过程实现调频。直接调频法原理简单,频偏大,但中心频率稳定度低。

可变电抗器件应用最广的是变容二极管。变容二极管在加反向偏压时,结电容的大小能随反向偏压的大小而变化。变容二极管调频器是一种最基本的直接调频电路,可以实现大频偏调制,在很宽的频段保持良好的调频特性,而且输出幅度也比较大。

图 3.18 所示的调频电路由 LC 正弦波振荡器和变容二极管电路组成。晶体管 T_1 构成西勒正弦波振荡电路,T_2 构成射极跟随器。振荡频率由 L_{32}、C_{11}、C_{14}、C_{15}、C_{31}、C_{32} 和变容二极管结电容 C_j 决定。振荡电路选择共基组态便于变容二极管接入,因为变容二极管加反向偏置电压和调制电压,须有公共接地点。

调频电路由变容二极管 D_1 及电容 C_{31} 和 C_{32} 组成,W_3 和 R_{31} 为变容二极管提供静态时的反向直流偏置电压 V_0,R_{32} 为隔离电阻,通常取 $R_{32} \gg W_3$ 和 $R_{32} \gg R_{31}$,以减小调制信号 v_Ω 对直流偏置电压 V_0 的影响,以及减小偏置电路对振荡回路 Q 值的影响。C_{34} 与高频扼流圈 L_{31} 为 v_Ω 提供通路,C_{33} 为高频旁路电容。

变容二极管全部接入回路可以获得较大的频偏,缺点是中心频率稳定度较差,因为中心频率取决于变容二极管结电容的稳定性,当温度变化或反向偏压不稳定时会引起结电容的变化,从而引起中心频率有较大变化。当要求的频偏比较小时,为了提高中心频率的稳定度,减小调制失真,常将变容二极管部分接入回路。在图 3.18 中,变容二极管 D_1 通过 C_{31} 和 C_{32} 部分接入振荡回路,接入系数 p 为

$$p=\frac{C_{31}+C_{32}}{(C_{31}+C_{32})+C_{j}} \tag{3.107}$$

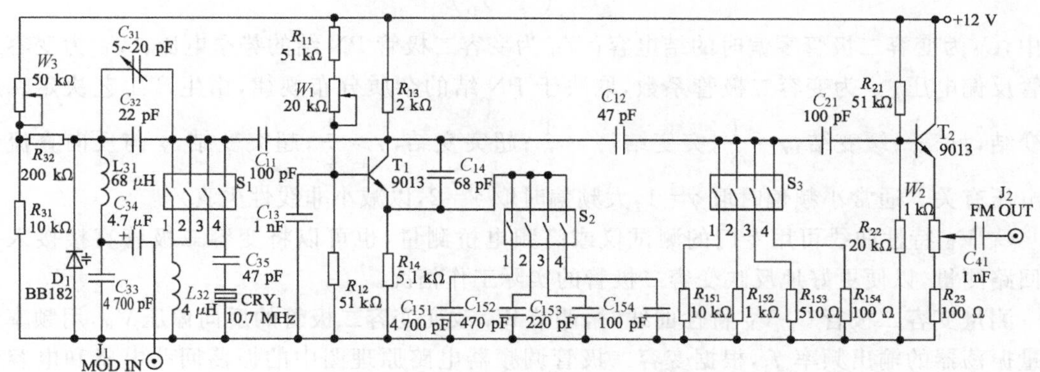

图 3.18　变容二极管调频电路

由变容二极管结电容变化 ΔC_j 引起的振荡回路总电容的变化 ΔC_{Σ} 为

$$\Delta C_{\Sigma}=p^{2}\Delta C_{j} \tag{3.108}$$

为减小振荡回路输出的高频电压对变容二极管的影响，p 的取值不能太大，但 p 值太小则频偏也小。

若 C_{32} 采用负温度系数的电容，则可以在一定范围内与电感 L_{32} 和变容二极管电容 C_j 的正温度系数互相补偿，提高频率稳定度。

电路的振荡振幅与晶体管跨导、回路有载品质因数、回路电容有关，改变振荡频率时振幅也会随之改变，即存在寄生调幅。

(2) 变容二极管调频器的性能指标及测量方法。

① 中心频率。

变容二极管调频器中心频率 f_0 是指未加入调制信号时振荡器的输出频率。

② 频率稳定度。

对于调频电路，不仅须满足一定的频偏要求，而且要求中心频率保持足够高的频率稳定度。变容二极管调频器中心频率不稳定，有可能使调频信号的频谱落到接收机通带之外。

③ 最大频偏和调制灵敏度。

最大频偏 Δf_m 是指在一定调制电压作用下所能达到的最大频率偏移值，同时将 $\frac{\Delta f_m}{f_0}$ 称为相对频偏。

单位调制电压产生的频偏称为调制灵敏度，用 S_f 表示，即

$$S_f=\frac{\Delta f}{V_{\Omega m}} \tag{3.109}$$

式中，$V_{\Omega m}$ 为调制信号幅度。由于调制特性曲线是非线性的，因此，不同静态反向偏压 V_0 处的切线斜率即调制灵敏度是不同的。

④ 变容二极管特性曲线。

变容二极管的特性曲线描述了结电容 C_j 随反向偏压 V_R 的变化规律。变容二极管的结电容与反向偏压关系的表达式为

$$C_{\mathrm{j}}=\frac{C_{\mathrm{j0}}}{\left(1+\frac{V_{\mathrm{R}}}{V_{\mathrm{D}}}\right)^{\gamma}} \tag{3.110}$$

其中，C_{j0}为变容二极管零偏时的结电容；V_{D}为变容二极管PN结的势垒电压；V_{R}为变容二极管反偏电压；γ为变容二极管系数，取决于PN结的杂质分布规律，由生产工艺决定。超缓变结，$\gamma<\frac{1}{3}$；缓变结，$\gamma=\frac{1}{3}$；突变结，$\gamma=\frac{1}{2}$；超突变结，$\gamma>\frac{1}{2}$；超突变结，γ与反向直流偏置电压有关。通常小频偏时取$\gamma=1$，大频偏时取$\gamma=2$，以减小非线性失真。

C_{j}-V_{R}特性曲线可用专门的测试仪或高频电桥测量，也可以将变容二极管直接接入振荡回路测量，以便更好地反映变容二极管的实际工作情况。

测量变容二极管C_{j}-V_{R}特性曲线时，调节W_3改变变容二极管的反向偏压V_{R}，用频率计测量振荡器的输出频率f_{j}，根据变容二极管调频器电路原理图中的振荡回路电感和电容值计算出C_{j}。这种方法没有考虑分布电感、分布电容和晶体管极间电容。为精确测量C_{j}，先断开变容二极管和C_{31}、C_{32}，测出振荡器的振荡频率f_1，再用一个已知容量的外接电容C_{M}代替变容二极管和C_{31}、C_{32}，测出此时的振荡频率f_2，则振荡回路电容的实测值为

$$C=\frac{f_2^2}{f_1^2-f_2^2}C_{\mathrm{M}} \tag{3.111}$$

然后接入变容二极管和C_{31}、C_{32}，测量不同反向偏压V_{R}下的振荡频率f_{j}，则结电容与C_{31}、C_{32}的总电容C_{j}'为

$$C_{\mathrm{j}}'=\frac{f_1^2-f_{\mathrm{j}}^2}{f_{\mathrm{j}}^2}C \tag{3.112}$$

由此可求得C_{j}与反向偏压V_{R}的对应关系，绘制成变容二极管的C_{j}-V_{R}特性曲线。

⑤ 静态调制特性。

静态调制特性是振荡器频率随变容管直流偏置电压变化的关系。一般情况下，静态调制特性曲线往往不是理想的直线，因此，振荡频率不能正确地反映调制信号的变化规律，从而引入了非线性失真。

实际上，加在变容二极管上的电压除了反向偏置电压和调制电压以外，还有高频振荡电压，此时变容二极管的结电容随振荡电压做快速的周期性变化。由于变容二极管的C_{j}-V_{R}特性曲线的非线性，C_{j}随时间变化的波形为非正弦波，可以分解为直流分量和振荡频率的基波及高次谐波分量，其中直流分量比未加高频电压时增加了ΔC_{j}，使振荡频率比未加高频电压时减小。由于振荡频率不能跟随电容快速变化，基波及高次谐波分量的影响可忽略。

静态调制特性只能反映调制频率较低时振荡频率随调制信号变化的特性。当调制频率较高时，必须进一步考虑振荡器的惰性作用对调制特性的影响。

为了获得线性调频，变容二极管的偏置通常应选在静态调制特性线性段的中点。

适当选择变容二极管的串联电容C_{31}和C_{32}的大小，使其接近于C_{j}的最大值，而远大于C_{j}的最小值，则可以改变静态调制特性低频端的曲线形状。如果在变容二极管两端并联一个电容，使其接近于C_{j}的最小值，而远小于C_{j}的最大值，则可以改变静态调制特性高频端的曲线形状。反复调节变容二极管的串联和并联电容的数值，利用它们对静态调制特性不同频段有不同影响的性质，可以在一定电压范围内获得接近理想直线的静态调制特性。

⑥ 动态调制特性。

当变容二极管偏置电压一定时，振荡频率随调制信号幅度变化的关系称为动态调制特性。设调频电路中心频率为 f_0，随着 $V_{\Omega m}$ 而变化的瞬时频率为 f，频偏为 Δf，则动态调制特性可表示为

$$\Delta f=f-f_0=f(V_{\Omega m}) \tag{3.113}$$

无调制信号输入时，调频电路工作在中心频率，频偏为 0。当调制信号处于正半周时，加于变容二极管的反向偏压增加，使等效电容减小，调频电路有正频偏，反之产生负频偏。通过动态调制特性，可以确定调频器的调制灵敏度和最大频偏。

(3) 变容二极管调频器的设计。

根据设计任务提出的主要技术指标，如中心频率 f_0、最大频偏 Δf_m、调制灵敏度和频率稳定度，可以按下列步骤进行设计。

① 确定电路形式。

根据中心频率 f_0 的高低和对频率稳定度的要求，选择合适的振荡电路类型，确定选用 LC 调频或晶振直接调频电路。

② 设置静态工作点。

可以按照固定频率振荡器的设计方法选取 I_{CQ}，并计算相应的偏置电阻。

③ 计算振荡回路元件值。

器件手册上给出了变容二极管的工作偏压 V_0。工作在这种状态下，调制灵敏度较高，线性也较好。一般将静态反向偏压 V_0 处的振荡频率设置为中心频率，并按此计算振荡回路电容和电感，具体计算方法与固定频率振荡器的设计相同。

由变容二极管的静态反向偏压 V_0，可以求出偏置电阻 W_3 和 R_{31}，并确定隔离电阻 R_{32}。

④ 计算调制信号的幅度。

由变容二极管调频电路的理论分析知，频偏 Δf 为

$$\Delta f=\frac{1}{8}\gamma m[8+(\gamma-1)(\gamma-2)m^2]kf_0 \tag{3.114}$$

其中，调制深度 m 的表达式为 $m=\dfrac{V_{\Omega m}}{V_D+V_0}$，$k=p^2\ \dfrac{C_0}{2C_\Sigma}$。$C_0$ 为变容二极管加静态反向偏压 V_0 时的结电容，C_Σ 为此时的回路总电容，p 为此时的接入系数。

根据 Δf_m、f_0 和 γ，可以求出调制深度 m，进而确定调制信号幅度 $V_{\Omega m}$。

如果已经获得了变容二极管的 C_j-V_R 特性曲线，则由

$$\frac{\Delta f_m}{f_0}\approx\frac{1}{2}\cdot\frac{\Delta C_\Sigma}{C_\Sigma} \tag{3.115}$$

可求出回路总电容的变化 ΔC_Σ，从而确定结电容变化 ΔC_j，根据 C_j-V_R 特性曲线在静态反向偏压 V_0 处的斜率即可求出调制信号幅度 $V_{\Omega m}$。

四、实验内容

(1) 设计变容二极管调频电路。

设计一个变容二极管调频电路，中心频率为 10.7 MHz，最大频偏为 10 kHz，频率稳定度为 10^{-4}。画出电路图，确定元器件型号和参数，并列出元件清单。

(2) 静态调制特性的测量。

开关 S_1 接电感 L_{32}，反馈电容 C_{15} 取 470 pF，负载 R_{15} 断开。调节 W_1 使输出电压幅度 V_{om} 最大。输入端不接调制信号，电容 C_{31} 调至最小，调节电位器 W_3，改变变容二极管两端的反偏电压 V_R，用频率计测量对应的输出频率 f_o，记入表 3.32 中，作出静态调制特性曲线。

表 3.32　调频电路静态调制特性的测量数据

V_R/V	2	3	4	5	6	7	8	9	10
f_o/MHz									

将电容 C_{31} 调至最大，重复上述测量。

在同一坐标纸上画出 C_{31} 不同时的静态调制特性曲线，并求出反偏电压 V_R 为 5 V 时的调制灵敏度，说明曲线斜率受哪些因素的影响，并说明 C_{31} 大小对调制特性的影响。

(3) 动态调制特性的测量。

开关 S_1 接电感 L_{32}，反馈电容 C_{15} 取 470 pF，负载 R_{15} 断开。调节电位器 W_3，使变容二极管两端的反偏电压 V_R 为 5 V。调制信号输入端 v_Ω 加入 1 kHz 正弦波，改变调制信号幅度，用示波器测量调制信号峰峰值 $V_{\Omega pp}$，用频偏仪测量输出端 v_o 的频偏 Δf，记录不同调制信号峰峰值 $V_{\Omega pp}$ 所对应的频偏 Δf，记入表 3.33 中，作出动态调制特性曲线。

表 3.33　调频电路动态调制特性的测量数据

$V_{\Omega pp}$/V	0.2	0.4	0.6	0.8	1	2	3	4	5
Δf/kHz									

在频偏最大时，用示波器观察和记录输出端 v_o 的调频波形。

改变变容二极管两端的反偏电压 V_R，分别为 2 V 和 8 V，重新测量动态调制特性曲线。

在同一坐标纸上画出不同反偏电压 V_R 时的动态调制特性曲线，并求出中心频率处的调制灵敏度，分析变容二极管工作点变化对调频特性的影响。

(4) 调制信号频率与频偏的关系。

调节电位器 W_3，使变容二极管两端的反偏电压 V_R 为 5 V，调节调制信号峰峰值 $V_{\Omega pp}$ 为 1 V，改变调制信号频率 F，测量不同调制信号频率 F 对应的频偏 Δf，记入表 3.34 中，作出 Δf 与调制信号频率 F 之间的关系曲线。

表 3.34　调频电路调制信号频率与频偏的关系

F	20 Hz									20 kHz
Δf/kHz										

(5) 调频波寄生调幅现象观察。

调节电位器 W_3，使变容二极管两端的反偏电压 V_R 为 5 V，调节调制信号峰峰值 $V_{\Omega pp}$ 为 1 V、调制信号频率 F 为 1 kHz，用示波器观察输出调频波的寄生调幅现象。若寄生调幅现象不明显，可以适当加大 $V_{\Omega pp}$。

五、研究与思考

(1) 如果用普通二极管代替变容二极管,能否实现调频?为什么?

(2) 调制信号幅度一定时,调频波的最大频偏是否随调制频率而变化?

(3) 变容二极管的接入系数过大或过小,对振荡回路有何影响?

(4) 如果变容二极管的静态偏置电阻取得比较小,对振荡回路有什么影响?

(5) 引起寄生调幅的原因是什么?如何减小寄生调幅的影响?

(6) 影响频偏的因素有哪些?如何提高频偏?

3.8 鉴频器

3.8.1 乘法型相位鉴频器

一、实验目的

(1) 掌握乘法型相位鉴频器的工作原理。

(2) 熟悉鉴频器鉴频特性曲线的测量方法。

(3) 掌握乘法型相位鉴频器的设计方法。

二、实验仪器

高频波形发生器、数字示波器、无感起子、频率计、直流稳压电源、扫频仪、频偏仪。

三、实验原理

(1) 实验电路。

鉴频器用于检测输入调频波的瞬时频率变化,还原其中的调制信号。鉴频器的类型可分为波形变换式、脉冲计数式和锁相环路鉴频器。波形变换式鉴频器将调频波转换为调频调幅波或调频调相波。调频波通过频率-振幅线性变换网络,可转换为调频调幅波,其载波的瞬时频率和幅度都随调制信号同步变化,可以通过检波器恢复调制信号。这一类鉴频器包括斜率鉴频器、加法型相位鉴频器、比例鉴频器、晶体鉴频器。调频波通过频率-相位线性变换网络,可转换为调频调相波,其载波的瞬时频率和相位都随调制信号同步变化,可以通过鉴相器恢复调制信号。这一类鉴频器有乘法型相位鉴频器。

乘法型相位鉴频器的工作原理如图 3.19 所示。调频波 v_i 经过一个线性移相网络变换成调频调相波 v_φ,然后与原调频波 v_i 一起加到一个鉴相器进行鉴频。实现鉴频的核心部件是鉴相器。利用模拟乘法器的相乘原理可实现乘法型鉴相器。

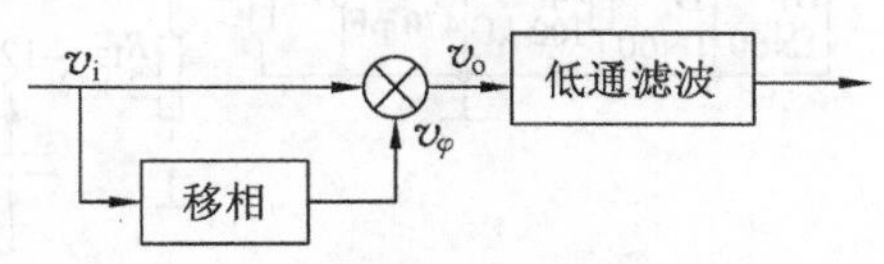

图 3.19　乘法型相位鉴频器的工作原理

设鉴频器输入的调频波表达式为

$$v_i = V_{im}\cos(\omega_c t + m_f \sin\Omega t) \tag{3.116}$$

式中,m_f 为调频指数。调频波经过线性移相网络移相后,成为调频调相波,表达式为

$$\begin{aligned} v_\varphi &= V_{\varphi m}\cos\left[\omega_c t + m_f\sin\Omega t + \frac{\pi}{2} + \varphi(\omega)\right] \\ &= V_{\varphi m}\sin[\omega_c t + m_f \sin\Omega t + \varphi(\omega)] \end{aligned} \tag{3.117}$$

式中，$\frac{\pi}{2}+\varphi(\omega)$为移相网络的相频特性。

对于乘法型鉴相器，将原调频波和移相后的调频调相波输入模拟乘法器，则乘法器的输出为

$$\begin{aligned} v_o &= K v_i v_\varphi \\ &= \frac{1}{2} K V_{im} V_{\varphi m} \sin[2(\omega_c t + m_f \sin \Omega t) + \varphi(\omega)] + \frac{1}{2} K V_{im} V_{\varphi m} \sin \varphi(\omega) \end{aligned} \tag{3.118}$$

式中，第一项为高频分量，可以通过低通滤波器滤除。第二项是反映调频波瞬时频率变化的低频分量。当调频波频偏较小时，经过低通滤波器后鉴频器的输出为

$$v_o = \frac{1}{2} K V_{im} V_{\varphi m} \sin \varphi(\omega) \approx \frac{1}{2} K V_{im} V_{\varphi m} \varphi(\omega) \tag{3.119}$$

如果线性移相网络的相频特性在调频波的频率变化范围内是线性的，则鉴频器的输出电压的变化规律与调频波瞬时频率的变化规律相同，从而实现了鉴频。所以，相位鉴频器的线性鉴频范围受到移相网络相频特性的线性范围和调频波频偏大小的限制。

图 3.20 为由 MC1496 构成的乘法型相位鉴频器。输入调频波经过 R_9、D_1、D_2 构成的限幅电路，一路直接送入乘法器，另一路通过由 C_{13} 和并联谐振回路 C_{18}、L_1、R_{18} 构成的移相网络进行移相后送入乘法器。两路信号在乘法器中实现相位鉴频，然后经由 R_{21}、C_{21}、R_{22}、C_{22} 构成的二阶低通滤波器，滤除乘法器输出中的高频分量，低频调制信号经隔直电容 C_3 从 J_7 端输出。

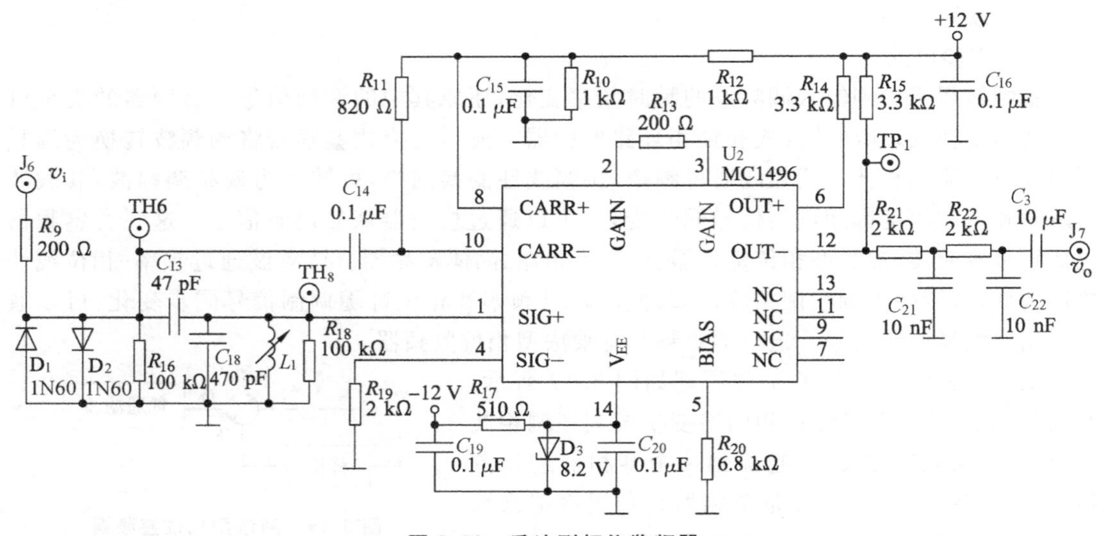

图 3.20 乘法型相位鉴频器

(2) 鉴频器的主要性能指标和测量方法。

① 鉴频跨导。

鉴频器的输出电压幅度与调频波瞬时频率频偏的关系称为鉴频特性，其特性曲线为 S 形曲线，其线性部分在中心频率处的斜率即为鉴频跨导 S_d，表示调频波单位频率变化所引起的输出电压的变化量，即

$$S_d = \left.\frac{\Delta V}{\Delta f}\right|_{f=f_0} \tag{3.120}$$

测量鉴频特性曲线的常用方法有逐点法和扫频法。

使用逐点法测量时，用高频波形发生器作为信号源加到鉴频器的输入端，鉴频器的输出端接数字万用表的直流电压挡。首先将高频波形发生器的输出频率设置为鉴频器的中心频率，调整鉴频器的谐振回路使其谐振，此时鉴频器的输出电压应为零。然后在鉴频器的中心频率两侧改变高频波形发生器的输出频率，记录对应的鉴频器输出电压，描绘鉴频特性曲线。

使用扫频法测量时，将扫频信号加到鉴频器的输入端，鉴频器输出端接网络分析仪等的输入端口，先设置扫频的中心频率使鉴频器的谐振回路谐振，然后调节扫频的频率偏移，可显示出鉴频特性曲线。

② 鉴频频带宽度。

鉴频频带宽度 $2\Delta f_m$ 定义为鉴频器不失真解调调频波时所允许的最大频率变化范围，可在鉴频特性曲线上求出。

③ 鉴频灵敏度。

鉴频灵敏度是指鉴频器正常工作所需的输入调频波的最小幅度。

④ 寄生调幅抑制能力。

比例鉴频器、脉冲计数式鉴频器、锁相环路鉴频器能够抑制寄生调幅，而斜率鉴频器、相位鉴频器需要前置限幅电路。

(3) 乘法型相位鉴频器电路设计。

MC1496 大部分外围元器件可以按照乘法器电路设计，下面讨论鉴频器关键部分即移相网络的参数设计。移相网络由电容 C_{13} 和并联谐振回路 C_{18}、L_1、R_{18} 构成，如图 3.21(a) 所示。

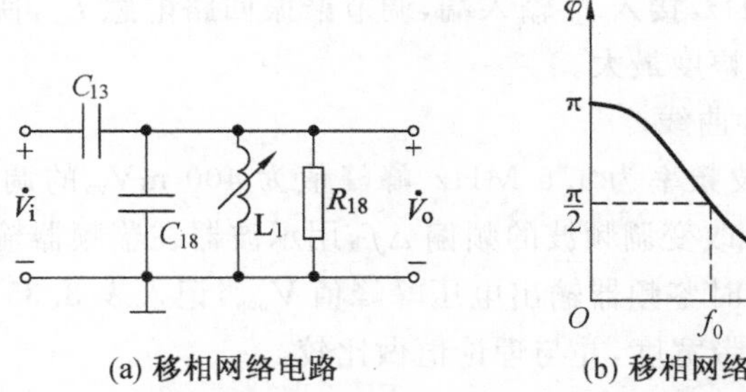

(a) 移相网络电路　　(b) 移相网络相移特性

图 3.21　移相网络

移相网络的传递函数为

$$\frac{\dot{V}_o}{\dot{V}_i} \approx \frac{j\omega R_{18} C_{13}}{1 + jQ\,\dfrac{2\Delta f}{f_0}} \tag{3.121}$$

式中，f_0 为谐振频率，其表达式为

$$f_0 = \frac{1}{2\pi\sqrt{L_1(C_{13}+C_{18})}} \tag{3.122}$$

Q 为回路品质因数，即

$$Q = \omega_0 R_{18}(C_{13}+C_{18}) \tag{3.123}$$

移相网络的幅频特性为

$$\frac{V_{om}}{V_{im}}=\frac{\omega R_{18}C_{13}}{\sqrt{1+\left(Q\,\frac{2\Delta f}{f_0}\right)^2}} \tag{3.124}$$

相频特性为

$$\varphi=\frac{\pi}{2}-\arctan\left(Q\,\frac{2\Delta f}{f_0}\right) \tag{3.125}$$

相移特性曲线如图 3.21(b)所示。当 $Q\,\frac{2\Delta f}{f_0}$ 较小时，有

$$\varphi\approx\frac{\pi}{2}-Q\,\frac{2\Delta f}{f_0} \tag{3.126}$$

相移近似为线性。由移相网络相频特性可知，在调频波中心频率即移相网络谐振频率处的相移量为 $\frac{\pi}{2}$，当输入调频波的瞬时频偏比较小时，中心频率附近的特性曲线近似为直线。

L_1、C_{13}、C_{18} 的取值由调频波中心频率决定，但 C_{13} 同时影响幅频特性，不应太小。从幅频和相频特性表达式可以看出，电阻 R_{18} 对移相网络的影响很大。R_{18} 电阻值小，则谐振回路品质因数低，鉴频器频带宽度大，线性好，但低频输出电压小，灵敏度下降。

四、实验内容

(1) 设计乘法型相位鉴频器。

设计一个乘法型相位鉴频器，解调调频信号，中心频率 $f_0=4.5$ MHz，频偏 $\Delta f_m=25$ kHz，画出电路图，确定元器件型号和参数，列出元件清单。

(2) 调谐并联谐振回路。

高频波形发生器输出载波频率为 4.5 MHz、峰峰值为 400 mV_{pp} 的调频波，频偏为 50 kHz，调制信号频率为 1 kHz，接入 J_6 输入端，调节谐振回路电感 L_1，使解调输出端 J_7 的低频调制信号波形失真最小，幅度最大。

(3) 测量鉴频器鉴频特性曲线。

高频波形发生器输出载波频率为 4.5 MHz、峰峰值为 400 mV_{pp} 的调频波，调制信号频率为 1 kHz，接入 J_6 输入端。改变调频波的频偏 Δf，用示波器在鉴频器输出端 J_7 观察解调后的低频信号，记录不同频偏时鉴频器输出电压峰峰值 V_{opp}，记入表 3.35 中，绘制鉴频特性曲线，计算鉴频跨导和鉴频频带宽度，并与理论值做比较。

表 3.35 乘法型相位鉴频器鉴频特性曲线的测量数据

Δf/kHz	5										100
V_{opp}/mV											

(4) 研究移相网络参数对鉴频特性的影响。

高频波形发生器输出载波频率为 4.5 MHz、峰峰值为 400 mV_{pp} 的调频波，频偏为 50 kHz，调制信号频率为 1 kHz，接入 J_6 输入端。调节移相网络电感磁芯，使其谐振频率偏离调频波的中心频率，再次测量鉴频特性曲线。

整理实验数据，分析移相网络参数对鉴频特性的影响。

五、研究与思考

(1) 鉴频特性曲线上下不对称的原因是什么?

(2) 如何提高鉴频跨导?

(3) 如果鉴频器的解调输出波形失真,其原因是什么?

3.8.2　锁相鉴频器

一、实验目的

(1) 掌握锁相鉴频器的工作原理和设计方法。

(2) 熟悉鉴频器鉴频特性曲线的测量方法。

(3) 熟悉锁相环路各组成部件的特性。

(4) 了解锁相环路捕捉带与同步带及其锁定过程。

二、实验仪器

高频波形发生器、数字示波器、频率计、直流稳压电源、扫频仪。

三、实验原理

(1) 实验电路。

鉴频的方法主要有波形变换式、脉冲计数式和锁相环路鉴频。

锁相环路的原理框图如图 3.22 所示。

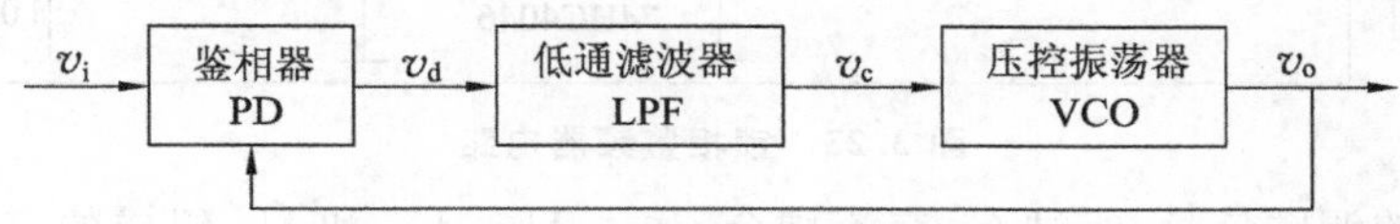

图 3.22　锁相环路的原理框图

锁相环路由鉴相器、低通滤波器、压控振荡器组成。鉴相器的一个输入端接输入信号 v_i,另一个输入端接压控振荡器的输出信号 v_o。两个信号在鉴相器中进行相位比较,产生误差电压,经过低通滤波器滤除高频分量后,输出缓慢变化的直流电压,控制压控振荡器改变振荡频率,直至压控振荡器输出频率 f_o 和输入信号频率 f_i 相同,两相位差保持恒定,锁相环路进入相位锁定状态。鉴相器后的低通滤波器可以衰减高频误差分量,提高干扰抑制特性。同时,如果环路因噪声瞬变现象跳出锁定状态时,它可以为锁相环路提供短期存储,保证很快恢复信号。锁相环路的闭环频率特性相当于一个低通滤波器。

当输入信号为调频信号时,频偏使相位比较器产生一个误差电压,调整压控振荡器跟踪输入信号频率,压控振荡器的频率在调频信号载波频率附近变动。此时,压控振荡器的控制电压 v_c 反映了输入信号的频率变化,这个控制电压就是一个随调制信号变化的解调信号,即锁相环路实现了鉴频。

由 74HC4046 和 CD4069 组成的锁相鉴频器电路如图 3.23 所示。

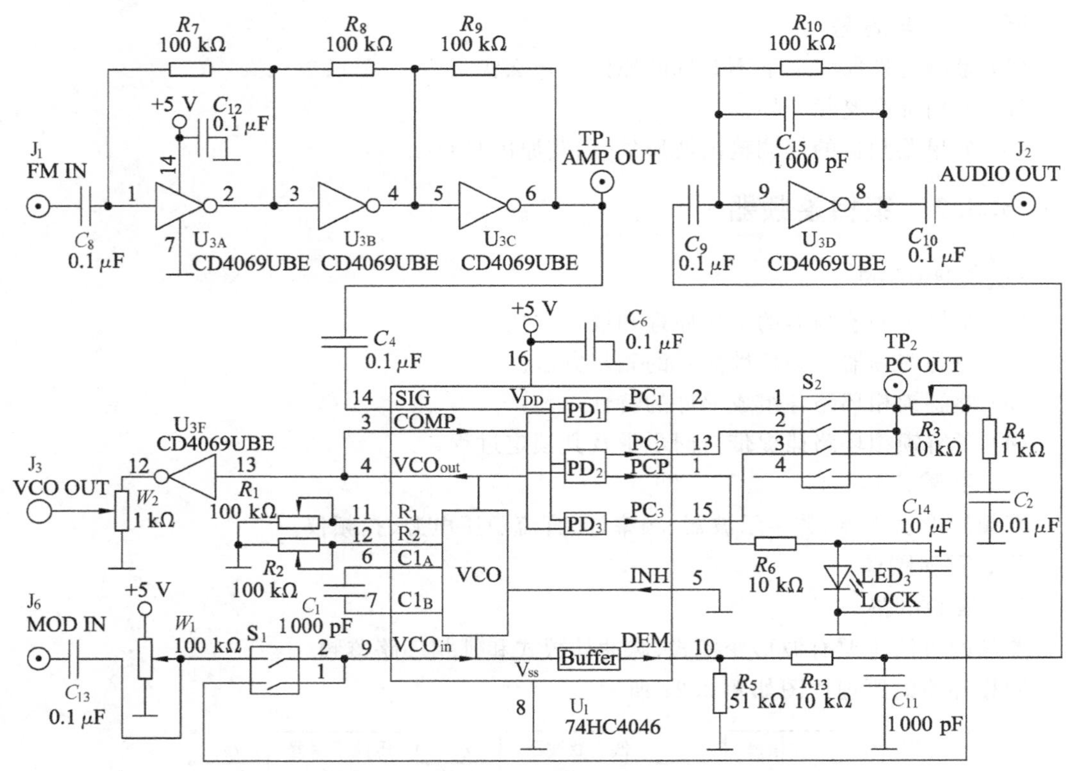

图 3.23 锁相鉴频器电路

从 J_1 输入的调频信号，经过 C_8 交流耦合，送入 U_{3A}、U_{3B} 和 U_{3C} 组成的三级放大整形电路。放大后的调频信号经过 C_4 交流耦合，送入 74HC4046。

74HC4046 是通用的锁相环集成电路，其电源电压范围为 3～6 V，压控振荡器最高中心频率为 19 MHz，它主要由三个鉴相器、压控振荡器、线性放大器等部分组成。

鉴相器有两个输入端，一个是输入信号端引脚 14，一个是比较信号输入端引脚 3。对于 CMOS 电平信号，可直接接入引脚 14 和引脚 3。对于幅值较小的信号，可通过电容耦合接入引脚 14 和引脚 3，由 74HC4046 内部的放大器放大和整形后再送入鉴相器，最小输入信号峰峰值为 20 mV_{pp}。

鉴相器 PD_1 是一个异或门，输入信号和比较信号占空比必须为 50%，以获得最大的同步带，捕捉带由后接低通滤波器的参数和特性决定。锁定时，输入信号和比较信号的相位差为 90°，PD_1 输出频率是输入信号的 2 倍。

鉴相器 PD_2 是一个上升沿触发的数字三态鉴相器，与输入信号和比较信号的占空比无关。它有两个输出，相位误差信号输出端引脚 13 和锁定信号输出端引脚 1。其内部功能相当于一个加减计数器，输入信号进行加法计数，比较信号进行减法计数。当输入信号频率高于比较信号或输入信号相位超前比较信号时，引脚 13 输出正脉冲，脉冲的宽度等于两个信号上升沿之间的相位差。当输入信号频率低于比较信号或输入信号相位滞后比较信号时，引脚 13 输出负脉冲。在上述两种情况下，引脚 1 都有与引脚 13 宽度相同的负脉冲产生。当输入信号频率和相位与比较信号都相同时，引脚 13 处于高阻状态，此时引脚 1 输出高电平，指示锁相环路进入锁定状态。鉴相器 PD_2 不会锁定在输入信号的谐波频率上，其同步带

和捕捉带相同，与后接低通滤波器无关。锁定时，输入信号与比较信号的相位差为 0°。

鉴相器 PD_3 是一个上升沿触发的 RS 触发器，与输入信号和比较信号的占空比无关。其同步带和捕捉带取决于后接低通滤波器。

压控振荡器产生的振荡信号从引脚 4 输出，引脚 6、7 间的电容 C_1 和引脚 11 的电阻 R_1 确定最高频率，引脚 12 的电阻 R_2 可用于设置最低频率。当外围参数确定后，振荡频率与引脚 9 的输入电压基本呈线性关系。当引脚 9 控制电压最低时，压控振荡器输出频率最低；当引脚 9 控制电压最高时，输出频率最高。当使能端 INH 输入信号为高电平时，关闭压控振荡器以减小功耗。

鉴相器的相位误差电压通过 R_3、R_4、C_2 组成的低通滤波器，输出缓慢变化的直流控制电压，接入压控振荡器输入引脚 9。此控制电压同时经内部缓冲器从引脚 10 输出，可获得 FM 解调信号。

从引脚 10 输出的 FM 解调信号，经过 R_{13}、C_{11} 组成的低通滤波器，送入 U_{3D} 组成的放大滤波电路，从 J_2 输出解调后的音频信号。

(2) 锁相鉴频器的主要性能指标和测量方法。

锁相鉴频器的主要性能指标如鉴频跨导、鉴频频带宽度、鉴频灵敏度，与乘法型相位鉴频器相同。锁相环路的指标还有捕捉带和同步带。

锁相环路根据其初始状态的不同，有两种不同的自动调节过程，即捕捉过程和同步跟踪过程。

环路由失锁状态进入锁定状态的过程称为环路的捕捉过程，通常将环路捕捉进入锁定的最大允许频率范围称为环路的捕捉带。如果输入信号频率在锁相环的捕捉范围内发生变化，锁相环能捕捉到输入信号频率，并强迫压控振荡器锁定在这个频率上。锁相环路的捕捉带与所采用的鉴相器和滤波器形式有关。测量捕捉带时，先使环路锁定，然后缓慢改变鉴相器输入信号频率，使环路失锁，再反方向改变输入信号频率，直至环路重新锁定。输入信号在中心频率上下两侧重新锁定的频率范围就是环路的捕捉带。

若环路已处于锁定状态，当输入信号频率发生变化时，环路始终维持锁定的过程称为环路的同步跟踪过程。因环路的锁定能力有限，通常将环路能够维持锁定的最大频率范围称为环路的同步带。锁相环路的同步带与环路直流增益有关。测量同步带时，先使环路锁定，然后缓慢改变鉴相器输入信号频率，观察鉴相器的相位锁定输出信号。当相位锁定输出信号指示失锁时，输入信号在中心频率上下的频率变化范围就是环路的同步带。

(3) 锁相鉴频器的设计方法。

根据设计任务提出的主要技术指标，如调频波的中心频率 f_0 和频偏 Δf_m 等，可以按下列步骤进行设计。

① 确定压控振荡器外围元件。

74HC4046 压控振荡器的频率为

$$f\approx\frac{K_1V_c}{R_1C_1}+\frac{K_2}{R_2C_1} \tag{3.127}$$

其中 V_c 为引脚 9 的控制电压，可取 $V_c=1.2\sim4$ V，此时压控振荡器线性特性较好。K_1、K_2 为系数，主要取决于电源电压 V_{CC}，可根据芯片手册获取，或由电路实测。可以由 74HC4046 器件手册给出的曲线确定 R_1、R_2 和 C_1。R_1 和 R_2 的取值应大于 3 kΩ，C_1 应大于 40 pF。R_2

开路时，最高频率和最低频率比由引脚 9 的控制电压比决定，$\frac{f_{\max}}{f_{\min}}=\frac{V_{\mathrm{c\,max}}}{V_{\mathrm{cmin}}}$，此时可获得最大频率比。接入 R_2，可降低频率比。

② 计算环路传递函数。

74HC4046 三个鉴相器增益分别为鉴相器 PD_1：$K_\varphi=\frac{V_{\mathrm{CC}}}{\pi}$；鉴相器 PD_2：$K_\varphi=\frac{V_{\mathrm{CC}}}{4\pi}$；鉴相器 PD_3：$K_\varphi=\frac{V_{\mathrm{CC}}}{2\pi}$。其中 V_{CC} 为电源电压。

低通滤波器可以采用无源积分、无源比例积分和有源比例积分等形式。图 3.23 中采用无源比例积分低通滤波器，其传递函数为

$$F(\mathrm{j}\omega)=\frac{1+\mathrm{j}\omega\tau_2}{1+\mathrm{j}\omega(\tau_1+\tau_2)} \tag{3.128}$$

其中，$\tau_1=R_3C_2$，$\tau_2=R_4C_2$。

74HC4046 压控振荡器的增益为

$$K_{\mathrm{VCO}}=\frac{2\pi(f_{\max}-f_{\min})}{V_{\mathrm{cmax}}-V_{\mathrm{cmin}}}\ \mathrm{rad/s/V} \tag{3.129}$$

V_{c} 为引脚 9 的控制电压。环路传递函数为

$$H(\mathrm{j}\omega)=\frac{\left(2\zeta\omega_{\mathrm{n}}-\frac{\omega_{\mathrm{n}}^2}{K}\right)\mathrm{j}\omega+\omega_{\mathrm{n}}^2}{(\mathrm{j}\omega)^2+2\zeta\omega_{\mathrm{n}}\cdot\mathrm{j}\omega+\omega_{\mathrm{n}}^2} \tag{3.130}$$

式中，ω_{n} 为环路固有频率，ζ 为环路固有频率阻尼系数，有

$$\omega_{\mathrm{n}}=\sqrt{\frac{K}{\tau_1+\tau_2}} \tag{3.131}$$

$$\zeta=\frac{\omega_{\mathrm{n}}}{2}\left(\tau_2+\frac{1}{K}\right) \tag{3.132}$$

式中，环路总增益 $K=K_\varphi K_{\mathrm{VCO}}$。如果 74HC4046 引脚 4 和引脚 3 之间接分频器，则环路总增益 $K=\frac{K_\varphi K_{\mathrm{VCO}}}{N}$，其中 N 为分频系数。

ω_{n} 和 ζ 影响二阶锁相环路的暂态响应。一般取 $\zeta\leqslant1$，环路工作于欠阻尼状态，其过渡过程是衰减振荡，但 ζ 过小时，会产生较大的过冲。ω_{n} 的取值与鉴相器工作频率 f_{R} 有关，f_{R} 越低，则 ω_{n} 取值也应越低。ω_{n} 同时影响过渡过程的稳定时间，ω_{n} 越低，稳定时间越长，捕捉过程变慢，同时捕捉带缩小。

③ 计算低通滤波器元件参数。

确定低通滤波器形式后，选取合适的 ω_{n} 和 ζ。ω_{n} 一般可取输入信号中心角频率 $2\pi f_0$ 的十分之一或更小，ζ 可取 0.1～0.7。由 ω_{n}、ζ 计算出 τ_1、τ_2，从而确定 R_3、R_4、C_2 的大小。

④ 计算解调输出回路元件参数。

引脚 10 解调输出端的负载电阻 R_5 的取值范围是 $50\ \mathrm{k}\Omega\leqslant R_5\leqslant200\ \mathrm{k}\Omega$，由调制信号频率决定 R_{13}、C_{11} 组成的低通滤波器的参数。

四、实验内容

(1) 设计锁相鉴频器。

设计一个如图 3.23 所示的锁相鉴频器，解调调频信号，中心频率 $f_0=455\ \mathrm{kHz}$，频偏

$\Delta f_m=25$ kHz，输入控制电压范围为 $V_c=1.5\sim3.5$ V，取 $C_1=1\ 000$ pF，$C_2=0.01\ \mu$F。$V_c=1.5$ V 时，压控振荡器输出最低频率 $f_{min}=f_0-\Delta f_m$；$V_c=3.5$ V 时，压控振荡器输出最高频率 $f_{max}=f_0+\Delta f_m$。确定 R_1、R_2 和 R_3、R_4 的大小。

(2) 调整 74HC4046 压控振荡器的输出频率范围。

将 R_1、R_2 和 R_3、R_4 调整为设计值。拨码开关 S_1 置于 2，将 74HC4046 压控振荡器输入引脚 9 与电位器 W_1 相连，断开锁相环路。调节电位器 W_1，改变压控振荡器的控制电压 V_c，用示波器观察压控振荡器输出端 J_3 的波形，并用频率计测量输出频率 f，记入表 3.36 中，绘制压控振荡器 f-V_c 控制特性曲线，并求得压控振荡器增益 K_{VCO}。若不满足设计要求，可以微调 R_2 改变 f_{min}，微调 R_1 改变 f_{max}。

表 3.36　压控振荡器特性测量数据

V_c/V	0	0.5	1	1.5	2	2.5	3	3.5	4	4.5	5
f/kHz											

(3) 测量锁相环路的锁定范围。

拨码开关 S_1 置于 1，将 74HC4046 压控振荡器输入引脚 9 与低通滤波器输出端相连，拨码开关 S_2 置于 2，选择鉴相器 PD_2 构成锁相环路。高频波形发生器输出频率为 455 kHz、峰峰值为 100 mV_{pp}的正弦波，接入 J_1 输入端，用示波器观察压控振荡器输出端 J_3 的波形。分别逐步增大和减小输入信号频率，用频率计测量压控振荡器输出端 J_3 的频率，观察压控振荡器输出频率是否跟踪输入信号频率的变化，记录锁相环路的锁定范围。

(4) 测量鉴频器鉴频特性曲线。

高频波形发生器输出载波频率为 455 kHz、峰峰值为 100 mV_{pp} 的调频波，频偏 $\Delta f_m=10$ kHz，调制信号频率为 1 kHz，接入 J_1 输入端，用示波器在鉴频器输出端 J_2 观察解调后的音频信号。

改变调频波的频偏 Δf，用示波器在鉴频器输出端 J_2 观察解调后的音频信号，在表 3.37 中记录不同频偏时鉴频器输出电压峰峰值 V_{opp}，绘制鉴频特性曲线，并计算鉴频跨导和鉴频频带宽度。

表 3.37　鉴频特性曲线测量数据

Δf/kHz	2	4	6	8	10	12	14	16	18	20
V_{opp}/V										

五、研究与思考

(1) 分别使用 74HC4046 的 3 个不同鉴相器进行鉴频，其鉴频特性曲线有什么不同？

(2) 如何为 74HC4046 设计一个锁相环路锁定指示电路？

(3) 如何测量 74HC4046 锁相环路的捕捉带和同步带？

(4) 由 74HC4046 构成的锁相器的鉴频特性曲线的线性度与哪些元件参数有关？

3.8.3　斜率鉴频器和加法型相位鉴频器

一、实验目的

(1) 了解斜率鉴频器与相位鉴频器的工作原理和设计方法。

(2) 熟悉鉴频器鉴频特性曲线的测量方法。

(3) 了解寄生调幅对斜率鉴频器与相位鉴频器的影响。

(4) 熟悉耦合电容对电容耦合相位鉴频器工作的影响。

二、实验仪器

高频波形发生器、数字示波器、频率计、直流稳压电源、扫频仪。

三、实验原理

(1) 实验电路。

调频波通过频率-振幅线性变换网络,可转换为调频调幅波,其载波的瞬时频率和幅度都随调制信号同步变化,可以通过检波器恢复调制信号。具有上述功能的鉴频器包括斜率鉴频器、加法型相位鉴频器、比例鉴频器、晶体鉴频器。

斜率鉴频器利用 LC 并联谐振回路幅频特性曲线的倾斜区,将调频波变换成调频调幅波。斜率鉴频器分为单失谐回路斜率鉴频器和双失谐回路斜率鉴频器,如图 3.24 所示。单失谐回路斜率鉴频器有一个 LC 并联谐振回路,输入调频波的中心频率 f_0 位于其幅频特性曲线的倾斜区。调频波在 f_0 附近的频偏,将引起输出电压幅度的变化,经包络检波器检测出调幅波的幅度,解调出调制信号。双失谐回路斜率鉴频器由两个单失谐回路斜率鉴频器连接而成,两个并联谐振回路的谐振频率分别位于调频波的中心频率 f_0 两侧,两条幅频特性曲线关于中心频率 f_0 对称。调频波经两个失谐回路转换为两个相位差为 180°的调频调幅波,再经双二极管平衡检波器,得到两个反相的包络信号,然后相减恢复出调制信号。双失谐回路斜率鉴频器的鉴频带宽比单失谐回路宽,鉴频特性具有良好的线性,适用于解调较大频偏的调频波。

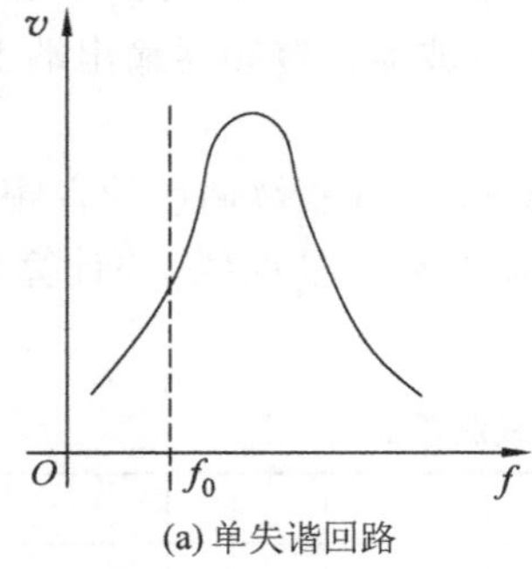

(a) 单失谐回路

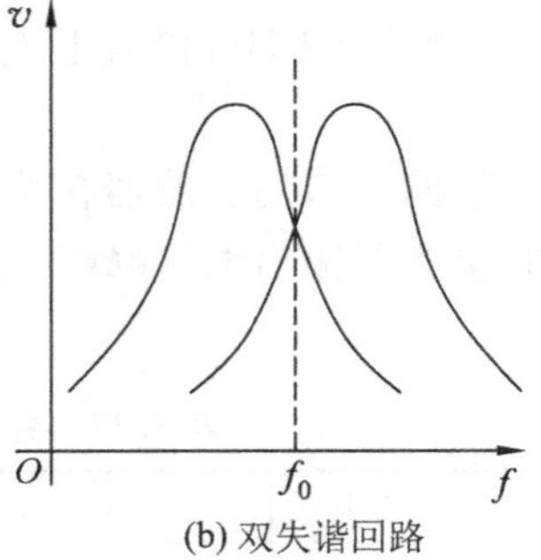

(b) 双失谐回路

图 3.24 斜率鉴频原理

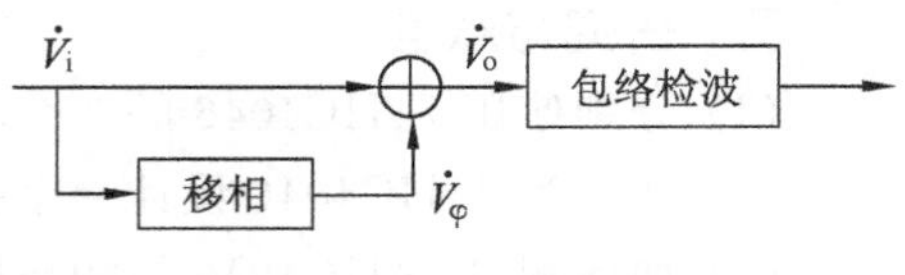

图 3.25 加法型相位鉴频器的工作原理框图

加法型相位鉴频器的工作原理框图如图 3.25 所示。调频波 $\dot{V}_i$ 经过一个线性移相网络变换为调频调相波 $\dot{V}_\varphi$,然后与原调频波 $\dot{V}_i$ 进行矢量相加。移相网络一般采用电感耦合或电容耦合型耦合振荡回路。电容耦合相位鉴频器初级和次级谐振回路的调谐与耦合调整互不影响,易于调节。与斜率鉴频器不同,加法型相位鉴频器的初级和次级谐振回路都调谐于调频波的中心频率。当调频波的频偏在耦合振荡回路通频带之内时,$\dot{V}_i$ 和 $\dot{V}_\varphi$ 矢量的振幅几乎保持恒定,而其相位差随频偏变化,导致合成矢量 $\dot{V}_o$ 的幅度也跟随

频偏变化，经包络检波器恢复出调制信号。与斜率鉴频器相比，相位鉴频器线性好，鉴频跨导大，但鉴频频带宽度窄，适用于频偏较小的调频波解调。为了扩大线性鉴频范围，加法型相位鉴频器通常采用双二极管平衡检波。

图 3.26 为斜率鉴频器与相位鉴频器电路。

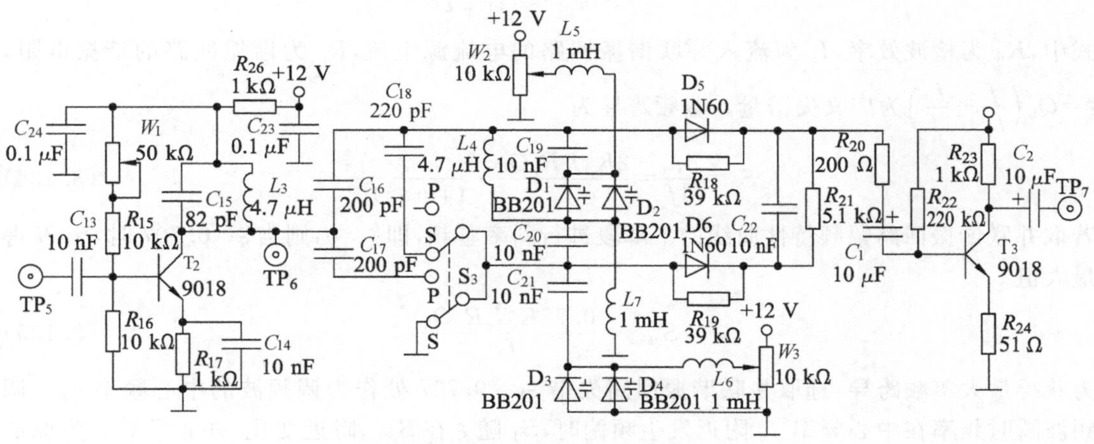

图 3.26 斜率鉴频器与相位鉴频器

S_3 开关拨向 S 端时为单失谐回路斜率鉴频器。T_2 组成共射放大电路对输入调频波进行放大，采用耦合振荡回路作为频率-振幅线性变换网络。L_3 和 C_{15} 构成初级谐振回路，L_4、C_{18} 和变容管 D_1、D_2 构成次级谐振回路，调节 W_2 可改变次级谐振频率，C_{16} 为耦合电容。D_5 为包络检波二极管，R_{21} 和 C_{22} 构成低通滤波器，D_6 不工作。解调后的调制信号经 T_3 放大后从 TP_7 输出。

S_3 开关拨向 P 端时为加法型相位鉴频器，采用电容耦合。该电路是电容耦合相位鉴频器的一种变形，采用电容 C_{16}、C_{17} 分压代替原来的线圈抽头，对称性好，并可省去初级和次级间的隔直电容。采用耦合振荡回路作为频率-振幅线性变换网络，初级回路由 C_{15} 和 L_3 组成，次级回路由 C_{16}、C_{17}、L_4 和变容管 D_1、D_2 组成，初级和次级都调谐在中心频率处。TP_6 的初级回路电压加到分压电容 C_{16}、C_{17} 的中心点上，作为鉴频器的输入调频波 $\dot{V}_i$。同时初级回路电压 $\dot{V}_i$ 经变容管 D_3、D_4 的结电容耦合到次级回路，在次级回路 L_4 两端转换为调频调相波 $\dot{V}_\varphi$，在 C_{16}、C_{17} 上形成分压。调节 W_3 可以改变耦合电容的大小。检波器采用并联型双二极管平衡检波器，检波负载电阻 R_{18}、R_{19} 与检波二极管 D_5、D_6 并联。D_5、D_6 的输入电压分别为合成矢量 $\dot{V}_i+\frac{\dot{V}_\varphi}{2}$，$\dot{V}_i-\frac{\dot{V}_\varphi}{2}$，鉴频器输出电压为两个包络检波器输出电压之差。

(2) 性能指标及测量方法。

斜率鉴频器和相位鉴频器的主要性能指标如鉴频跨导、鉴频频带宽度、鉴频灵敏度，与乘法型相位鉴频器相同。

(3) 设计方法。

根据设计任务提出的主要技术指标，如调频波的中心频率 f_c 和频偏 Δf_m 等，可以按下列步骤设计斜率鉴频器和加法型相位鉴频器。

① 斜率鉴频器设计。

以单失谐回路斜率鉴频器设计为例，若采用并联谐振回路作为频率-振幅线性变换网络，经过包络检波器后，输出电压为

$$v_o = K_d I_s R_p \frac{1}{\sqrt{1+\xi^2}} \tag{3.133}$$

式中，K_d 为检波效率，I_s 为流入并联谐振回路的电流源电流，R_p 为谐振回路的谐振电阻，$\xi = Q_L\left(\frac{f}{f_0} - \frac{f_0}{f}\right)$为广义失谐量。鉴频跨导为

$$S_d = \frac{dv_o}{df} = \frac{2K_d I_s R_p Q_L}{f_0} \cdot \frac{\xi}{(1+\xi^2)^{3/2}} \tag{3.134}$$

若取并联谐振回路幅频特性曲线的下降段进行斜率鉴频，即 $\xi > 0$，则当 $\xi = 0.707$ 时，S_d 获得最大值

$$S_{dmax} = \frac{0.77 K_d I_s R_p Q_L}{f_0} \tag{3.135}$$

为获得最大鉴频跨导，选取并联谐振回路失谐 $\xi_0 = 0.707$ 处作为调频波的中心频率 f_c。调频波瞬时频率在中心频率 f_c 附近发生频偏时，S_d 随 ξ 在 S_{dmax} 附近变化，并非常数。为保证鉴频特性曲线基本线性，S_d 应基本不变。归一化鉴频跨导为

$$\alpha = \frac{S_d}{S_{dmax}} = \frac{\xi}{0.385(1+\xi^2)^{3/2}} \tag{3.136}$$

归一化鉴频跨导曲线如图 3.27 所示。取 $\alpha = 0.9$，可解得 $\xi_1 = 0.46$，$\xi_2 = 1.04$，则在 (ξ_1, ξ_2) 区间内可认为 S_d 基本不变。频偏关于中心频率 $\xi_0 = 0.707$ 处对称，因此频偏 Δf_m 处广义失谐量 $\xi_m = \xi_1 - \xi_0 = 0.24$。由 $\xi \approx Q_L \frac{2\Delta f}{f_0}$可得

$$\xi_m \approx Q_L \frac{2\Delta f_m}{f_0} \tag{3.137}$$

另有

$$\xi_0 \approx Q_L \frac{2(f_c - f_0)}{f_0} \tag{3.138}$$

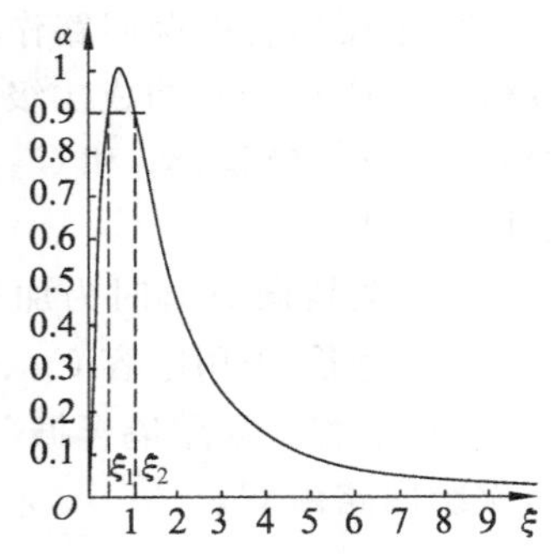

图 3.27 归一化鉴频跨导曲线

已知调频波的中心频率 f_c 和频偏 Δf_m，可根据式(3.137)和式(3.138)求得 Q_L 和 f_0，据此设计并联谐振回路。

斜率鉴频器的性能在很大程度上取决于并联谐振回路的品质因数 Q_L。由式(3.135)可知，R_p 越大，则 Q_L 越高，最大鉴频跨导 S_{dmax} 也越大。但由式(3.137)可知，Q_L 越高，可线性解调的频偏 Δf_m 越小。

② 加法型相位鉴频器设计。

对于图 3.26 所示的采用电容分压的电容耦合相位鉴频器，将次级谐振回路由高抽头向低抽头转换，等效变换为无抽头的耦合振荡回路。设初级、次级回路参数相同，初级、次级回路谐振频率等于调频波中心频率 f_c，则初级回路电压为

$$\dot{V}_i = \frac{(1+j\xi)\dot{I}_s R_p}{(1+j\xi)^2 + \eta^2} \tag{3.139}$$

调频调相波$\dot{V}_{\varphi}$为

$$\dot{V}_{\varphi}=\frac{\mathrm{j}\eta\dot{I}_{s}R_{p}}{(1+\mathrm{j}\xi)^{2}+\eta^{2}} \tag{3.140}$$

式中，R_p 为谐振回路的谐振电阻，I_s 为流入初级回路的电流源电流。当输入信号频率等于调频波中心频率 f_c 时，$\xi=0$，$\dot{V}_{\varphi}$ 超前$\dot{V}_i$ 的相角为$\frac{\pi}{2}$；输入信号频率大于调频波中心频率 f_c 时，$\xi>0$，$\dot{V}_{\varphi}$ 超前$\dot{V}_i$ 的相角小于$\frac{\pi}{2}$；输入信号频率小于调频波中心频率 f_c 时，$\xi<0$，$\dot{V}_{\varphi}$ 超前$\dot{V}_i$ 的相角大于$\frac{\pi}{2}$。

经过两个包络检波器后，鉴频器输出电压为

$$v_o=K_d(V_{D5}-V_{D6})=K_dR_pI_s\Psi(\xi,\eta) \tag{3.141}$$

式中，K_d 为检波效率，$\Psi(\xi,\eta)$为

$$\Psi(\xi,\eta)=\frac{\sqrt{1+\left(\xi+\frac{\eta}{2}\right)^{2}}-\sqrt{1+\left(\xi-\frac{\eta}{2}\right)^{2}}}{\sqrt{(1+\eta^{2}-\xi^{2})^{2}+4\xi^{2}}} \tag{3.142}$$

鉴频特性主要取决于 $\Psi(\xi,\eta)$。以 η 为参变量、ξ 为自变量的 $\Psi(\xi,\eta)$ 曲线如图 3.28 所示。由曲线可知，耦合较弱时，鉴频跨导大，但线性范围小；耦合较强时，线性范围大，但鉴频跨导小。$\eta>3$ 后，继续增大 η，曲线峰值基本不再增大。因此通常选取 η 为 1～3。由 $\Psi(\xi,\eta)$曲线可知，曲线峰值大约发生在 $\xi=\eta$ 处，因此有

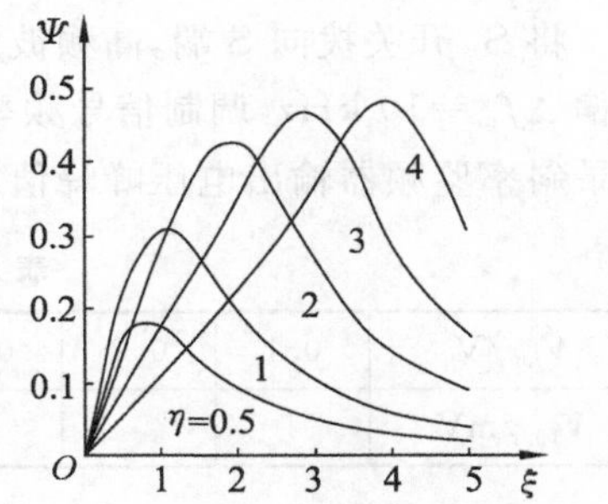

图 3.28　鉴频特性 $\Psi(\xi,\eta)$ 曲线

$$\eta\approx Q_L\frac{2\Delta f_m}{f_c} \tag{3.143}$$

另有

$$\eta=kQ_L \tag{3.144}$$

已知调频波的中心频率 f_c 和频偏 Δf_m，选定 η 后，可根据式(3.143)和式(3.144)求得 Q_L 和 k，据此设计初次级谐振回路，确定耦合电容。由式(3.141)可知，R_p 越大，则 Q_L 越高，鉴频输出电压也越大，但由式(3.143)可知，此时可线性解调的频偏 Δf_m 也越小。

四、实验内容

(1) 设计斜率鉴频器和加法型相位鉴频器。

分别设计一个斜率鉴频器和加法型相位鉴频器，解调调频信号，中心频率 $f_c=$ 6.3 MHz，频偏 $\Delta f_m=25$ kHz，画出电路图，确定元器件型号和参数，并列出元件清单。

(2) 测量斜率鉴频器的鉴频特性曲线。

将 S_3 开关拨向 S 端，高频波形发生器输出载波频率为 6.3 MHz、幅度为 1 V_{pp} 的调频波，频偏 $\Delta f_m=10$ kHz，调制信号频率为 1 kHz，接入 TP_5 输入端，用示波器观察并记录鉴频输出端 TP_7 的波形。若没有波形或波形失真，可调节 W_1、W_2。

改变输入调频波频偏，在表 3.38 中记录不同频偏时鉴频器输出电压峰峰值 V_{opp}，绘制鉴频特性曲线，并计算鉴频跨导和鉴频频带宽度。

表 3.38　斜率鉴频器鉴频特性曲线的测量数据

Δf/kHz	5									100
V_{opp}/mV										

(3) 测量加法型相位鉴频器的鉴频特性曲线。

将 S_3 开关拨向 P 端，高频波形发生器输出载波频率为 6.3 MHz、幅度为 1 V_{pp} 的调频波，频偏 Δf_m=10 kHz，调制信号频率为 1 kHz，接入 TP_5 输入端，用示波器观察并记录鉴频输出端 TP_7 的波形。若没有波形或波形失真，可调节 W_1、W_2、W_3。

改变输入调频波频偏，在表 3.39 中记录不同频偏时鉴频器输出电压峰峰值 V_{opp}，绘制鉴频特性曲线，并计算鉴频跨导和鉴频频带宽度。

表 3.39　加法型相位鉴频器鉴频特性曲线的测量数据

Δf/kHz	5									100
V_{opp}/mV										

(4) 研究载波幅度对鉴频器的影响。

将 S_3 开关拨向 S 端，高频波形发生器输出载波频率为 6.3 MHz、幅度 1 V_{pp} 的调频波，频偏 Δf_m=10 kHz，调制信号频率为 1 kHz，接入 TP_5 输入端，改变载波幅度，在表 3.40 中记录斜率鉴频器输出电压峰峰值 V_{opp}。

表 3.40　载波幅度对鉴频器的影响

V_{ipp}/V	0.1	0.2	0.3	0.4	0.5	0.6	0.7	0.8	0.9	1
V_{opp}/mV										

将 S_3 开关拨向 P 端，对加法型相位鉴频器重复上述实验。

五、研究与思考

(1) 如何设计双失谐回路斜率鉴频器？

(2) 对于加法型相位鉴频器，为什么次级回路调谐不准确会影响鉴频特性曲线的零点？而初级回路调谐不准确会造成鉴频特性曲线关于零点不是奇对称？

(3) 输入信号幅度发生变化时，斜率鉴频器和加法型相位鉴频器的鉴频特性曲线有什么变化？

3.9　遥控编码电路

一、实验目的

(1) 掌握 NE555 时基集成电路的工作原理和应用。

(2) 掌握 NE555 构成的多谐振荡器的工作原理和设计方法。

(3) 了解 NE555 构成的调制电路。

二、实验仪器

低频波形发生器、数字示波器、频率计、直流稳压电源。

三、实验原理

(1) 实验电路。

NE555 是一种时基集成电路，可以构成单稳态电路、双稳态电路和无稳态多谐振荡电路，应用十分广泛，可实现定时、消抖动、分频、倍频、方波输出、频率检测、电源变换、比较、锁存、反相、整形等功能。

图 3.29 是 NE555 的内部结构，NE555 由 2 个比较器、RS 触发器、放电三极管和输出驱动电路组成。

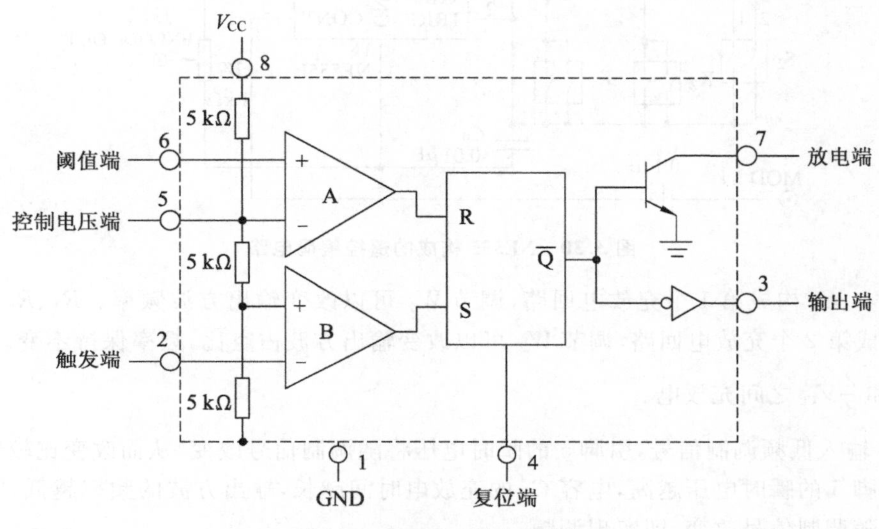

图 3.29　NE555 的内部结构

内部电阻构成分压电路，提供$\frac{1}{3}V_{CC}$和$\frac{2}{3}V_{CC}$的参考电压，分别与触发输入端引脚 2 和阈值输入端引脚 6 的输入电压做比较。比较器的输出分别接 RS 触发器的 R 端和 S 端，控制 RS 触发器输出端 $\overline{Q}$ 的电平，从而改变放电三极管引脚 7 的导通状态和输出端引脚 3 的电平。引脚 4 是复位端，接低电平时引脚 3 输出低电平。引脚 5 是控制电压端，可以改变比较器的参考电压。NE555 的逻辑功能如表 3.41 所示。

表 3.41　NE555 的逻辑功能

复位端 引脚 4	触发端 引脚 2	阈值端 引脚 6	触发器 R 端	触发器 S 端	输出端 引脚 3	放电端 引脚 7
低	任意	任意	不定	不定	低	导通
高	$<\frac{1}{3}V_{CC}$	任意	不定	高	高	截止
高	$>\frac{1}{3}V_{CC}$	$>\frac{2}{3}V_{CC}$	高	低	低	导通
高	$>\frac{1}{3}V_{CC}$	$<\frac{2}{3}V_{CC}$	低	低	不变	不变

由 NE555 构成的遥控编码电路如图 3.30 所示。NE555 工作于多谐振荡器模式，按下

K_1、K_2 键时，J_2 端分别输出不同频率的方波，不同的频率代表不同的遥控指令，可以被遥控解码电路识别。

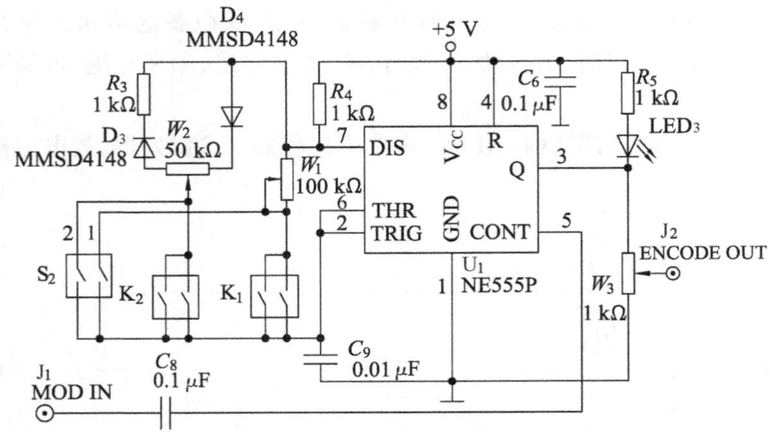

图 3.30　NE555 构成的遥控编码电路

R_4、W_1、C_9 构成第 1 个充放电回路，调节 W_1 可以改变输出方波频率。R_4、R_3、W_2、C_9、D_3、D_4 构成第 2 个充放电回路，调节 W_2 可以改变输出方波占空比，频率保持不变。电容 C_9 在 $\frac{1}{3}V_{CC}$ 和 $\frac{2}{3}V_{CC}$ 之间充放电。

从 J_1 输入低频调制信号，引脚 5 的瞬时电压将随调制信号改变，从而改变比较器的参考电压。引脚 5 的瞬时电压越高，电容 C_9 的充放电时间越长，输出方波的频率越低，输出方波的频率将随调制信号改变，即实现调频。

(2) 设计方法。

根据设计任务提出的主要技术指标，如输出方波的频率和占空比等，可以计算充放电回路电阻和电容的大小。

① 频率调节。

对于 R_4、W_1、C_9 构成的第 1 个充放电回路，充电时间为

$$t_H = 0.7(R_4 + W_1)C_9 \tag{3.145}$$

放电时间为

$$t_L = 0.7W_1C_9 \tag{3.146}$$

振荡周期为

$$t = t_H + t_L = 0.7(R_4 + 2W_1)C_9 \tag{3.147}$$

调节 W_1 可以改变输出方波频率。

对于 R_4、R_3、W_2、C_9、D_3、D_4 构成的第 2 个充放电回路，忽略二极管的正向导通压降，充电时间为

$$t_H = 0.7(R_4 + W_{2R})C_9 \tag{3.148}$$

放电时间为

$$t_L = 0.7(R_3 + W_{2L})C_9 \tag{3.149}$$

W_{2L}、W_{2R} 分别表示 W_2 与 D_3、D_4 相接的部分电阻。振荡周期为

$$t = t_H + t_L = 0.7(R_3 + R_4 + W_2)C_9 \tag{3.150}$$

输出方波频率为固定值。

② 占空比调节。

对于 R_4、W_1、C_9 构成的第 1 个充放电回路，占空比为

$$D=\frac{t_H}{t}=\frac{R_4+W_1}{R_4+2W_1} \tag{3.151}$$

若 $R_4 \ll W_1$，则 $D \approx 50\%$。

对于 R_4、R_3、W_2、C_9、D_3、D_4 构成的第 2 个充放电回路，占空比为

$$D=\frac{t_H}{t}=\frac{R_4+W_{2R}}{R_3+R_4+W_2} \tag{3.152}$$

调节 W_2 可以改变输出方波占空比。若 $R_3 \ll W_1$，$R_4 \ll W_1$，则占空比主要取决于 W_2，可以在很宽范围内调整。

四、实验内容

(1) 设计遥控编码电路。

设计由 NE555 构成的遥控编码电路，按下 K_1 键时，输出 1 kHz 方波；按下 K_2 键时，输出 2 kHz 方波，占空比为 50%，画出电路图，确定元器件型号和参数，列出元件清单。

(2) 测量方波频率调节范围。

对于图 3.30 所示的遥控编码电路，拨码开关 S_2 置于 1，调节电位器 W_1，用示波器观察输出端 J_2 的波形，并用频率计测量输出频率调节范围。

(3) 测量方波占空比调节范围。

拨码开关 S_2 置于 2，调节电位器 W_2，用示波器观察输出端 J_2 的波形，测量并计算占空比调节范围，同时观察发光二极管 LED_3 的亮度变化。

(4) 观察 NE555 构成的调频电路。

拨码开关 S_2 置于 1，调节电位器 W_1，使输出频率为 1 kHz，从 J_1 加入频率为 100 Hz、峰峰值为 4 V_{pp} 的三角波作为调制信号，用示波器观察并记录输出端 J_2 的波形。逐渐将三角波峰峰值从 4 V_{pp} 减小至 0.5 V_{pp}，观察输出端 J_2 的波形变化。

五、研究与思考

(1) 如何用 NE555 设计一个频率可调、占空比固定为 50% 的方波振荡电路？

(2) 对于实验内容(4)的调频电路，加入频率为 100 Hz、峰峰值为 4 V_{pp} 的三角波时，试计算充电时间、放电时间和频率的变化范围。

(3) 如何用 NE555 设计一个 PWM 电路？

3.10 遥控解码电路

一、实验目的

(1) 掌握 LM567 音调解码器的工作原理和应用。

(2) 掌握由 LM567 构成的频率检测电路的工作原理和设计方法。

二、实验仪器

低频波形发生器、数字示波器、频率计、直流稳压电源。

三、实验原理

(1) 实验电路。

LM567 是一种音调解码器,应用十分广泛,可实现电话按键音检测、频率检测和控制、精密振荡器、FSK 解调、超声波和红外遥控解码等功能。

图 3.31 是 LM567 的内部结构,包含一个锁相环路,由 2 个正交鉴相器、电流控制振荡器、环路放大器、输出比较器组成。

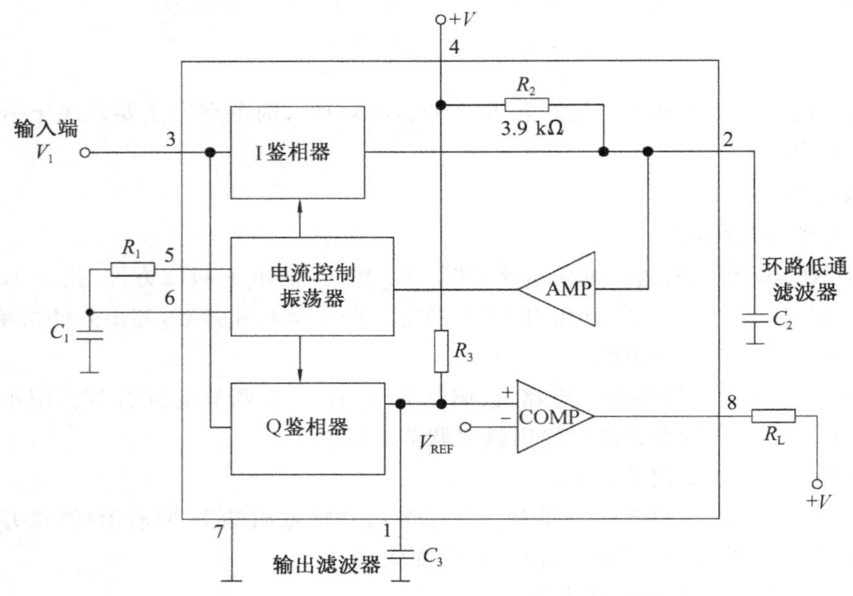

图 3.31　LM567 内部结构

电流控制振荡器的中心频率由引脚 5 和引脚 6 的外接电阻 R_1、电容 C_1 决定,通过引脚 2 的电压可以在一个很窄的范围内改变其振荡频率。

用 2 个正交鉴相器比较引脚 3 输入信号和振荡器输出信号的频率与相位,只有当两者频率相同时,才产生一个稳定的输出。引脚 3 的外接电容 C_2 和内部电阻 R_2 构成环路低通滤波器,I 鉴相器输出的相位误差信号经过环路低通滤波器,控制电流控制振荡器的振荡频率,使之与输入信号相同。引脚 1 的外接电容 C_3 和内部电阻 R_3 构成输出滤波器,决定输出延迟时间,Q 鉴相器输出的相位误差信号经过输出滤波器,送到输出比较器。比较器的输出端引脚 8 为集电极开路输出,当锁相环路锁定时,输出三极管导通。

LM567 的中心频率可以设置为 0.01 Hz～500 kHz,检测带宽可以设定在±7%内的任何值。输入采用交流耦合时,可以检测的输入信号的最小电压为 20 mV_{rms}。LM567 可能误锁在倍频和分频谐波频率上。

由 LM567 和 74HC74 构成的双通道遥控解码电路如图 3.32 所示,LM567 的锁相环路实现频率检测,74HC74 实现双稳态触发。

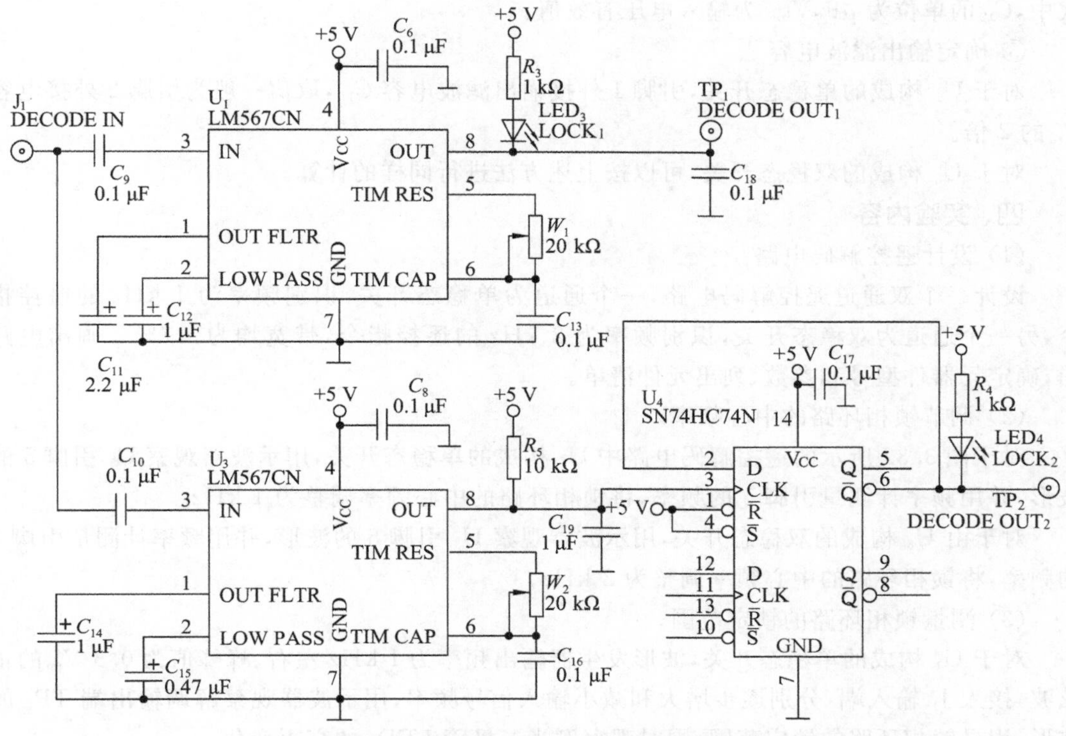

图 3.32　LM567 和 74HC74 构成的双通道遥控解码电路

U_1 及外围电路构成单稳态开关，输出端 TP_1 平时为高电平，发光二极管 LED_3 熄灭。J_1 的输入信号经电容耦合送入 U_1，如果输入信号频率和 W_1、C_{13} 设定的中心频率一致，则 TP_1 输出高电平，发光二极管 LED_3 点亮。

U_3、U_4 及外围电路构成双稳态开关。J_1 的输入信号经电容耦合送入 U_3，如果输入信号频率和 W_2、C_{16} 设定的中心频率一致，则 U_3 引脚 8 输出负脉冲，送到 U_4 的引脚 3，双稳态电路输出端 TP_2 的电平就翻转一次，发光二极管 LED_4 亮灭状态也发生翻转。

TP_1、TP_2 的输出电平可用于单稳态和双稳态开关控制。

(2) 设计方法。

根据设计任务提出的主要技术指标，如遥控解码的中心频率 f_0 和带宽 BW 等，可以按下列步骤进行设计。

① 确定电流控制振荡器外围元件。

对于 U_1 构成的单稳态开关，引脚 5 和引脚 6 的外接电阻、电容决定中心频率 f_0，有

$$f_0 = \frac{1}{1.1 W_1 C_{13}} \tag{3.153}$$

W_1 的取值一般为 2～20 kΩ。

② 计算环路低通滤波电容。

对于 U_1 构成的单稳态开关，引脚 2 外接的环路低通滤波电容 C_{12} 和带宽 BW 之间存在下列关系：

$$BW = 1\,070 \sqrt{\frac{V_{\text{irms}}}{f_0 C_{12}}}\,\% \tag{3.154}$$

式中，C_{12}的单位为 μF，V_{irms}为输入电压有效值。

③ 确定输出滤波电容。

对于 U_1 构成的单稳态开关，引脚 1 外接输出滤波电容 C_{11}，取值一般为引脚 2 外接电容 C_{12}的 2 倍。

对于 U_3 构成的双稳态开关，可以按上述方法进行同样的计算。

四、实验内容

(1) 设计遥控解码电路。

设计一个双通道遥控解码电路，一个通道为单稳态开关，识别频率为 1 kHz 的遥控指令，另一个通道为双稳态开关，识别频率为 2 kHz 的遥控指令，带宽均为±7%。画出电路图，确定元器件型号和参数，列出元件清单。

(2) 调节锁相环路的中心频率。

对于图 3.32 所示的遥控解码电路中 U_1 构成的单稳态开关，用示波器观察 U_1 引脚 5 的波形，并用频率计测量引脚 5 的频率，将锁相环路的中心频率调整为 1 kHz。

对于由 U_3 构成的双稳态开关，用示波器观察 U_3 引脚 5 的波形，并用频率计测量引脚 5 的频率，将锁相环路的中心频率调整为 2 kHz。

(3) 测量锁相环路的锁定范围。

对于 U_1 构成的单稳态开关，波形发生器输出频率为 1 kHz 左右、峰峰值为 0.5 V_{pp}的正弦波，接入 J_1 输入端，分别逐步增大和减小输入信号频率，用示波器观察解调输出端 TP_1 的波形，记录锁相环路的锁定范围，同时观察发光二极管 LED_3 的亮灭变化。

对于 U_3 构成的双稳态开关，波形发生器输出频率为 2 kHz 左右、峰峰值为 0.5 V_{pp}的正弦波，接入 J_1 输入端，分别逐步增大和减小输入信号频率，观察发光二极管 LED_4 的亮灭变化，记录锁相环路的锁定范围。

(4) 观察 LM567 误锁现象。

对于由 U_1 构成的单稳态开关，波形发生器输出峰峰值为 4 V_{pp}的正弦波，从 100 Hz～10 kHz 逐步增大输入信号频率，记录在哪些频率上会发生锁定。

五、研究与思考

(1) 如何避免 LM567 发生误锁？

(2) 对于由 U_2 构成的双稳态开关，如何改进电路以避免误触发？

(3) 如何用 LM567 设计一个 DTMF 信号检测电路？

第 4 章　综合模拟电子线路实验

4.1　温度传感器的调理电路

一、实验目的

(1) 了解信号调理电路的主要功能。

(2) 掌握信号调理中的常用电路。

(3) 熟悉电桥电路测量原理。

(4) 掌握误差分析方法。

二、实验仪器

直流稳压电源、数字万用表。

三、实验原理

来自传感器的微弱信号经过信号调理电路进行放大、滤波或比较等处理，变换为归一化的电压信号，送入模数转换器进行数据采集，或变换为开关信号，完成其他控制功能。

图 4.1 为温度传感器调理电路。温度传感器采用 Pt100 热电阻，在 0～650 ℃的测温范围内，其特性为

$$R_t = R_0(1 + At + Bt^2) \tag{4.1}$$

其中，$A = 3.968\,47 \times 10^{-3}$，$B = -5.847 \times 10^{-7}$，$R_0 = 100\ \Omega$. 表 4.1 给出了 0～100 ℃中几个温度对应的电阻值。

表 4.1　热电阻分度表

温度/℃	0	10	20	30	40	50	60	70	80	90	100
电阻值/Ω	100	104.0	107.9	111.9	115.8	119.7	123.6	127.5	131.4	135.2	139.1

温度测量采用电桥电路。为使输出电压灵敏度达到最大，桥臂电阻必须满足下列条件：$R_1 = R_2 = R$，$R_{W1} = R_0$，$R_t = R_0 + \Delta R$。

电桥的输出电压为

$$\Delta V = \frac{\Delta R}{2(2R_0 + \Delta R)}E \tag{4.2}$$

式中，E 为电桥供电电压。电桥的不平衡输出电压经过由 A_1、A_2 构成的仪表放大器进行放大。放大器为同相输入的差分放大电路，其增益为 $A_v = 1 + \frac{R_6}{R_5}$。放大后的电压信号送入由 A_3、A_4 构成的窗口比较器，超出设定的温度范围时进行报警。

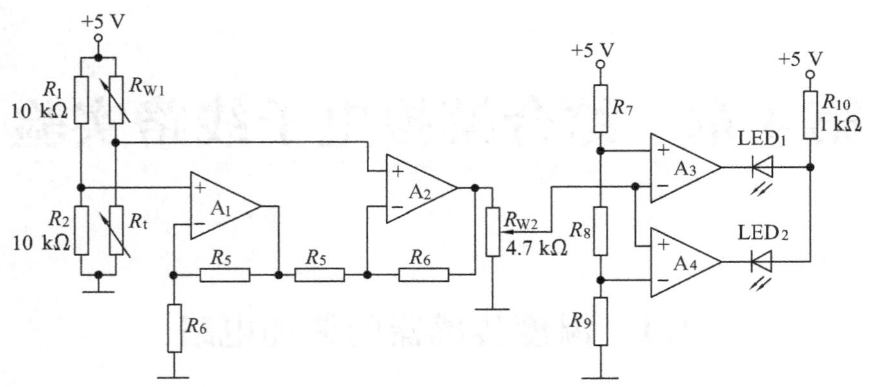

图 4.1 温度传感器调理电路

四、实验内容

(1) 仪表放大器电路设计。

设计一个仪表放大器电路，要求温度范围为 0～100 ℃时，输出电压为 0～2.5 V，确定电阻 R_5、R_6 的值和运放型号。

(2) 温度报警电路设计。

设计一个窗口比较器，要求温度范围超过 20～40 ℃时，比较器输出低电平，点亮发光二极管，计算 2 个阈值电压，确定电阻 R_7、R_8 和 R_9 的值(可取 $R_7+R_8+R_9=10\ \text{k}\Omega$)，以及比较器型号。

(3) 温度变送电路调整和测试。

按照电路设计的结果，完成电路连接，用电位器代替热电阻，电源电压取±5 V。分别调节 R_{W1}、R_{W2} 进行零点和满量程调整，使 0 ℃时的输出电压为 0，100 ℃时的输出电压为 2.5 V。在 0～100 ℃间选取多个温度点，测量放大电路的输出电压，记录在表格中。

(4) 温度报警电路测试。

调节电位器模拟温度变化，测出窗口比较器的 2 个阈值电压。

五、研究与思考

(1) 说明设计电路参数的过程。

(2) 画出仪表放大器的灵敏度曲线 V_o-t，分析产生非线性误差的原因。

(3) 图 4.1 中电位器 R_{W2} 起什么作用？

4.2 sin *x* 函数的近似解

一、实验目的

(1) 了解如何用模拟电路实现复杂的数学运算。

(2) 进一步掌握乘法器和运放电路的应用。

二、实验仪器

直流稳压电源、数字万用表、数字示波器。

三、实验原理

将函数 $\sin x$ 用泰勒级数展开，忽略高次项，有

$$\sin x \approx x-\frac{x^3}{3!} \tag{4.3}$$

由此可见，$\sin x$ 函数在电路上可通过立方电路和求差电路实现。设计电路时应考虑 x 的度数和弧度之间的转换，可增加一个比例电路实现转换。

四、实验内容

(1) 设计一个模拟电路，实现 $\sin x$ 的近似求解，画出电路图，确定元器件型号和参数，列出元件清单。

(2) 安装调试电路，测试结果，并分析误差。

五、研究与思考

(1) 如何提高函数 $\sin x$ 的求解精度？

(2) 还有哪些函数可用模拟电路求出其近似解？

4.3　混沌电路

一、实验目的

(1) 了解混沌现象的基本概念。

(2) 了解混沌电路的几种电路形式。

(3) 熟悉根据状态方程设计混沌电路的方法。

二、实验仪器

直流稳压电源、数字万用表、数字示波器。

三、实验原理

混沌是确定性的非线性系统产生的一种伪随机现象。混沌系统的模型以确定的非线性常微分方程描述，具有初值敏感性，一般通过数值方法求解。与随机系统不同，混沌系统的状态是可以重现的。

能产生混沌信号的振荡电路称为混沌电路，常见的电路形式有负阻 LC 振荡器、RC 移相振荡器、文氏电桥振荡器、LC 考毕兹振荡器。电路状态方程的参数变化时，振荡电路会出现衰减振荡、等幅振荡、增幅振荡，以及振荡周期的变化。选取电路中独立的电容电压和电感电流作为状态变量，可以列出混沌电路的状态方程。通过构建混沌电路，并观察状态变量的波形，可以获得状态方程的解，而不需要通过数值方法求解。在某一时刻，混沌电路中 n 个状态变量的解，可以用 n 维空间中的一个点表示。当时间变化时，n 个状态变量的解表示为 n 维空间的一条曲线，称为相图。

蔡氏电路是一种简单的混沌电路，由一个线性电阻、一个非线性电阻、一个电感和两个电容组成，是一个三维连续自治混沌系统。三个状态变量是两个电容两端的电压和流过电感的电流。可以将蔡氏电路的状态方程，改写为无量纲蔡氏方程。其中一种状态方程组的形式为

$$\frac{1}{\tau}\cdot\frac{\mathrm{d}x}{\mathrm{d}t}=-\alpha_2 x+\alpha y+\alpha_3 f(x) \tag{4.4}$$

$$\frac{1}{\tau}\cdot\frac{\mathrm{d}y}{\mathrm{d}t}=x-y+z \tag{4.5}$$

$$\frac{1}{\tau}\cdot\frac{\mathrm{d}z}{\mathrm{d}t}=-\beta y \tag{4.6}$$

式(4.4)～式(4.6)引入归一化积分时间常数 τ,可以调整状态变量的频率变化范围,以便于观察电路中的波形,但不会影响系统的混沌特性。

电路中的非线性由式(4.4)中的分段线性函数 $f(x)$ 实现,有

$$f(x)=\frac{1}{2}(|x+1|-|x-1|) \tag{4.7}$$

如果使用电阻、电容和运放实现上述状态方程,则 3 个状态变量 x、y、z 可以选择为 3 个电容电压。状态变量的导数,如式(4.6) 中的$\frac{\mathrm{d}z}{\mathrm{d}t}$,可以用图 4.2 所示的积分电路实现,式(4.4)中的$\frac{\mathrm{d}x}{\mathrm{d}t}$可以用图 4.3 所示的比例积分电路实现。状态方程右侧的加减运算,可以用运放构成的加法和减法电路实现。

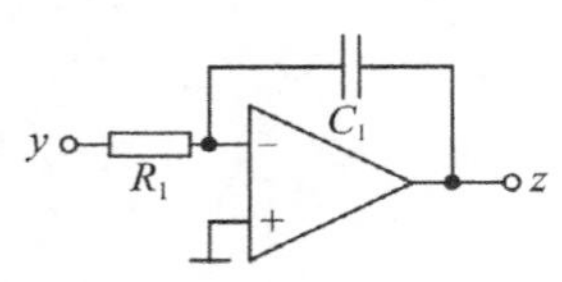

图 4.2 积分电路

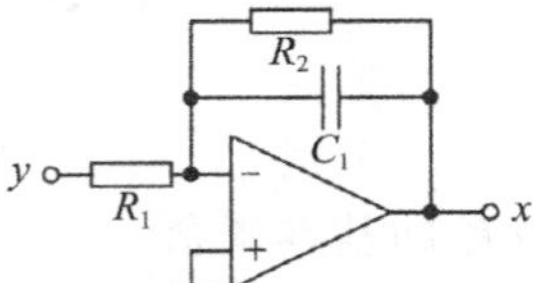

图 4.3 比例积分电路

式(4.7) 中的非线性函数 $f(x)$,可以用图 4.4 所示的运放构成的限幅电路实现,图 4.4(b)中$+V_{\mathrm{om}}$、$-V_{\mathrm{om}}$是运放的正负饱和输出电压。

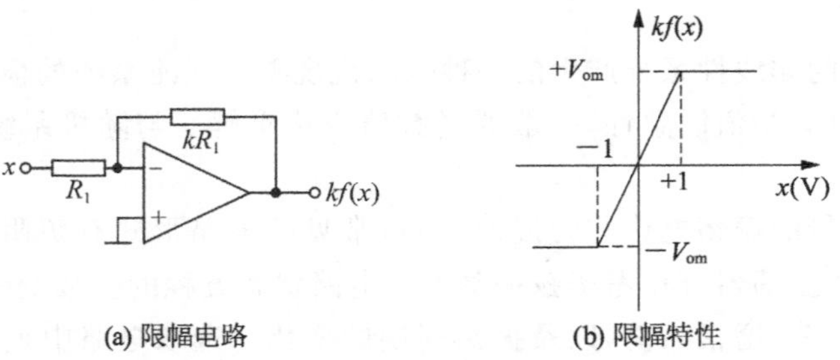

(a) 限幅电路 (b) 限幅特性

图 4.4 限幅电路及限幅特性

四、实验内容

(1) 设计混沌电路。

设计一个无量纲蔡氏混沌电路,实现式(4.4)～式(4.7)的状态方程组。选取 $\alpha_2=2.56$,$\alpha_3=4$,$\alpha=6\sim12$,$\beta=12\sim30$,α、β 可通过电位器调节。画出电路图,确定元器件型号和参数,列出元件清单。

(2) 观察混沌现象。

根据设计的电路图,完成电路连接。

取 $\beta=14$,缓慢调节 α,从 6 增大到 12,观察状态变量 x、y 的时域波形,并将示波器置于 X-Y 模式,通过李沙育图形观察混沌电路的相图。

取 $\alpha=10$,缓慢调节 β,从 12 增大到 30,观察 x、y 的时域波形及相图。

五、研究与思考

(1) 如何在混沌电路中施加状态变量的初始值？

(2) 设计混沌电路时，如何避免其中的线性运放电路（如积分电路、加减法电路）进入限幅状态？

(3) 如何扩大混沌电路信号的频率变化范围？

4.4　程控多路开关稳压电源

一、实验目的

(1) 了解升降压 DC/DC 变换电路的工作原理。

(2) 熟悉稳压电源输出电压的程控方法。

二、实验仪器

直流稳压电源、数字万用表。

三、实验原理

模拟电路通常需要正负电源，数字电路也需要多种不同电压的正电源。为满足电路实验的供电需求，可以制作一个多路输出的通用稳压电源模块，由常用的移动电源作为输入，通过 DC/DC 变换，产生多路输出电压，输出电压可以手动调节或由程序控制。

图 4.5 为程控多路开关稳压电源的电路图，图中画出了一路正电压和一路负电压电路，可扩展为多路输出。输入电压来自 USB 插座 J_5，可通过 USB 线，连接移动电源的 5 V 输出。J_1 为输出电压插座，采用插拔式接线端子形式。J_2 为程控插座，采用双排插针，可以连接单片机。电路具有升降压功能，输出电压 ±0.8～±12 V 可调，单路电源输出功率大于 5 W。

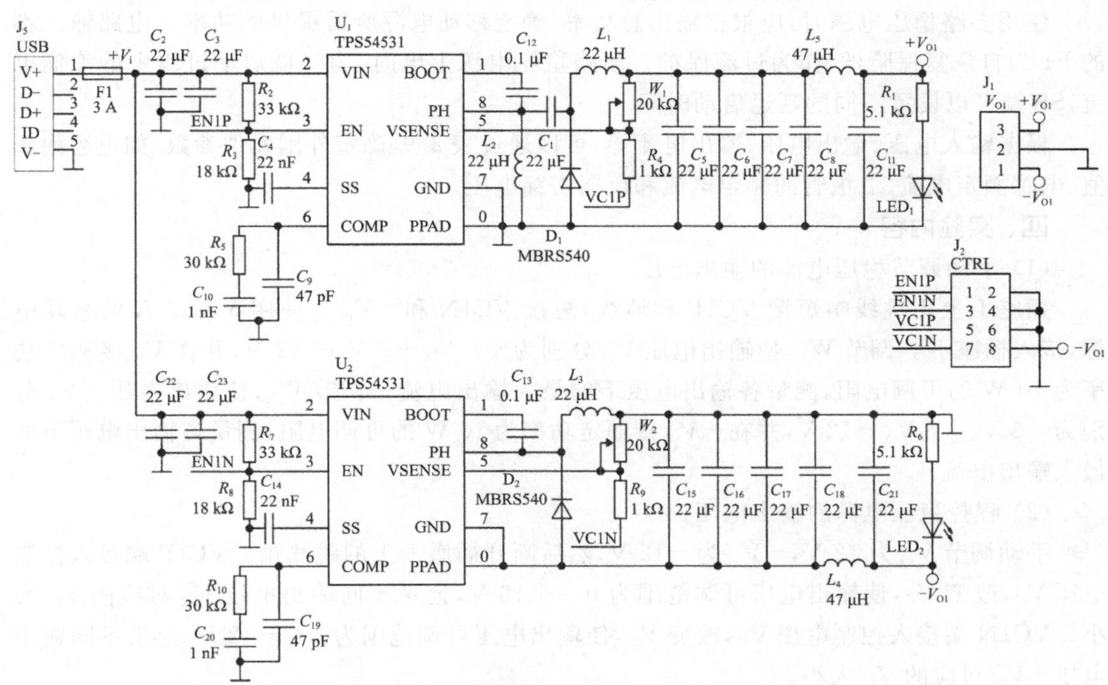

图 4.5　程控多路开关稳压电源的电路

正电压电路采用 BUCK 芯片构成的 ZETA 拓扑结构。U_1内部的 MOS 开关管和 L_2、C_1、D_1、L_2、C_5～C_8构成 ZETA 结构，PH 是 MOS 管的输出端。L_5和 C_{11}构成低通滤波器，进一步滤除纹波。EN 为使能端，高电平时芯片工作。SS 端外接电容 C_4，可以设置延时启动时间。COMP 为内部误差放大器的输出端，外接元件用于补偿系统频率特性。BOOT 和 PH 之间接自举电容 C_{12}，以驱动内部的高端 MOS 开关管。VSENSE 是内部误差放大器的输入端，当 VC1P 端接地时，W_1 和 R_4 对输出电压进行分压取样，反馈至 VSENSE 端，调节 W_1可以改变输出电压。VC1P 端也可以外接控制电压 V_C，实现程控输出，此时输出电压为

$$V_{o1}=\left(1+\frac{W_1}{R_4}\right)V_R-\frac{W_1}{R_4}V_C \tag{4.8}$$

其中内部基准电压 $V_R=0.8\ \text{V}$。若调节 W_1，使 $\left(1+\frac{W_1}{R_4}\right)V_R=+12\ \text{V}$，则当 $V_C=0\sim\left(1+\frac{R_4}{W_1}\right)V_R$ 时，输出电压可调范围为 0～+12 V。

负电压电路采用 BUCK 芯片构成的 BUCK-BOOST 拓扑结构。U_2内部的 MOS 开关管和 L_3、D_2、C_{15}～C_{18}构成 BUCK-BOOST 结构。当 VC1N 端接芯片 GND 端时，W_2 和 R_9 对输出电压进行分压取样，反馈至 VSENSE 端，调节 W_2可以改变输出电压。VC1N 端也可以外接控制电压 V_C，实现程控输出，此时输出电压为

$$-V_{o1}=-\left(1+\frac{W_2}{R_9}\right)V_R+V_C \tag{4.9}$$

若调节 W_2，使$-\left(1+\frac{W_2}{R_9}\right)V_R=-12\ \text{V}$，则当 $V_C=0\sim\left(1+\frac{W_2}{R_9}\right)V_R$ 时，输出电压可调范围为 0～−12 V。

使用多路稳压电源时，应根据输出总功率，确定移动电源所需提供的功率。电路输入端的 F1 为自恢复保险丝，作为过流保护。多路稳压电源上电时，为降低启动过程中的浪涌电流，SS 端可以设置不同的延迟启动时间。

根据输入电压、输出电压、输出电流等，可以通过表 2.9，确定外围元件参数，如电容耐压值、电感额定电流、二极管的额定电流和反向击穿电压。

四、实验内容

(1) 手动调节稳压电源的输出电压。

插座 J_2上用跳线帽短接 VC1P 和地线，短接 VC1N 和$-V_{o1}$。使用 5 V、2 A 的移动电源，接入插座 J_5。调节 W_1，使输出电压 V_{o1}分别为+3 V、+5 V、+12 V，并在 V_{o1}接额定功率为 10 W 的可调电阻，测量各输出电压下的最大输出电流。调节 W_2，使输出电压$-V_{o1}$分别为−3 V、−5 V、−12 V，并在$-V_{o1}$接额定功率为 10 W 的可调电阻，测量各输出电压下的最大输出电流。

(2) 程控稳压电源的输出电压。

手动调节 V_{o1}为 12 V，$-V_{o1}$为−12 V，然后断开插座 J_2上的跳线帽。VC1P 端接入控制电压 V_C，改变 V_C，使输出电压可调范围为 0～+12 V，记录不同输出电压 V_{o1}对应的 V_C 大小。VC1N 端接入控制电压 V_C，改变 V_C，使输出电压可调范围为 0～−12 V，记录不同输出电压$-V_{o1}$对应的 V_C 大小。

五、研究与思考

(1) 分析 SEPIC 和 ZETA 两种升降压电路的优缺点。

(2) 开关电源芯片构成的稳压电路，有哪些方法可以实现输出电压的程控？

4.5 红外无线耳机

一、实验目的

(1) 熟悉基带传输型和调制型红外无线耳机的工作原理及优缺点。

(2) 了解红外无线耳机的调试方法。

二、实验仪器

低频波形发生器、数字示波器、频率计、数字万用表、直流稳压电源。

三、实验原理

(1) 基带传输型红外无线耳机。

红外无线耳机对音频信号进行无线传输，可以用来收听音乐、电视节目。红外无线耳机电路分基带传输型和调制型两类。基带传输型红外无线耳机用音频信号直接控制红外发射管的发光强度，并根据红外接收管的光强恢复原始音频信号，电路简单，但信号在传输过程中容易受外界干扰，音质不佳。调制型红外无线耳机先将音频信号调制到某一频率的载波上，产生调制波，再利用调制波对红外发射管进行调制。音频信号的调制可以采用调幅与调频，调频的音质优于调幅。

图 4.6 是一种基带传输型红外无线耳机电路，它由发射机和接收机两部分组成，图(a)为发射机电路，图(b)为接收机电路，均采用 9 V 层叠电池作为电源，以减小体积和重量。

在如图 4.6(a)所示的发射机电路中，晶体管 T_1 为调制驱动管，R_1、R_2 和 R_3 构成射极偏置电路，为 T_1 提供稳定的静态工作点。音频输入信号经电位器 W_1 由电容 C_1 耦合至晶体管 T_1 基极，叠加在静态偏置电压上，使 T_1 集电极电流随音频信号做相应的变化，改变了红外发射管 D_1～D_3 的工作电流，红外发射管发出被音频信号调制的调幅红外光。将 3 个红外管进行串联的目的是提高红外线发射功率。由于红外发光管的辐射角度有限，安装电路板时应将 3 个红外管错开一定角度排列，分别指向不同的方向，使接收机在任何方位都能接收到调幅红外光。

为保证传输的音频信号不失真，红外耳机发射机和接收机电路必须都有良好的线性。光电二极管比光电三极管具有更好的线性度，因此在如图 4.6(b)所示的接收机电路中，采用光电二极管D_4～D_7 和电阻 R_4 等构成红外接收电路，将 4 个红外光电二极管并联，安装时分别指向不同的方向，保证在任意方向都能够可靠接收。D_4～D_7 接收到调幅红外光时，光电流在电阻 R_4 产生随音频信号变化的输出电压，经电容 C_2 隔离直流，耦合到 T_2 基极的是交流音频信号，由 T_2 进行放大。电阻 R_5 引入电压负反馈，以稳定静态工作点和改善交流性能指标。

晶体管 T_3 和 R_7～R_9、C_4、C_6 组成自动电平控制电路，以保证在可接收的范围内，接收机和发射机间的距离发生变化时，接收的音量基本不变。晶体管 T_3 相当于压控电阻，集电极和发射极间的等效电阻取决于基极的控制电压。T_3 与 R_7、C_4 串联后接在 T_2 集电极，对输出信号进行分流衰减。T_2 的基极控制电压由 R_8、R_9 产生。R_8 和 C_6 构成低通滤波器，滤

除 R_4 上电压中的音频成分，使控制电压仅与接收到的红外光平均强度有关。收发距离较近时，接收到的红外光平均强度强，控制电压高，T_3 导通程度大，等效电阻小，T_2 输出信号旁路衰减多；收发距离较远时，旁路衰减少，从而自动调节输出电平。

晶体管 T_2 输出的音频信号经电容 C_3 送入功放集成电路 LM386 进行功率放大，驱动耳机。可以用两个 8 Ω 耳机串联，或采用两个 16 Ω 或 32 Ω 耳机并联，接在 LM386 输出端，分别用于两耳收听。

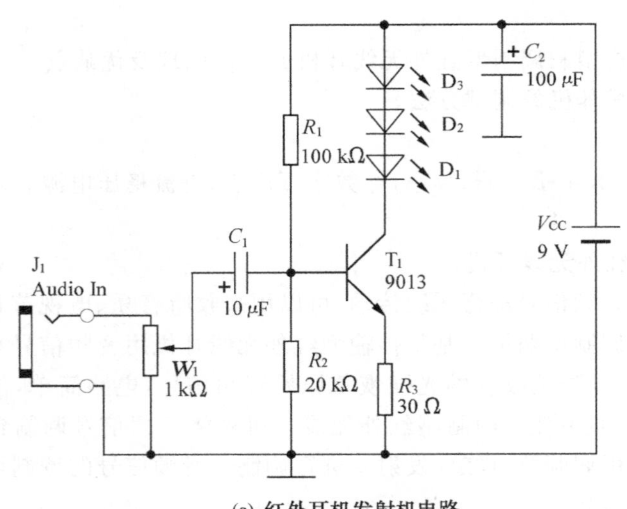

(a) 红外耳机发射机电路

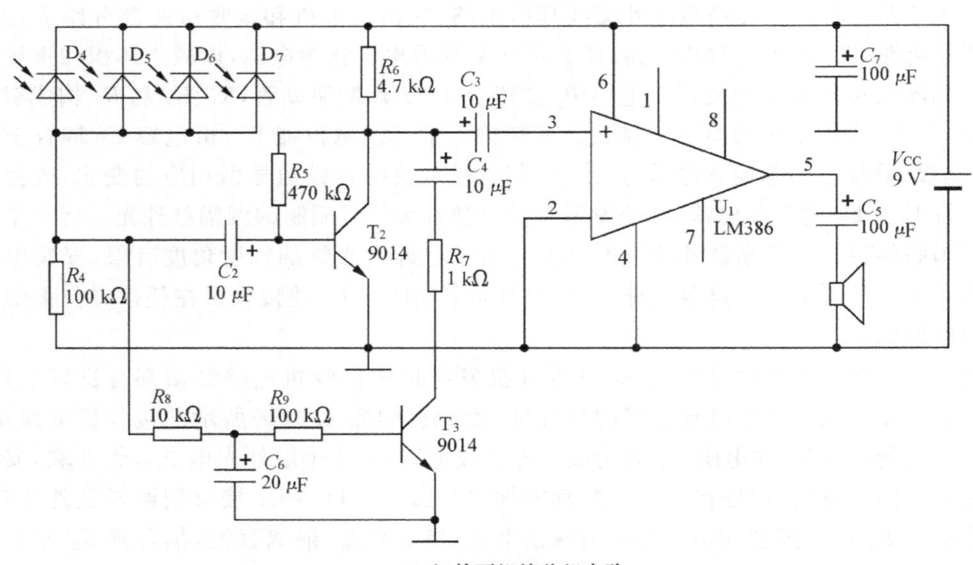

(b) 红外耳机接收机电路

图 4.6　基带传输型红外无线耳机电路

(2) 调制型红外无线耳机。

图 4.7 为调制型红外无线耳机电路，采用调频方式。

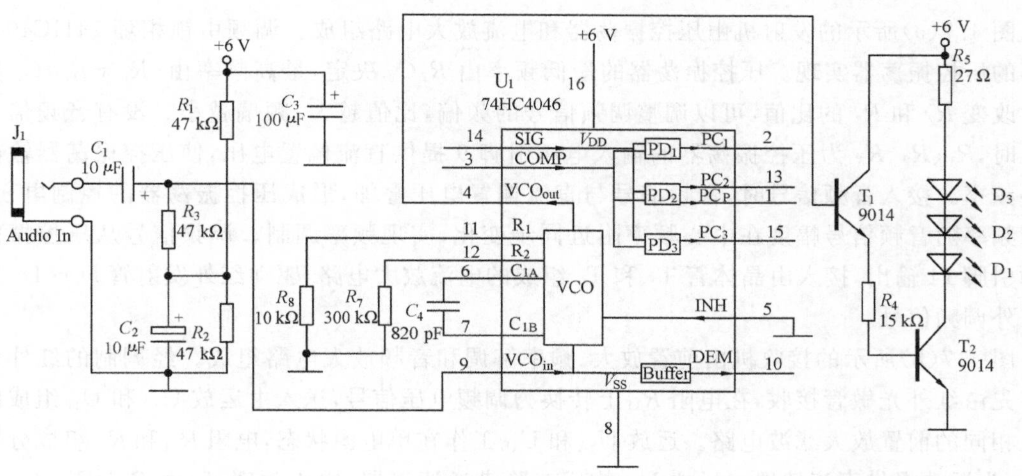

(a) 红外耳机发射器电路

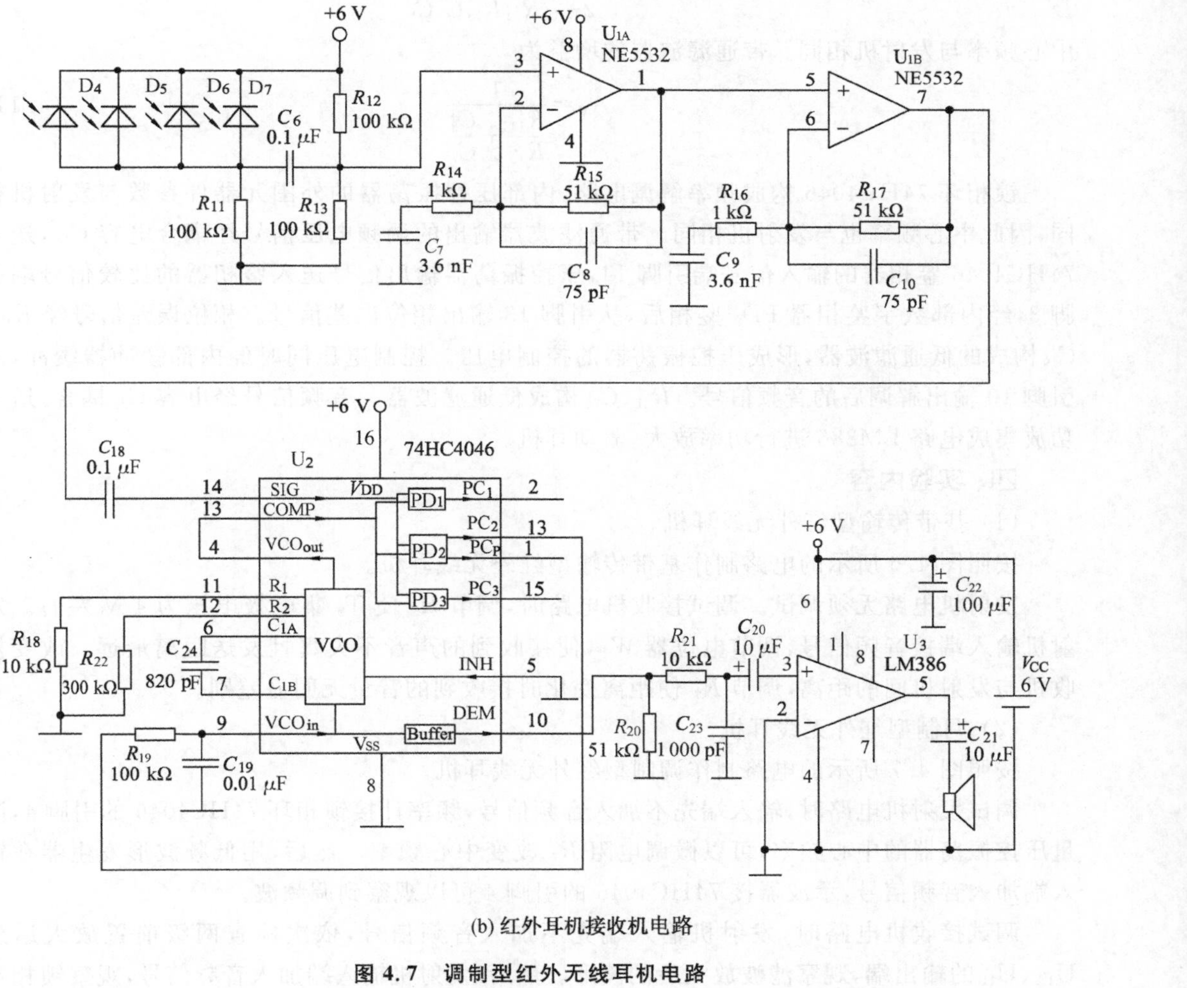

(b) 红外耳机接收机电路

图 4.7　调制型红外无线耳机电路

图 4.7(a)所示的发射机由压控振荡器和电流放大电路组成。调频由锁相环 74HC4046 内部的压控振荡器实现。压控振荡器的最低频率由 R_7C_4 决定，最高频率由 $(R_7+R_8)C_4$ 决定。改变 R_7 和 R_8 的比值，可以调整调频信号的频偏，比值越大，频偏越小。没有音频信号输入时，R_1、R_2、R_3 为压控振荡器的输入电压引脚 9 提供直流偏置电压，使压控振荡器输出中心频率。接入音频信号时，音频信号与直流偏置电压叠加，形成压控振荡器的控制电压，输出频率随音频信号幅度在中心频率附近同步变化，实现频率调制。调频信号从压控振荡器的引脚 14 输出，接入由晶体管 T_1 和 T_2 组成的电流放大电路，驱动红外发射管 D_1～D_3 发送红外调频信号。

图 4.7(b)所示的接收机由前置放大、频率解调和音频放大电路组成。经调制的红外信号首先由红外光敏管接收，在电阻 R_{11} 上转换为调频电压信号，送入由运放 U_{1A} 和 U_{1B} 组成的两级相同的前置放大滤波电路。运放 U_{1A} 和 U_{1B} 工作在单电源状态，电阻 R_{13} 和 R_{12} 组成分压电路，为运放提供直流偏置。运放 U_{1A} 构成二阶带通滤波器，中心频率 f_0 由 R_{14}、R_{15}、C_7 和 C_8 决定，即

$$f_0=\frac{1}{2\pi\sqrt{R_{14}R_{15}C_7C_8}} \tag{4.10}$$

中心频率与发射机相同。带通滤波器的增益为

$$A_V=\frac{1}{\dfrac{R_{14}}{R_{15}}+\dfrac{C_8}{C_7}} \tag{4.11}$$

锁相环 74HC4046 构成频率解调电路，内部压控振荡器的外围元器件参数与发射机相同，因此中心频率也与发射机相同。带通滤波器输出的调频电压信号经耦合电容 C_{18}，送入 74HC4046 鉴相器的输入信号端引脚 14，压控振荡器输出信号送入鉴相器的比较信号端引脚 3，经内部数字鉴相器 PD_2 鉴相后，从引脚 13 输出相位误差信号。相位误差信号经 R_{19}、C_{19} 构成的低通滤波器，形成压控振荡器的控制电压。控制电压同时经内部缓冲器缓冲，从引脚 10 输出解调后的音频信号。R_{21}、C_{23} 构成低通滤波器。音频信号经电容 C_{20} 耦合，送入功放集成电路 LM386 进行功率放大，驱动耳机。

四、实验内容

(1) 基带传输型红外无线耳机。

按照图 4.6 所示的电路制作基带传输型红外无线耳机。

发射机电路无须调试。调试接收机电路时，调节 R_5 使 T_2 集电极电压为 4 V 左右。发射机输入端接音频信号，调节电位器 W_1，使接收到的声音不失真且发送距离最远。改变接收机与发射机间的距离，调节 R_7 使距离变化时接收到的音量无明显差别。

(2) 调制型红外无线耳机。

按照图 4.7 所示的电路制作调制型红外无线耳机。

调试发射机电路时，输入端先不加入音频信号，频率计接锁相环 74HC4046 的引脚 4，测量压控振荡器的中心频率，可以微调电阻 R_7 改变中心频率。然后，用低频波形发生器在输入端加入音频信号，示波器接 74HC4046 的引脚 4 可以观察到调频波。

调试接收机电路时，发射机输入端先不加入音频信号，依次检查两级前置放大运放 U_{1A}、U_{1B} 的输出端，观察滤波放大后的波形。然后，发射机输入端加入音频信号，观察锁相环

U_2 解调输出的音频信号。可以根据发射端音频信号的动态范围，适当调整 R_7 和 R_8、R_{17} 和 R_{18} 的比值，使接收到的音频信号不失真。

五、研究与思考

(1) 对于图 4.6 所示的基带传输型红外无线耳机，传输过程中的非线性失真可能由哪些原因引起？

(2) 在如图 4.7 所示的调制型红外无线耳机中，如果已知发射机音频输入信号的幅度范围，应该如何设计发射机和接收机中压控振荡器的频率范围？如果接收机中前置放大器的通频带太窄，对音频信号的解调会有什么影响？

4.6　金属探测器

一、实验目的

(1) 熟悉差频式和感应平衡式金属探测器的工作原理。

(2) 了解金属探测器电路的调试方法。

二、实验仪器

数字示波器、频率计、数字万用表、直流稳压电源。

三、实验原理

(1) 差频式金属探测器。

金属探测器能探测是否存在金属物体及其位置，可用于安全检查、管线探查和电缆定位等。金属探测器按照电路工作原理可分为差频式、感应平衡式和脉冲感应式等。

图 4.8 是一种差频式金属探测器电路，由探测线圈、探测振荡器、参考振荡器、频率比较器和音频输出电路组成。探测振荡器和参考振荡器的频率几乎相同，工作在中波频率范围内。C_3、C_4、C_5、探测线圈 L 和反相器 U_{1A} 构成探测振荡器，可以通过 C_3 调整振荡频率，探测线圈可以是磁棒线圈或空心线圈。当探测线圈靠近金属物体时，线圈电感量发生变化，使探测振荡器的频率发生变化。参考振荡器由锁相环 74HC4046 内部的压控振荡器和 W_2、R_3、C_2 组成，可以通过 W_2 调整振荡频率，使其接近探测振荡器的振荡频率。R_5、发光二极管 LED_1 作为电源指示，同时 LED_1 的正向压降为压控振荡器提供控制电压。

探测振荡器的高频信号经反相器 U_{1B} 和 U_{1C} 缓冲后送入 74HC4046 的引脚 14，参考振荡器的高频信号送入引脚 3，两者经内部鉴相器 PD_1 进行相位比较，在引脚 2 输出探测信号和参考信号的差频。选择参考振荡信号频率，使之与探测信号的差频为音频信号。音频信号经反相器 U_{1E} 和 U_{1F} 缓冲，由 U_{1D} 驱动蜂鸣器发声。当探测线圈靠近金属物体时，输出音频信号频率发生变化，探测振荡器频率的微小变化，都会导致差频频率的极大变化，人耳很容易辨别出来。R_4、LED_2 利用鉴相器 PD_2 引脚 1 的相位锁定状态输出，指示探测结果。

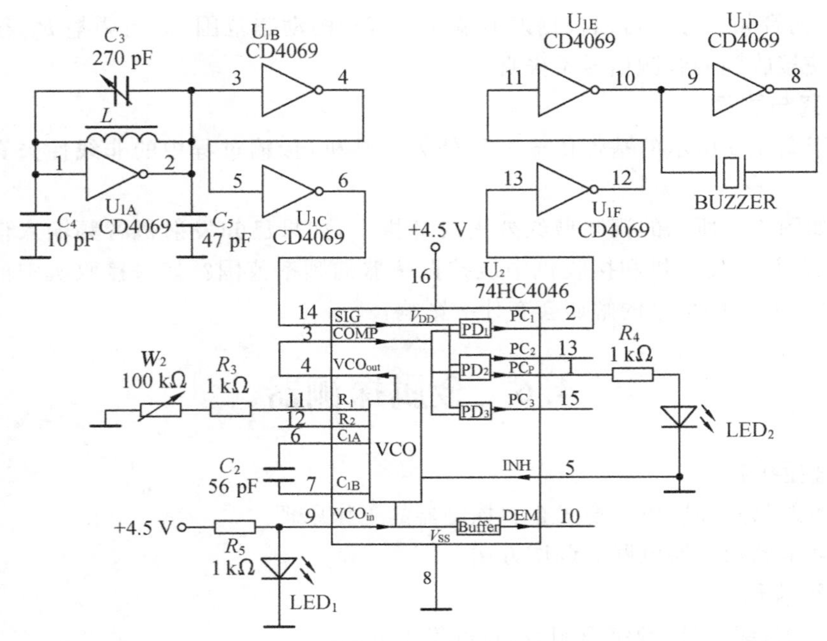

图 4.8　差频式金属探测器电路

(2) 感应平衡式金属探测器。

图 4.9 是感应平衡式金属探测器电路。

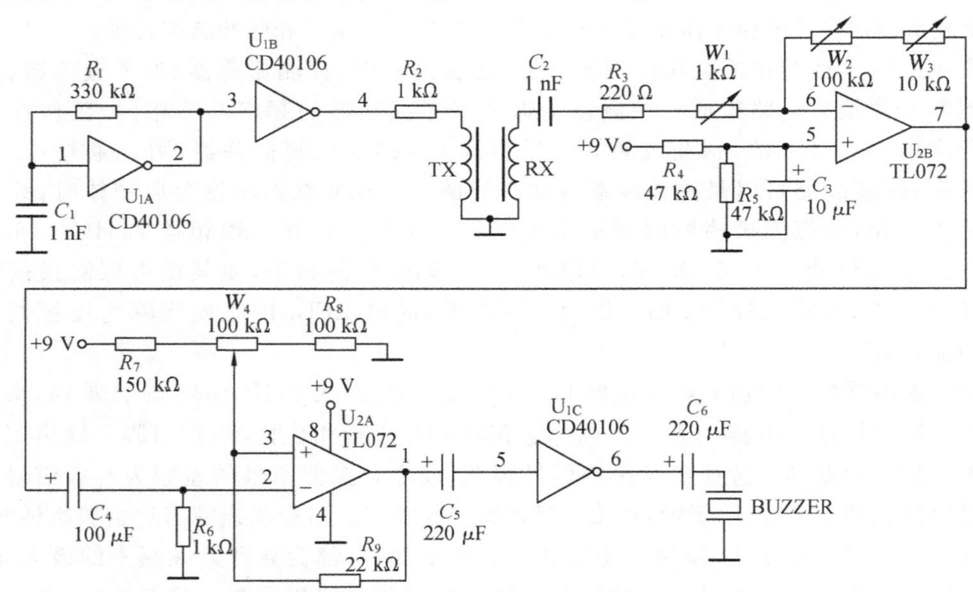

图 4.9　感应平衡式金属探测器电路

感应平衡式金属探测器的探测线圈包括两个线圈：一个发射线圈 TX 和一个接收线圈 RX。这种结构可以使铁磁性金属的信号被大幅度地衰减，从而提高非铁磁性金属的探测灵敏度。施密特反相器 U_{1A} 和 R_1、C_1 构成一个音频振荡器，振荡频率由 R_1、C_1 决定。方波信号经过反相器 U_{1B} 缓冲，驱动发射线圈，在线圈中产生一个交变的磁场。电阻 R_2 限制通过

发射线圈的峰值电流。

接收线圈部分叠放在发射线圈上，通过调整叠加量可以找到一个平衡位置。在这个平衡点上，接收线圈中的感应电压被抵消，探测器探头的输出信号极小。当金属物体进入线圈区域时，引起磁场不平衡，从而在接收线圈中产生检测信号。振荡器的频率是否稳定对于探测并不重要。

探测线圈的输出信号经电容 C_2 耦合至运放 U_{2B} 构成的放大器，W_1 用于匹配不同的探头，W_2、W_3 分别对放大器增益进行粗调和细调。运放 U_{2B} 工作于单电源状态，R_4、R_5 组成分压电路，提供偏置电压。

运放 U_{2B} 输出信号经过隔直电容 C_4 送入运放 U_{2A} 构成的迟滞电压比较器，电阻 R_7、R_8 和电位器 W_4 设置门限电压，R_9 形成正反馈。比较器的输出信号经电容 C_5 耦合至反相器 U_{1C}，缓冲后驱动蜂鸣器。U_{1C} 的输出端串联了隔直电容 C_6，因此也可以用扬声器或耳机代替蜂鸣器。当比较器输入信号的峰值小于门限电压时，比较器输出低电平，蜂鸣器不发声。当比较器输入信号的峰值小于门限电压时，比较器输出方波，蜂鸣器发声。

四、实验内容

(1) 差频式金属探测器。

按照图 4.8 所示的电路制作差频式金属探测器。

探测线圈使用磁棒线圈时，在直径为 5 mm、长度为 50 mm 的中波磁棒上，用直径为 0.2 mm 的单股高强度漆包线单层密绕 80 圈。探测线圈采用空心线圈时，使用直径为 0.26 mm 的漆包线，在直径为 30 mm 的圆形骨架上乱绕 100 圈，用绝缘带将线圈紧紧地缠绕在一起。然后制作静电屏蔽层，将 150 mm 长的单芯导线的一端剥开约 60 mm 外皮，将剥开的一端绕在线圈外的绝缘带上，然后用锡箔条绕在这根线和整个线圈上。锡箔不要缠满整个线圈，中间留 5 mm 的间隙。最后再用绝缘带在屏蔽层上紧绕一层，并将屏蔽层接地，可以将金属探测器电路装入金属屏蔽盒内，探测线圈置于屏蔽盒外，以避免人体感应的影响。

调试电路时，首先调节 C_3 使探测振荡器工作在中波频率范围内的某个频点，然后调节 W_2 改变参考振荡器频率，使其与探测信号频率的差频为音频。由于人耳对不同频率声音的敏感程度不同，对低频信号的分辨能力优于高频信号，所以较低的差频频率有助于提高检测灵敏度。在没有探测到金属时，差频声音频率的选择可以根据使用者的习惯加以调整，以这一频率点附近对频率变化最敏感为标准。

金属探测器可以探测铁磁性和非铁磁性金属。当铁等铁磁性金属靠近线圈时，线圈电感量增加，探测振荡器的输出信号频率降低。当铜、铝等非铁磁性金属靠近线圈时，线圈电感量减小，探测振荡器的输出信号频率升高。用金属探测器分别探测铁磁性和非铁磁性金属，研究输出声音的音调变化有什么不同。

(2) 感应平衡式金属探测器。

按照图 4.9 所示的电路制作感应平衡式金属探测器。

探测用的接收线圈和发射线圈结构相同，以直径约 0.26 mm 的漆包线在直径为 150 mm 的骨架上绕 100 圈，绕制时标注线圈的首、尾端。每个线圈用绝缘带沿着圆周缠绕。接着，制作感应屏蔽层，以避免地面静电对探测线圈的电容效应。刮去发射线圈尾端及接收线圈首端上的一段漆皮，各焊接一段 100 mm 长的硬的裸导线，绕整个线圈缠绕一圈，以便在绝缘带上为感应屏蔽层提供电接触。然后，用 200 mm 宽的金属箔片绕着线圈的圆周缠绕，头尾之间保留一个约 10 mm 的间隙。最后，再用绝缘带紧紧缠绕线圈，每个线圈上焊接上单芯屏蔽音频电缆，电缆的屏蔽层焊接到线圈的静电屏蔽层上，屏蔽层接地。将接收线圈和发射线圈弯成字母 D 形，并将两个线圈 D 形的直边重叠在一起。

W_2 和 W_3 选用金属外壳、塑料轴的电位器，将外壳连地。调整 W_2、W_3 和 W_4 到其阻值的中间位置，调整 W_1，使其与 R_3 的总阻值为 1 kΩ。接通电源，电路会发出持续震鸣，然后拉开两个线圈的距离，在某一位置，蜂鸣器变为静默，表示此时接收线圈的电压为零。移动线圈过程中声音可能有几个峰值和极小值点，要仔细找到真正的静默位置。在静默和震鸣之间有一个临界点，蜂鸣器发出"噼啪"声。接着，将两个线圈沿着相邻的直边移动，同时调整 W_4，使蜂鸣器保持震鸣声，一直移动到不能保持大的震鸣声为止，线圈就定位在这一位置。当 W_4 设置正确时，任何中间的静默点都可以消除。

将两个线圈安放在坚硬的非金属基板上，小心地弯曲基板中央的线圈直边，直到找到临界点，然后彻底固定两个线圈。调整线圈直边无效时，可以微调 W_1。

使用时，打开电源，调整 W_2 和 W_3，直到在蜂鸣器的静默和震鸣之间听到"噼啪"声，如果在静默和震鸣之间听到"嗡嗡"声，可以调整 W_4。为改善检测效果，可以调整 W_2 和 W_3，使得发出人耳更敏感的快速"咔啦"声。将金属探测器靠近金属时，蜂鸣器会发出一声震鸣，表明探测器工作正常。受湿度、气温和电压变化的影响，探测器的临界点会变化，可以调整 W_2 和 W_3 重新寻找临界点。

五、研究与思考

(1) 在如图 4.8 所示的差频式金属探测器电路中，探测振荡器的工作频率对探测灵敏度有什么影响？对于某一特定工作频率，如何选择电感 L 的大小以提高灵敏度？

(2) 金属探测器为什么不容易探测出金属薄圆片？

4.7 高频 AGC 放大电路

一、实验目的

(1) 了解可变增益放大器的工作原理。

(2) 了解自动增益控制的实现方法。

(3) 熟悉信号强度检测的各种方法及其特点。

二、实验仪器

直流稳压电源、数字万用表、数字示波器。

三、实验原理

放大电路的输入信号动态范围较大时，需要对放大电路的增益进行控制。常见的可变增益放大器(VGA)芯片分为通过模拟电压控制增益的压控增益放大器(VCA)、通过芯片引脚数字控制的数字可变增益放大器和通过处理器接口控制的可编程增益放大器(PGA)。

通信设备的接收机中，需要自动增益控制(AGC)电路，通过检测接收信号强度，控制接收机中放大电路的增益，以维持接收机输出端的电压不变。发射机中，需要自动功率控制(APC)电路，通过检测发射信号强度，控制发射功率。

信号强度检测电路又称检波器，可分为峰值检波器和有效值检波器。峰值检波器检测信号的幅度，响应时间短，可检测脉冲幅度和信号包络。有效值检波器检测信号的有效值，

与波形形状无关，适用于复杂的调制波形。根据检波器输出电压与输入信号强度的关系，检波器可分为线性检波器和对数检波器。对数检波器的输出电压与输入信号强度呈对数关系，可表示更宽的动态范围。

图 4.10 是一个高频 AGC 放大电路，可工作于压控增益放大器或自动增益控制放大器模式。增益可调范围为 −20～+60 dB，输入电压峰峰值为 0.3 mV_{pp}～3 V_{pp}，最大输出电压峰峰值为 3 V_{pp}，输入信号频率范围为 10 kHz～100 MHz。放大电路由单电源 5 V 供电，电路中交流信号都叠加了 2.5 V 直流偏置电压。

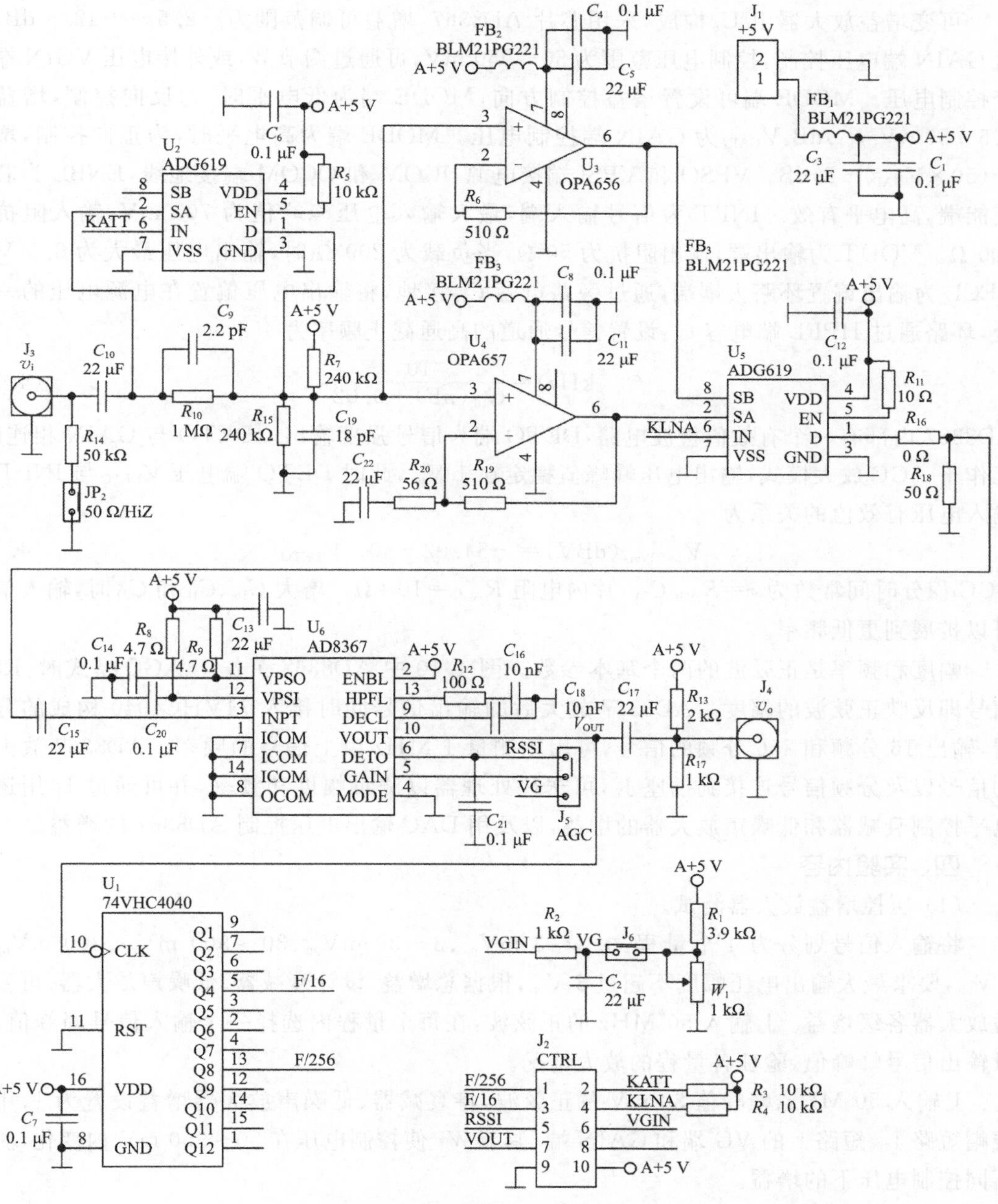

图 4.10　高频 AGC 放大电路

AGC 放大电路由 3 级电路组成，包括衰减器、低噪声放大器、可变增益放大器。

输入信号 v_i 从 SMA 插座 J_3 接入，经 C_{10} 交流耦合后送入衰减器，输入阻抗可以通过跳线开关 JP_2 选择 50 Ω 或高阻。衰减器由 R_{10}、C_9 和 R_7、R_{15}、C_{19} 阻容分压网络构成，衰减倍数为 10 倍。模拟开关 U_2 的控制端 KATT 为低电平时，R_{10}、C_9 被短路，输入信号不衰减。

低噪声放大器由运放 U_3、U_4 构成，U_3 为电压跟随器，U_4 为增益 10 倍的同相放大器。模拟开关 U_5 的控制端 KLNA 为低电平时，低噪声放大器增益为 10 倍，KLNA 为高电平时，低噪声放大器增益为 1 倍。

可变增益放大器由 U_6 构成，采用芯片 AD8367，增益可调范围为 $-2.5\sim+42.5$ dB，通过 GAIN 端电压控制，控制电压范围为 50～950 mV，可通过调节 W_1 或外接电压 VGIN 端改变控制电压。MODE 端可设置增益控制方向，MODE 端为低电平时，为反向控制，增益为 $(45-50\times V_{GAIN})$ dB，V_{GAIN} 为 GAIN 端控制电压。MODE 端为高电平时，为正向控制，增益为 $(50\times V_{GAIN}-5)$ dB。VPSO 和 VPSI 端接电源，ICOM 和 OCOM 端接地线，ENBL 为芯片使能端，高电平有效。INPT 为信号输入端，最大输入电压峰峰值为 700 mV，输入阻抗为 200 Ω。VOUT 为输出端，输出阻抗为 50 Ω，当负载为 200 Ω 时，输出电压最大为 3.5 V_{pp}。DECL 为输出偏置环路去耦端，通过旁路电容 C_{18} 接地，将输出电压偏置在电源电压的一半处，环路通过 HPFL 端电容 C_{16} 设置信号通道的高通截止频率为

$$f_{HP}(\text{kHz})=\frac{10}{C_{16}(\text{nF})+0.02} \tag{4.12}$$

AD8367 内部有一个有效值检波电路，DETO 端为信号强度输出。DETO 与 GAIN 相连时，工作于 AGC 放大模式，输出电压峰峰值稳定在 1 V_{pp}，此时 DETO 端电压 V_{DETO} 与 INPT 端输入电压有效值的关系为

$$V_{INPTrms}(\text{dBV})=-54.02+50\times V_{DETO} \tag{4.13}$$

AGC 积分时间常数为 $\tau=R_{AGC}C_{21}$，片内电阻 $R_{AGC}=10\ \text{k}\Omega$。增大 C_{16}、C_{18} 和 C_{21} 时，输入信号可以扩展到更低频率。

幅度和频率是正弦波的两个基本参数。图 4.10 中 AD8367 工作于 AGC 模式时，RSSI 信号即反映正弦波的幅度。AD8367 放大后的输出信号同时接入 74VHC4040 构成的分频器，输出 16 分频和 256 分频的信号，可用于测量 1 MHz 以上信号的频率。AD8367 放大后的信号以及分频信号连接到插座 J_2，可送往处理器以测量幅度和频率，并可通过 J_2 用逻辑电平控制衰减器和低噪声放大器的增益，以及用 DAC 输出电压控制 AD8367 的增益。

四、实验内容

(1) 压控增益放大器测试。

将输入信号划分为 4 个量程：0.3～3 mV_{pp}、3～30 mV_{pp}、30～300 mV_{pp}、300 mV_{pp}～3 V_{pp}，要求最大输出电压幅度不超过 3 V_{pp}，根据总增益，设计衰减器、低噪声放大器、可变增益放大器各级增益。J_3 输入 50 MHz 的正弦波，在每个量程内选择一个输入信号峰峰值，测量输出信号峰峰值，验证各量程的放大情况。

J_3 输入 50 MHz、峰峰值 30 mV 的正弦波，将衰减器、低噪声放大器增益设置为 1，用跳线帽短路 J_6，短路 J_5 的 VG 端和 GAIN 端，调节 W_1 使控制电压在 50～950 mV 内变化，测量不同控制电压下的增益。

(2) 自动增益控制放大器测试。

将衰减器、低噪声放大器增益设置为 1，J_3 输入频率 50 MHz、峰峰值 0.3 mV_{pp}～3 V_{pp} 的正弦波，记录输出信号的峰峰值，分析自动增益控制放大器的动态范围。

五、研究与思考

(1) 图 4.10 中采用模拟开关控制衰减器、低噪声放大器的增益。如何设计控制流程，通过软件实现输入信号 0.3 mV_{pp}～3 V_{pp} 范围内的自动增益控制放大器？

(2) 如何通过多片 AD8367 实现动态范围更宽的自动增益控制放大器？

(3) 图 4.10 中如何修改电路参数，以便可以实现低至 20 Hz 音频信号的放大？

(4) 图 4.10 中 AD8367 工作于 AGC 放大模式，若输入信号为调幅波，DETO 端能否获得调幅波的包络，实现调幅波的解调？

4.8　调频无线话筒

一、实验目的

(1) 熟悉分立元件和集成电路调频无线话筒的工作原理及优缺点。

(2) 了解调频无线话筒的调试方法。

二、实验仪器

低频波形发生器、数字示波器、频率计、无感起子、数字万用表、直流稳压电源。

三、实验原理

(1) 单管调频无线话筒电路。

调频无线发射机可以用于调频无线话筒、无线耳机、遥控、无线报警、监听、数据传输等。

图 4.11 是单个晶体管构成的简易调频无线话筒电路。三极管 T_1、电感 L_1、电容 C_3、C_4、C_5 和三极管结电容 $C_{b'e}$ 组成电容三端式正弦波振荡电路，产生高频载波信号。话筒将声音转换成音频电信号，经过耦合电容 C_1 接至三极管 T_1 的基极，控制三极管结电容 $C_{b'e}$，对 T_1 产生的载波信号进行频率调制，调频信号经 C_6 耦合到天线向外发射。电感 L_1、电容 C_3 构成谐振回路，调节 C_3 或 L_1 时，电路工作频率可在 88～108 MHz 范围内变化。

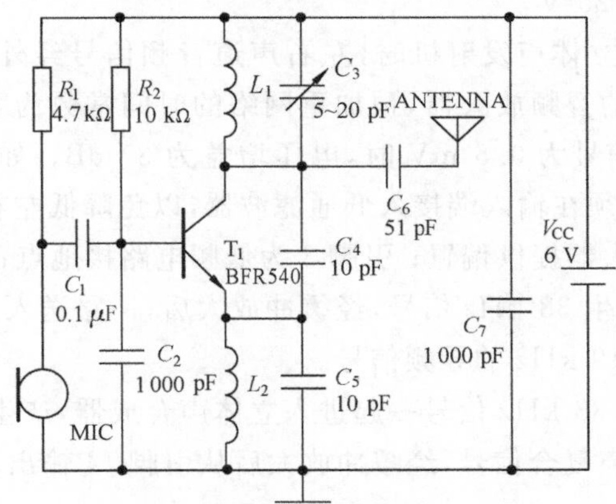

图 4.11　单管调频无线话筒电路

单管调频无线话筒电路简单，输出功率大，但频率稳定性差。电源电压的变化或三极管的温度升高会引起结电容发生变化，影响振荡频率。人在天线附近移动时的多普勒效应，也会导致频漂。为稳定发射频率，可以采用改进型电容三端式振荡器；也可以采用多级电路，如将振荡、倍频和功率放大分开，由于级间相对独立，频率稳定性好。石英晶体调频电路频率稳定性很好，但调制频偏较小，用调频收音机接收时，音量较小，声音不圆润，适合于传送语音信号，一般用于无绳电话和对讲机中，不适用于调频广播或无线耳机等对音质要求较高的场合。

(2) 由 BA1404 组成的调频无线话筒电路。

图 4.12 为由 BA1404 构成的调频无线话筒电路。

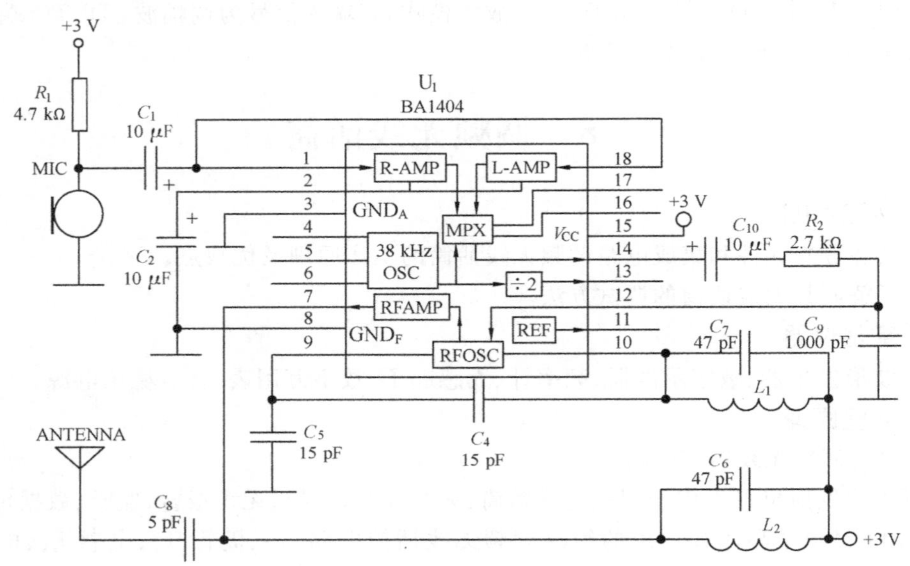

图 4.12　由 BA1404 构成的调频无线话筒电路

BA1404 是调频立体声发射集成电路，内部主要由音频放大器、立体声合成器、射频振荡器、射频放大器、导频波形发生器和基准电压电路组成，采用低电压低功耗设计，工作电压范围为 1～3 V，典型值为 1.25 V。

用 BA1404 构成调频立体声发射机时，左右声道音频信号经外接预加重和匹配网络从引脚 1、18 进入各自声道的音频放大器，预加重网络的时间常数为 50 μs。音频放大器的输入阻抗为 540 Ω，当输入信号为 0.5 mV 时，电压增益为 37 dB。如果输入信号中存在高于 19 kHz 的频率成分，则必须在输入端接入低通滤波器，以免降低左右声道的分离度。引脚 2 外接旁路电容，为音频放大器提供偏置；引脚 3 为低频电路接地点；引脚 4、5、6 的外接元件与内部导频信号发生器产生 38 kHz 信号，经缓冲放大后，一路送入立体声合成器，另一路经二分频器从引脚 13 输出 19 kHz 的导频信号。

放大后的音频信号和 38 kHz 信号一起进入立体声合成器，产生一个由 L＋R 主信号和 L－R 副信号组成的立体声复合信号，经缓冲放大后从引脚 14 输出，引脚 16、17 间外接电位器，可以调节左右平衡度。

引脚 9、10 外围元件与内部射频振荡器构成电容三端式振荡器，产生高频载波。从引脚 13、14 输出的立体声复合信号和导频信号经外接匹配网络，通过引脚 12 进入射频振荡器，对

载波进行调频，产生一个调频信号，经射频放大器放大后由引脚 7 输出，射频信号的典型值为 600 mV。引脚 8 是射频电路接地点，引脚 15 为电源正极。

BA1404 内部提供了一个基准电压，从引脚 11 输出。可以利用这个电压控制一个变容二极管电路，以调整载波的振荡频率。

图 4.12 的调频无线话筒没有使用 BA1404 的立体声功能，导频信号发生器未工作。话筒接收的音频信号经耦合电容 C_1 同时送入引脚 1、18 进行音频放大，由立体声合成器叠加后从引脚 14 输出，通过 C_{10}、R_2 和 C_9 构成的匹配网络送入引脚 12 进行调频。C_4、C_5、C_7 和 L_1 与内部射频振荡器构成电容三端式振荡器。C_7、L_1 组成射频振荡器的谐振回路，决定振荡频率。调频信号经射频放大器放大，从引脚 7 输出，经 C_8 耦合到天线发射，C_6、L_2 组成射频放大器的谐振回路。

四、实验内容

(1) 单管调频无线话筒。

按照图 4.11 所示的电路制作单管调频无线话筒。

线圈 L_1 和 L_2 须自制。L_1 和 L_2 分别由用直径 0.31 mm 的漆包线在直径 3.5 mm 的圆棒上单层平绕 5 圈和 10 圈，脱胎形成的空芯线圈制成。C_3 选用 5～20 pF 的瓷介可调电容。话筒选用高灵敏度的驻极体话筒，天线可以采用多股软铜线，长度可选为四分之一波长。

首先调整电阻 R_2，使晶体管 T_1 的集电极工作电流为 60～80 mA。将天线端接示波器，观察振荡波形，用频率计测量振荡频率。用无感起子调节 C_3 和 L_1 的间距，使振荡频率为 88～108 MHz 范围内的某个频点。

调试时，将无线话筒靠近音源，用调频收音机接收无线话筒的信号。将无线话筒与收音机保持一定的距离，以免接收到振荡频率的谐波。转动调频收音机的调谐旋钮，收音机应能接收到音源的声音。改变电阻 R_1，调节话筒灵敏度，使声音最大而且清晰。

若要求的发射距离较短，可将电池电压降低为 1.5～3 V，并将三极管换成小功率的 9018，工作电流可以调整为 10 mA 以下。

(2) 由 BA1404 构成的调频无线话筒。

按照图 4.12 所示的电路制作由 BA1404 构成的调频无线话筒。

线圈 L_1 和 L_2 须自制。L_1 和 L_2 均由用直径 0.5 mm 的漆包线在直径 3 mm 的圆棒上单层平绕 3 圈，脱胎形成的空芯线圈制成。天线可以采用 0.5～0.8 m 的多股软铜线。

调试时，将无线话筒靠近音源，用示波器在引脚 14 和引脚 12 处应观察到音频信号。频率计接天线端，用无感起子调节 L_1 的间距，使振荡频率为 88～108 MHz 范围内的某个频点。然后打开调频收音机，在整个频段内搜索无线话筒的发射信号。调节电阻 R_1，改变话筒灵敏度，使收音机声音最大而且清晰。

五、研究与思考

(1) 在图 4.11 所示的单管调频无线话筒中，如何增加预加重电路？试重新画出电路图。

(2) 在图 4.11 所示的单管调频无线话筒中，电容 C_5 是否可以取消？为什么？

(3) 试画出由 BA1404 构成的调频立体声发射机电路。

(4) 根据 BA1404 内部电路结构，设计一个能在噪声环境中使用的话筒，用两个相同的话筒抵消环境噪声。

4.9 直放式调幅和调频收音机

一、实验目的

(1) 熟悉直接放大式收音机的工作原理和调试方法。

(2) 了解超再生式收音机的工作原理和调试方法。

二、实验仪器

高频波形发生器、数字示波器、无感起子、数字万用表、直流稳压电源。

三、实验原理

(1) 直放式调幅收音机。

图 4.13 是由集成电路 LM386 组成的简单直放式调幅收音机电路。

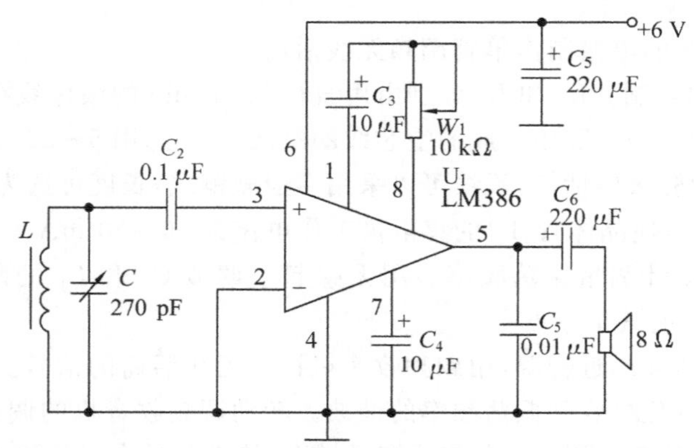

图 4.13 LM386 组成的简单直放式调幅收音机电路

LM386 是一种常用的小功率音频放大集成电路,频响范围宽,灵敏度高,工作电压为 4～12 V,当电源电压为 6 V 时,在 8 Ω 负载上可以获得 300 mW 输出功率。

L、C 组成调谐回路,可由此电路选择要收听的电台信号。C_2 为耦合电容,它将高频信号送入 LM386 的同相输入端引脚 3。LM386 的输入级为差分放大器,并且处于微电流偏置。在没有加偏置的情况下,三极管的发射结可以完成检波。由于 LM386 的高频特性较好,被选出的调幅高频信号进入 LM386 后在内部进行直接检波,并进行音频放大,放大后的音频信号从引脚 5 输出,经输出电容 C_6 耦合后驱动扬声器发声。LM386 的引脚 7 为旁路端,外接旁路电容 C_4,可消除可能产生的自激振荡,如无自激,C_4 可不接。调节电位器 W_1 可以使 LM386 的电压增益在 20～200 dB 范围内变化,从而调节扬声器的音量大小。

(2) 直放式调频接收机。

直接放大式调频收音机一般采用超再生电路,电路简单,功耗小,制作调试容易,调整良好的超再生电路灵敏度和一级高放、一级振荡、一级混频及两级中放的超外差收音机差不多。但超再生电路的工作稳定性比较差,选择性差,从而降低了抗干扰能力。

图 4.14 为晶体管超再生式调频收音机电路,它可以接收 88～108 MHz 的调频电台广播,还可以接收在此频率范围内的电视伴音。整机电路包括超再生检波器和音频放大器两大部分。

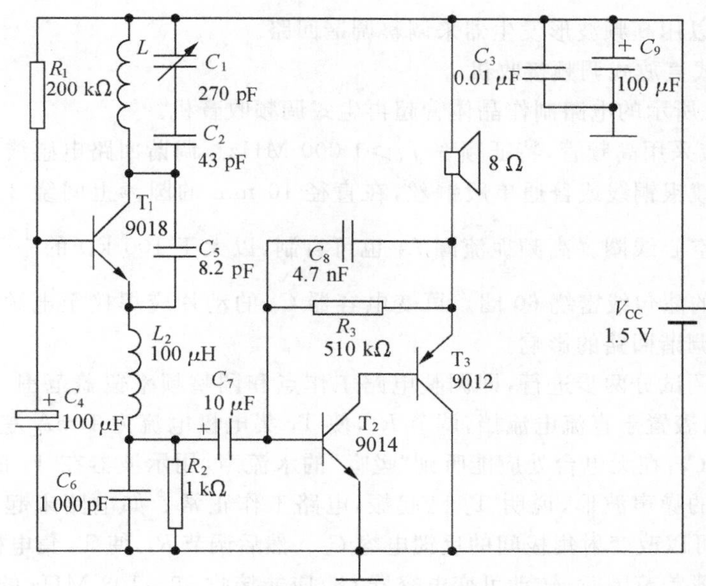

图 4.14　晶体管超再生式调频收音机电路

超再生检波器由高频晶体管 T_1 等组成，其作用是接收调频信号，将调频信号变为调幅信号，对调幅波进行包络检波得到音频信号。超高频晶体管 T_1 与基射极间分布电容 $C_{b'e}$、C_1、C_2、反馈电容 C_5 和电感 L 构成电容三端式振荡电路。L_2 为高频扼流圈。R_2、C_6 构成阻塞振荡而产生控制电压，使电路交替处于自激和停振，工作于超再生状态。控制电压的频率应高于音频，同时远低于振荡频率。调频信号被谐振回路接收，通过斜率鉴频，在谐振回路两端形成波形面积与调频信号相对应的电压，经晶体管检波后，在 R_2 上得到音频信号。

音频放大器由晶体管 T_2、T_3 等组成。超再生检波器负载 R_2 上的音频电压经 C_7 耦合至晶体管 T_2 基极，由 T_2 进行电压放大和 T_3 进行电流放大后，驱动耳机发声。T_3 接成射极输出器形式，可以直接匹配 8 Ω 耳机。

超再生式接收电路在无信号输入时，由于外界或内在的噪声电压的激发，会产生不规则的杂乱振荡，导致输出极大的噪声。

四、实验内容

(1) LM386 组成的直放式调幅收音机。

按照图 4.13 所示的电路制作由 LM386 组成的直放式调幅收音机。

调谐线圈 L 须自制，在直径为 5 mm、长度为 50 mm 的中波磁棒上，用直径 0.2 mm 的单股高强度漆包线单层密绕 80 圈。为调试方便，在绕制前最好用卡纸做一个线圈骨架，使线圈能在磁棒上左右移动。

收音正常后，可以调整频率覆盖范围。用一台标准收音机作参照，转动调谐旋钮，在中波频率低频端 550 kHz 附近接收一个电台信号，并记下其刻度指示。将本机调至这一刻度附近接收同一电台信号，然后移动磁棒上的调谐线圈，使该电台信号出现在标准刻度位置。然后在中波频率高频端 1 500 kHz 附近接收一个电台信号，调整可变电容器上的微调电容，使接收的高频端电台信号出现在其标准刻度位置。反复调整几次，即可保证收音机接收的频率范围。也可以用高频波形发生器来调整调谐回路。

(2) 超再生式直放式调频接收机。

按照图 4.14 所示的电路制作晶体管超再生式调频收音机。

晶体管 T_1 应采用高频管,特征频率 $f_T>1\ 000$ MHz。调谐回路电感线圈 L 须自制,用直径 1.5 mm 的镀银铜线或普通单股铜丝,在直径 10 mm 的圆棒上间绕 3 圈,匝间间距为 1 mm,脱胎成为空心线圈。高频扼流圈 L_2 也可自制,以大于 100 kΩ 的 $\frac{1}{4}$ W 电阻为骨架,用直径 0.1 mm 的漆包线密绕 60 圈。可变电容器 C_1 的动片应焊接至电源正极,以减小调台时人体感应对调谐回路的影响。

整机电路的调试分两步进行,即调整电路工作点和调整频率覆盖范围。调整电路工作点时,将数字万用表置于直流电流挡,调节 R_1,使 T_1 集电极电流为 1 mA 左右。接通电源,转动可变电容器 C_1,在无电台处应能听到"咝咝"的水流声,用示波器在 T_2 的基极能看到超再生检波器输出的噪声波形,说明 T_1 已起振,电路工作正常。如电路未起振,可重新调节 R_1 使其起振,也可以改变射集极间的反馈电容 C_5。然后调节 R_3,使 T_3 集电极电流为 10 mA 左右。调整频率覆盖范围时,转动可变电容器 C_1,应能接收 88~108 MHz 的调频电台信号。如果频率覆盖偏高或偏低,可以适当增大或减小电感 L 的匝间间距。

五、研究与思考

在如图 4.14 所示的晶体管超再生式调频收音机电路中,由 R_1 提供晶体管 T_1 的静态偏置电压,此固定偏压电路容易受 T_1 的电流放大倍数 β、温度和电源电压的影响,应该如何改进电路?

4.10 40 m 波段无线电收发报机

一、实验目的

(1) 了解无线电收发报机的工作原理。

(2) 熟悉无线电收发报机的电路结构。

(3) 熟悉无线电收发机的性能测试方法。

二、实验仪器

直流稳压电源、数字万用表、数字示波器、高频波形发生器、频谱分析仪。

三、实验原理

无线电收发报机用于收发莫尔斯电码等幅电报。图 4.15 是业余无线电爱好者使用的一种低成本的 40 m 波段无线电收发报机。

图 4.15 中 S_1 为发报用的电键,S_1 按下时为发射状态,S_1 未按下时为接收状态。电源电压 V_{CC} 可取 9~12 V。

发射状态下,三极管 T_1 构成载波振荡器,石英晶体 X_1 等效为电感,与 C_3、C_7 一起构成电容三点式振荡电路,二极管 D_2 压降为 0,等效为零偏的变容二极管,此时载波频率为 7.023 MHz。载波从 T_1 发射极输出,经 C_4 耦合至 T_2 构成的高频功放电路。此时 T_2 发射极接地,工作于丙类放大状态。集电极负载 L_1 上获得的输出信号经 C_2 耦合至 L_2、C_5、C_6 构成的 π 型匹配网络,进行阻抗匹配和滤波,等幅载波从天线 ANT 发射出去。S_1 未按下时,不发射载波。S_1 按

下时，U_1 电源引脚 6 的电压仅为二极管 D_3 的导通压降，U_1 不工作。

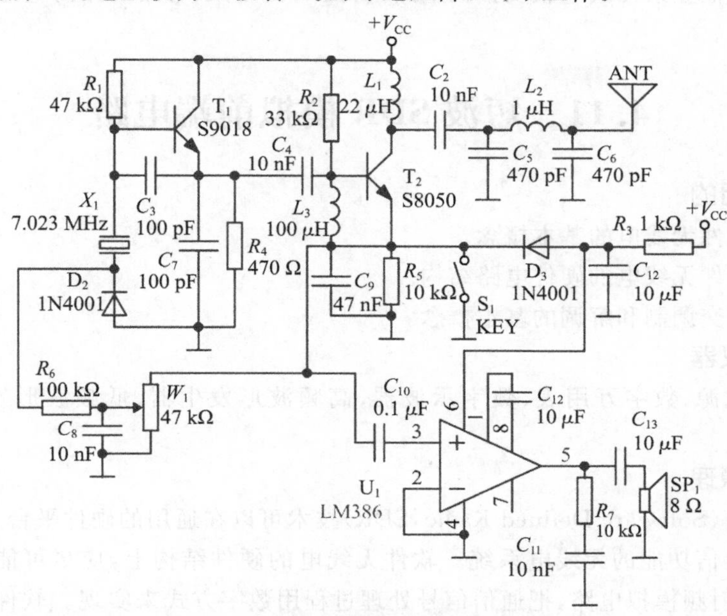

图 4.15　40 m 波段无线电收发报机

接收状态下，三极管 T_1 构成本地振荡器，D_2 反偏，调节 W_1 可以改变 D_2 的反偏电压，使本振频率为 7.023～7.026 MHz，高于发射载波频率。本振与天线 ANT 接收信号一起送入 T_2 构成的混频器。此时电键 S_1 未按下，T_2 的 3 个引脚 b、c、e 的直流电位都近似等于 V_{CC}，三极管的 bc 和 be 之间可看成两个二极管，T_2 构成二极管开关混频器。混频后的信号经 C_9 低通滤波，取出差频信号。差频信号的频率为音频，经过音频功放芯片 U_1，可在耳机 SP1 中听到发报声。

四、实验内容

(1) 调整和测试发射机。

按照图 4.15 焊接电路，ANT 使用短波拉杆天线。按下电键 S_1，进入发射状态，用示波器测量 T_1 发射极的输出波形和天线端的波形，记录频率和幅度。用频谱分析仪测量发射功率，并在 1～100 MHz 范围内测量传导杂散发射功率。

(2) 调整和测试接收机。

松开电键 S_1，进入接收状态，调节 W_1 使 T_1 的本振频率为 7.024 MHz。高频波形发生器输出 7.023 MHz 的正弦波，接入天线 ANT 端，用示波器观察耳机 SP1 两端的波形，逐渐增大波形发生器的输出幅度，使耳机达到额定功率 5 mW。记录此时的接收灵敏度。高频波形发生器输出频率改为 7.024 MHz，测量此时的信噪比。

(3) 测试收发报功能。

使用两套收发报机分别工作于发射状态和接收状态，用莫尔斯电码收发 SOS，并测试通信距离。

五、研究与思考

(1) 改进图 4.15 所示的电路，增加石英晶体滤波器等品质因数高的滤波电路，提高接收电路的选择性。

(2) 参考其他业余无线电收发报机电路,将图 4.15 所示电路的振荡电路和混频电路改用芯片 SA612A。

4.11 短波 SDR 模拟前端电路

一、实验目的

(1) 了解软件无线电的基本概念。

(2) 熟悉软件无线电的硬件电路结构。

(3) 了解正交调制和解调的基本概念。

二、实验仪器

直流稳压电源、数字万用表、数字示波器、高频波形发生器、低频波形发生器、频谱分析仪。

三、实验原理

软件无线电(Software Defined Radio,SDR)技术可以在通用的硬件平台上,通过不同的软件实现多种通信功能的无线电系统。软件无线电的硬件结构上,应尽可能将 ADC、DAC 靠近天线,减少射频模拟电路,把通信信号处理过程用数字方式来实现。软件无线电结构可分为射频全宽带低通采样结构、射频直接带通采样结构、宽带中频带通采样结构。受限于硬件技术水平,目前一般采用宽带中频带通采样结构,接收机将射频信号下变频为适合 A/D 采样的宽带中频,发射机将 D/A 输出的宽带中频信号上变频为射频信号。

各种调制方式都可以用正交调制的方法实现,已调信号可表示为

$$\begin{aligned} s(t) &= a(t)\cos[\omega_c t+\varphi(t)] \\ &= a(t)\cos[\varphi(t)]\cos\omega_c t - a(t)\sin[\varphi(t)]\sin\omega_c t \\ &= I(t)\cos\omega_c t - Q(t)\sin\omega_c t \end{aligned} \tag{4.14}$$

其中,$I(t)$和 $Q(t)$为正交基带信号,$\cos\omega_c t$ 和 $\sin\omega_c t$ 为正交载波。对于普通调幅波,取 $I(t)=V_{DC}+v_\Omega(t)$,$Q(t)=0$,其中 V_{DC}为直流量,$v_\Omega(t)$为纯交流信号。若 $V_{DC}=0$,则为抑制载波双边带调幅(DSB)。对于调频波,$I(t)=\cos\left[k\int v_\Omega(t)\mathrm{d}t\right]$,$Q(t)=\sin\left[k\int v_\Omega(t)\mathrm{d}t\right]$,其中 k 为调频比例系数。已调信号 $s(t)$ 分别与正交载波相乘,经过低通滤波器后,可以恢复正交基带信号 $I(t)$和 $Q(t)$,并由此计算出瞬时幅度 $a(t)=\sqrt{[I(t)]^2+[Q(t)]^2}$,瞬时相位 $\varphi(t)=\arctan\dfrac{Q(t)}{I(t)}$,瞬时频率 $\mathrm{d}\omega=\dfrac{\mathrm{d}\varphi}{\mathrm{d}t}$。

一种基于正交调制解调的短波软件无线电模拟前端结构如图 4.16 所示,采用零中频技术,工作于半双工方式,可连接计算机声卡的音频接口或嵌入式系统,通过计算机或微处理器完成 ADC、DAC 以及基带数字信号处理。计算机端可以使用 GNU Radio 等开源软件开发工具包,实现软件无线电的各种算法。处于接收状态时,射频信号经过低噪声放大器放大,送入正交混频器。混频后获得的两路正交基带信号,经过低频放大器和 AGC 放大器放大后,可送入计算机或嵌入式系统处理。由于计算机声卡 LINE IN 输入端内部有 AGC 放大器,因此不需要射频前端内部的 AGC 放大器。处于发射状态时,计算机声卡或嵌入式系统输出两路正交模拟基带信号,经过缓冲放大,送入正交调制电路,已调信号经射频功放电

路放大后发射。频率合成器产生的内部时钟或外部时钟，经过正交本振信号产生电路，输出两路正交载波，用于接收混频或发射调制电路。可由计算机或嵌入式系统通过 I^2C 接口控制频率合成器，设置接收和发射频率。

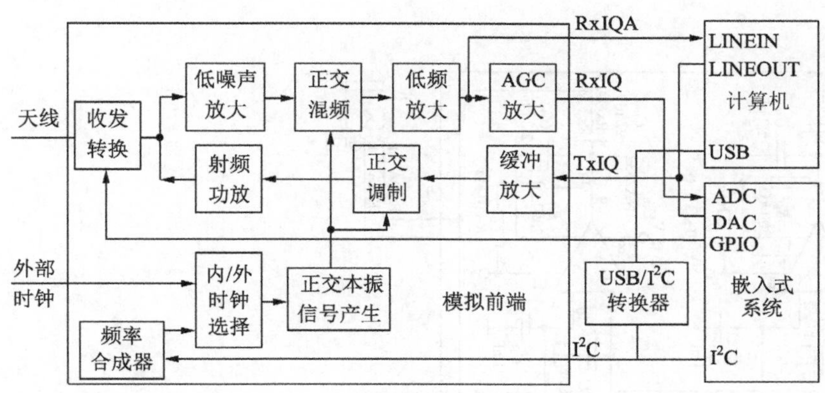

图 4.16　短波软件无线电模拟前端结构

短波软件无线电模拟前端电路如图 4.17～图 4.19 所示，图 4.17 为接收电路，图 4.18 为发射电路，图 4.19 为本振电路。模拟放大电路采用单电源供电，电路都叠加了 2.5 V 的直流偏置电压。

图 4.17 所示的接收电路中，天线接收的射频信号接入天线插座 J_2，送入射频开关芯片 U_7。接收状态下 TXEN 信号为高电平，RXEN 信号为低电平，RFC 端输入的射频信号从 RF1 端输出，经过 LC 选频网络，送入运放 U_4 构成的同相放大电路，实现低噪声放大。模拟开关 U_3 构成正交开关混频电路，CLKA 和 CLKB 信号产生四相本振信号，除 0°和 90°本振信号外，增加 180°和 270°本振信号，本振信号的占空比为 25%，以降低开关混频电路的损耗。模拟开关的 Y 端与 X 端并联，以降低模拟开关导通电阻。R_6 和 U_3 的导通电阻 R_{on} 分别与 C_7、C_{12}、C_{21}、C_{24} 构成低通滤波器，截止频率为 500 kHz。如果本振频率和接收信号的载波频率相同，则低通滤波器取出 4 相基带信号 RxI＋/RxI－、RxQ＋/RxQ－，送入仪表放大器芯片 U_{1A}、U_{1B} 构成的低频放大器，分别对 RxI＋/RxI－和 RxQ＋/RxQ－信号进行差分放大，产生 2 路正交基带信号 RxIA、RxQA。低频放大器 U_{1A} 的增益为 $5\times(1+R_4/R_5)$，R_4 和 C_{30} 构成低通滤波器。RxIA 和 RxQA 从插座 J_1 输出，可以接入计算机声卡的 LINE IN 插座的左右声道。U_2、U_6 分别对 RxIA、RxQA 进行 AGC 放大，增益为 0.7～130 倍，输出正交信号 RxI、RxQ 的峰值为 1 V。U_2 和 U_6 的 DETO 端输出的接收信号强度指示电压取平均值后，同时控制 U_2 和 U_6 的增益，以保证两路 AGC 放大器增益相同，不丢失正交基带信号的幅度特征。R_{28}、C_{13} 可构成低通滤波器，滤除高频噪声。AGC 放大后的 RxI 和 RxQ 信号，可送入嵌入式系统进行 ADC 和数字信号处理。

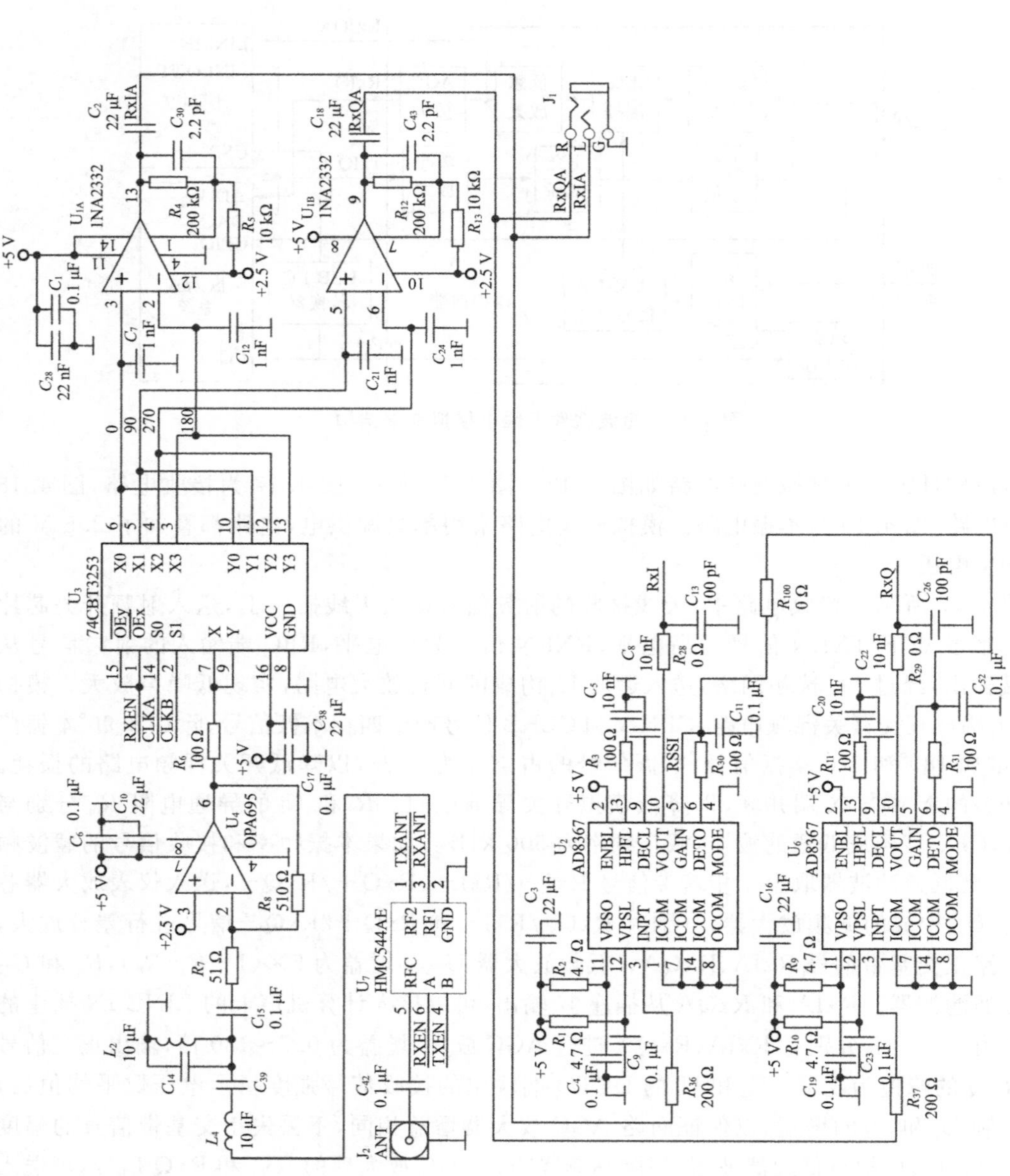

图 4.17　短波 SDR 模拟前端接收电路

图 4.18 所示的发射电路中，来自计算机声卡 LINE OUT 插座的左右声道信号从插座 J_4输入，作为正交基带信号 TxI 和 TxQ，嵌入式系统 DAC 产生的两路正交基带信号也可接入此两端。运放 U_{9A}、U_{9B}对 TxI 信号进行同相和反相缓冲放大，增益为 1，产生 TxI＋/TxI－信号，运放 U_{9C}、U_{9D}对 TxQ 信号进行同相和反相放大，产生 TxQ＋/TxQ－信号，共产生 0°、90°、180°、270°四相信号，送入模拟开关 U_8构成的正交调制电路，其工作原理与接收电路的正交混频电路相似。由于缓冲放大器为单电源交流放大电路，无法放大含有直流分量的基带信号，如普通调幅波，因此无法实现此类波形的正交调制。因此，如果基带信号中含有直流分量，缓冲放大器应改为双电源直流耦合放大电路。已调信号经过 R_{18}和 C_{56}低通滤波，送入 U_{12}构成的射频功率放大器。U_{12}的最大输入电压峰峰值为±0.36 V，最大输出功率为 100 mW。功放输出信号经 LC 滤波，送入射频开关芯片 U_7，发射状态下 TXEN 信号为低电平，RXEN 信号为高电平，RF2 端输入的射频信号从 RFC 端输出，从天线插座 J_2 送至天线。

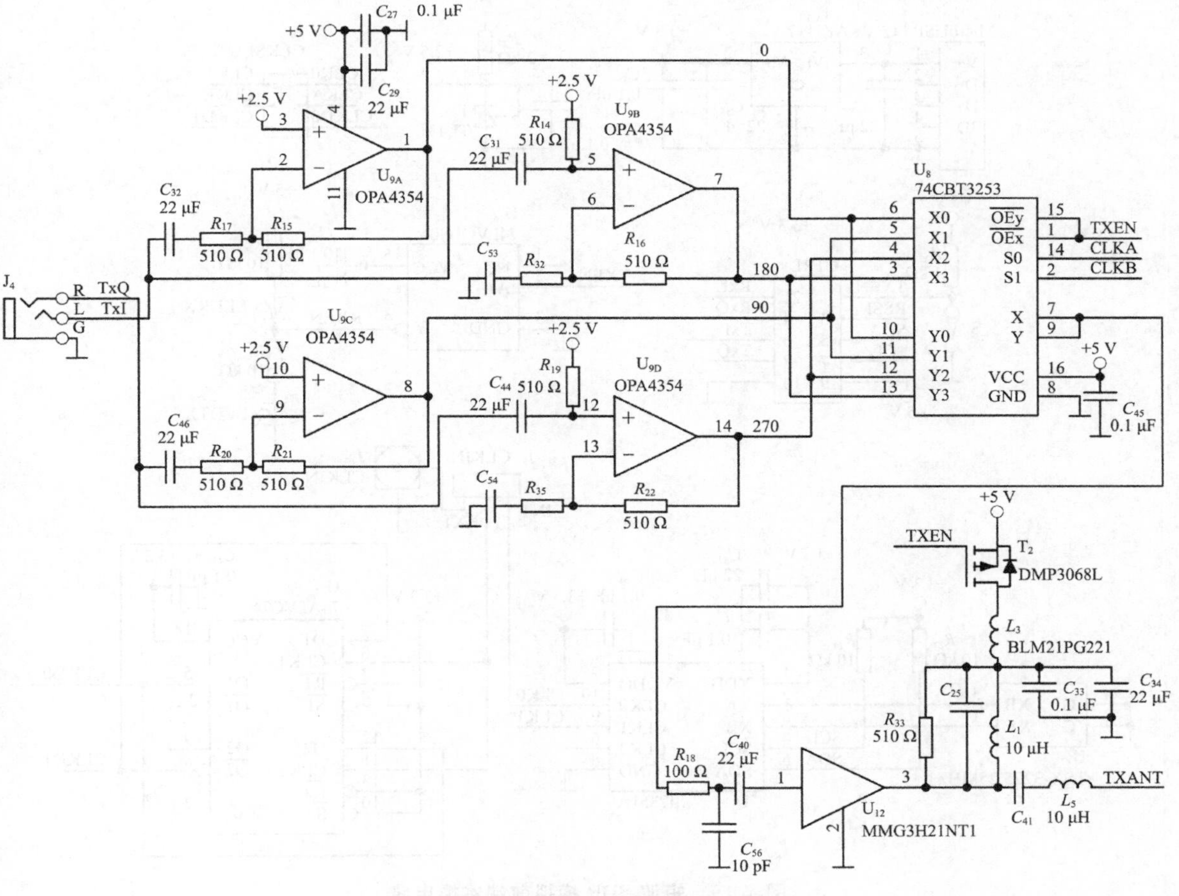

图 4.18　短波 SDR 模拟前端发射电路

图 4.19 所示的本振电路中，本振的时钟信号可以来自外部时钟插座 J_7或者是内部的频率合成器芯片 U_{18}，通过跳线开关 J_8选择。SI5351A 的频率范围为 2.5 kHz～200 MHz，通过 I^2C 接口设置频率。本振时钟经过 U_{15} 进行 4 分频，产生正交本振信号 CLKD0 和

CLKD1,通过跳线开关 J_6,可连接到 CLKA 和 CLKB,用于接收混频和发射调制电路。J_6 还可以选择 U_{18} 直接输出的正交本振信号 CLK0 和 CLK1。图 4.19 中还画出了电源电路,整个模拟前端通过 USB 插座供电,输入电压 5 V,通过稳压器 U_{11} 产生 3.3 V 电源,整机耗电最大约 100 mA。T_1 产生单电源运放电路所需的 2.5 V 直流偏置电压。图 4.19 中,J_5 为微处理器接口插座,微处理器可通过 J_5 接收或发送正交基带模拟信号,设置本振频率,切换收发状态,并获取接收信号强度 RSSI。收发状态也可以通过按键 S_1 手动控制,S_1 按下时,TXEN 为低电平,通过 U_{16} 点亮发射指示灯 LEDTX。

短波 SDR 模拟前端电路的基带带宽设计为 500 kHz,因此该电路也适用于低中频结构,接收电路混频到中频后,通过数字下变频到基带,发射电路进行数字调制以后再上变频发射。

J_2 和 J_7 采用 SMA 插座,J_2 可接短波拉杆天线。J_1 和 J_4 采用立体声音频插座。

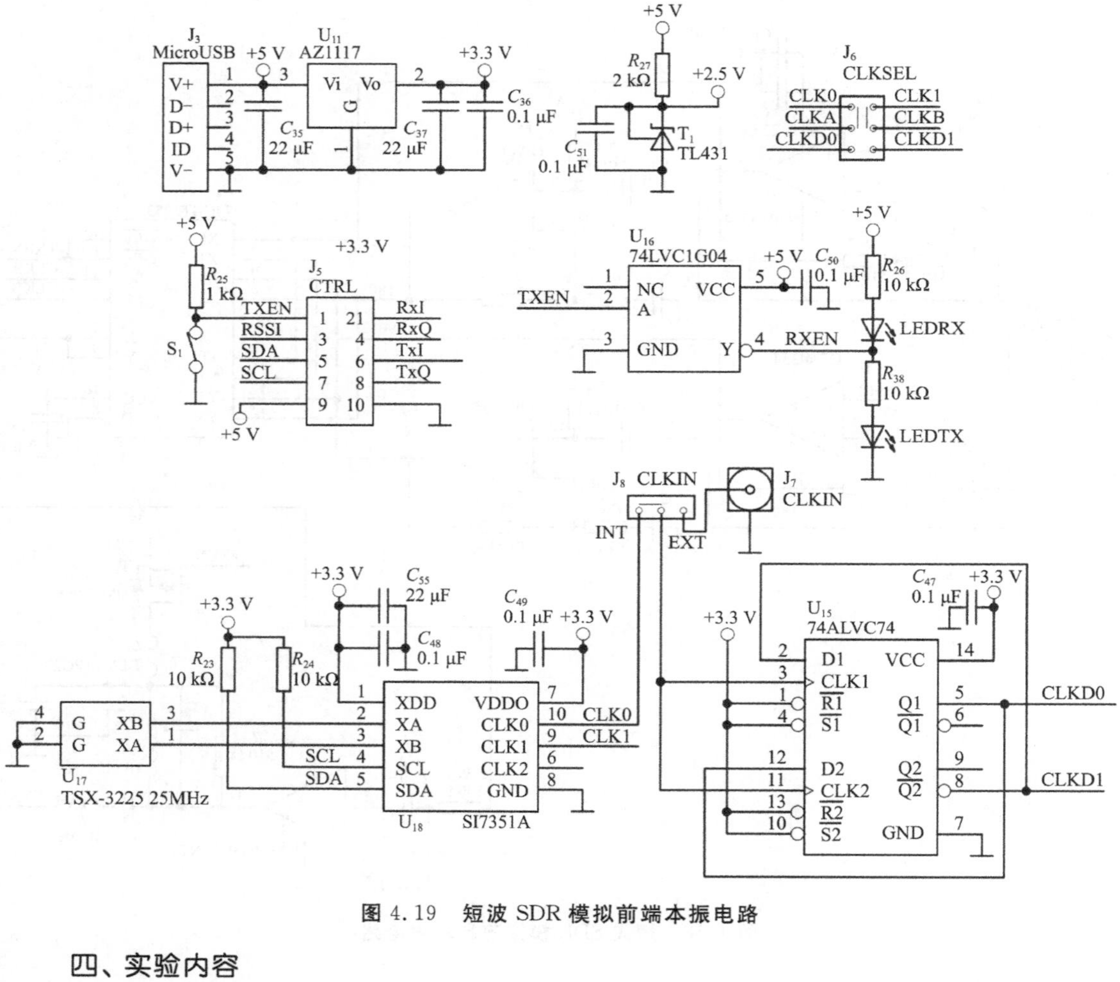

图 4.19 短波 SDR 模拟前端本振电路

四、实验内容

(1) DSB 调幅波模拟调制。

短接 J_5 的引脚 1 和引脚 10 或按下 S_1,使 TXEN=0,进入发射状态。

用低频波形发生器产生频率 1 kHz、峰峰值 2 V 的正弦波,作为调制信号,从 J_5 的 TxI

输入。短接 J_5的引脚 8 和引脚 10，使 TxQ=0。

J_8选择外部时钟，用高频波形发生器产生峰峰值 3.3 V、直流偏移 1.65 V 的方波，从 J_7 外部时钟端输入，时钟频率取 $f_{CLK}=40$ MHz，即为载波频率 $f_c=10$ MHz 的 4 倍。用跳线帽将 J_6的 CLKD0 与 CLKA 短路，CLKD1 与 CLKB 短路。

经电路正交调制后，J_2应输出 DSB 调幅波。用示波器记录 J_2的输出波形。

(2) 普通调幅波模拟解调。

打开 S_1，使 RXEN=0，进入接收状态。

高频波形发生器产生载波频率 $f_c=10$ MHz、调制信号频率 1 kHz 的普通调幅波，峰峰值 2 mV，从 J_2 输入。

J_8 选择外部时钟，高频波形发生器产生峰峰值 3.3 V、直流偏移 1.65 V 的方波，从 J_7 外部时钟端输入，时钟频率取 $f_{CLK}=40$ MHz，即为本振频率 $f_c=10$ MHz 的 4 倍。本振频率和输入调幅波的载波频率相等，实现零中频接收。用跳线帽将 J_6的 CLKD0 与 CLKA 短路，CLKD1 与 CLKB 短路。

经电路正交解调后，J_5的 RxI 和 RxQ 应输出解调后的两路正交基带信号，用示波器记录 RxI 和 RxQ 的输出波形，观察本振和输入调幅波载波的频率误差和与相位误差对 RxI 和 RxQ 波形的影响。

(3) 调频波数字调制。

短接 J_5的引脚 1 和引脚 10，使 TXEN=0，进入发射状态。

设调制信号为频率 1 kHz 的正弦波，频偏为 75 kHz，用单片机 DAC 产生此调频波对应的两路正交基带信号，从 J_4的 TxI 和 TxQ 输入。

单片机对 SI5351A 编程，产生正交时钟 CLK0、CLK1，时钟频率 $f_{CLK}=10$ MHz，即等于载波频率。用跳线帽将 J6 的 CLK0 与 CLKA 短路，CLK1 与 CLKB 短路。

经电路正交调制后，J_2应输出调频波，用示波器记录 J_2的输出波形，使用示波器 FFT 功能或频谱分析仪观察输出波形的频谱。

(4) 调频波数字解调。

打开 S_1，使 RXEN=0，进入接收状态。

用波形发生器产生载波频率 $f_c=10$ MHz、调制信号频率 1 kHz 的调频波，频偏为 75 kHz，峰峰值 2 mV，从 J_2输入。

单片机对 SI5351A 编程，产生正交时钟 CLK0、CLK1，时钟频率 $f_{CLK}=10$ MHz，即为本振频率。本振频率和输入调频波的载波频率相等，实现零中频接收。用短路帽将 J6 的 CLK0 与 CLKA 短路，CLK1 与 CLKB 短路。

经电路正交解调后，J_5的 RxI 和 RxQ 应输出解调后的两路正交基带信号，送单片机 ADC 采集和计算，得到基带信号的瞬时相位和频率，从而获得解调信号。也可以从 J_1用立体声音频线接入计算机，自行编程采集和计算，或使用 GNU Radio、SDR# 等软件处理。

五、研究与思考

(1) 比较零中频接收机和低中频接收机的特点。

(2) 研究调频波数字调制和解调的优化算法。

(3) 若进行单边带调幅波的调制和解调，发射端如何通过软件或硬件产生正交基带信号，接收端如何通过软件或硬件从正交基带信号中解调信号？

4.12 无线传输系统

一、实验目的

(1) 熟悉无线电调频、调幅发射机和接收机的整体结构。

(2) 熟悉无线电调频、调幅发射机和接收机模块电路的设计方法。

(3) 熟悉无线电调频、调幅发射机和接收机的调试与测试方法。

二、实验仪器

直流稳压电源、数字万用表、数字示波器、高频波形发生器。

三、实验原理

本实验内容作为模拟电子线路实验课程的考核题目,要求设计并制作如图 4.20 所示的无线传输系统结构,由发射机和接收机组成,采用无线电传输方波信号。发射机将特定频率、占空比和幅度的方波 v_1 调制后发射,接收机输出与 v_1 频率和占空比相同的方波 v_2,v_1 和 v_2 幅度可以不同。

图 4.20 无线传输系统结构

具体要求说明如下:

(1) 无线收发采用模拟调幅或模拟调频技术。

(2) 发射机采用电池供电,预留供电电流测试端。接收机供电方式不限。

(3) v_1、v_2 可以为单极性或双极性波形,v_1 处预留测试端。

(4) 载波和本振可以为正弦波或方波。

(5) 不得采用无线收发组件及模块,不得采用数字技术的收发芯片,但可以采用模拟技术的收发芯片。

(6) 不得采用单片机、NE555 芯片实现方波振荡器。不得使用单片机或有源晶振产生载波和本振。

(7) 使用的芯片必须在半导体厂商官方网站的在售产品目录中,不能处于停产状态。

(8) 使用通用或自制 PCB,不得使用套件中的成品 PCB 焊接。

电路具体参数与学生序号有关,见表 4.2,其中 N 为学生序号后两位(01～99),M 为总人数。

表 4.2 电路参数

N	奇数	偶数
调制方式	调幅	调频
方波频率/kHz	$M-N+1$	$M-N+1$
载波频率/MHz	N	N

本实验根据制作、报告撰写 2 个环节进行成绩评定。在总成绩 100 分中，制作环节满分为 60 分，报告撰写环节满分为 40 分。制作环节根据电路原理难度、安装工作量、调试工作量、制作工艺、性能指标 5 个方面评分，评分标准见表 4.3。具体性能指标要求和评分标准见表 4.4。

表 4.3　制作环节评分标准

评分项目	满分	要求	评分标准
电路原理难度	5	功能模块数≥5 个	计算 BJT、MOS、运放、数字电路等构成的功能模块数，包括放大、振荡、滤波、调制、解调等功能模块。对于集成电路，计算其内部功能模块个数。 得分=(功能模块数)，最高 5 分。
安装工作量	5	有一定安装和焊接工作量	对安装和焊接的分立元件及芯片个数进行计数。 得分=(元件数÷10)，最高 5 分。
调试工作量	4	设计必要的可调元件	得分=(可调元件数)，最高 4 分。非必要的可调元件不计数，并倒扣 1～2 分。
制作工艺	6	(1) 元件布局合理、紧凑； (2) 布线合理； (3) 模块互联合理：电源、信号输入和输出使用插座，使用屏蔽线连接微弱信号，尽量不用杜邦线。	每一项工艺要求，根据好、中、差情况，得分分别为 2、1、0 分。
性能指标	40	见表 4.4	见表 4.4

表 4.4　性能指标要求和评分标准

评分项目	满分	性能指标要求	评分标准
方波波形 v_1	8	指定频率，占空比 10%～50%，峰峰值 1～4 V 可调	(1) 波形：明显失真扣 1 分。 (2) 频率误差(调节占空比 10%～50%时)：大于 1%扣 1 分；大于 10%扣 2 分。 (3) 占空比误差：10%、30%、50%处绝对误差大于 5%，各扣 1 分。 (4) 峰峰值：可调范围小于 1～4 V，扣 1 分。
发射机供电	4	电池供电，功耗小于 0.5 W	(1) 未使用电池供电，扣 4 分。 (2) 功耗大于 0.5 W，扣 4 分；大于 1 W，扣 8 分。
载波频率	6	指定频率	频率误差：大于 1%扣 1 分；大于 10%扣 2 分。
调制波形 v_3	4	指定调制波形	(1) 波形：明显失真扣 1 分。 (2) 载波中心频率漂移：大于 1%扣 1 分；大于 10%扣 2 分。 (3) 调频波频偏：大于±500 kHz 扣 2 分。

续表

评分项目	满分	性能指标要求	评分标准
解调波形 v_2	12	频率、占空比与 v_1 相同，峰峰值不小于 4 V，随 v_1 幅度线性变化	本项目在无线接收状态下测试，发射和接收天线距离可以为 0，但发射和接收电路不能有线连接。如果不能无线接收，本项目得分为 0。 (1) 频率误差：大于 1%扣 1 分；大于 10%扣 2 分。 (2) 占空比 50%处绝对误差：大于 5%扣 1 分；大于 10%扣 2 分。 (3) 峰峰值：小于 4 V 扣 1 分；小于 2 V 扣 2 分。 (4) 峰峰值随 v_1 幅度线性变化：v_1 峰峰值降为 50%时，v_2 峰峰值也应降为 50%，若此时 v_2 峰峰值误差大于 10%扣 1 分；大于 20%扣 2 分。
通信距离	6	指定距离 6 m	(1) 得分＝(实际距离÷指定距离×6)，最高 6 分。 (2) 收发天线长度：＞1 m 扣 4 分。

报告环节评分标准见表 4.5。

表 4.5 报告环节评分标准

评分项目	满分	撰写要求	得分计算方法
规范性和表达	4	(1) 正文宋体 5 号，英文字体为 Times New Roman；(1 分) (2) 单倍行距，首行缩进；(1 分) (3) 标点符号正确，无错别字；(1 分) (4) 章节标题编号采用 1、2 等，下一级编号采用 1.1、1.2 等。(1 分)	不符合要求的，根据错误次数扣除相应得分。
	4	(1) 图表、公式编号；(1 分) (2) 使用公式编辑器，符号书写规范；(1 分) (3) 图表清晰，电路图用软件绘制，不能直接复制他人图片；(1 分) (4) 正文后参考文献著录格式规范。(1 分) 相关规范见国家标准：GB 7713—1987《科学技术报告、学位论文和学术论文的编写格式》、GB 3101—1993《有关量、单位和符号的一般原则》、GB/T 7714—2015《信息与文献　参考文献著录规则》等。	不符合要求的，根据错误次数扣除相应得分。
	4	逻辑性强，论述层次清晰，表达流畅。不应是某些内容的拼凑。	不符合要求的，扣除相应得分。
方案比较和原理分析	4	列出设计需求。	未全面列写，扣除相应得分。
	4	方案论证：应考虑器件成本，分析各方案的性价比。	未全面列写，或使用禁用芯片，扣除相应得分
	12	(1) 原理分析：全面分析所有功能模块的工作原理、各元件作用，不能只有仿真结果，没有理论分析；使用公式计算电阻、电容、二极管、运放等器件的参数值，说明型号选择依据。(8 分) (2) 附完整电路图(接收和发射模块各 1 张图)。(4 分)	有遗漏项，扣除相应得分；没有深入的分析和计算，扣除相应得分；分析错误，扣除相应得分。 得分＝(模块数－1)×2，正确分析 5 个以上模块得 8 分。

续表

评分项目	满分	撰写要求	得分计算方法
测试结果和分析	4	(1) 对照设计任务，用表格列出所有功能和性能，说明是否达到要求；(2 分) (2) 说明测试条件、测试仪器型号等；(1 分) (3) 对测试结果进行分析，提出改进建议。(1 分)	未列写，扣除相应得分。
	4	(1) 附测试现场实物照片，包括发射机整机、接收机整机、收发系统联调(含收发机、接收端示波器波形)共 3 张照片；(2 分) (2) 附测试结果图，如示波器波形图。(2 分)	未列写，扣除相应得分。

为避免抄袭，鼓励创新，本实验将根据设计方案的相似度，对总成绩进行修正。首先对设计方案的功能模块进行统计，求出相似度 s 为

$$s = \frac{1}{N}\sum_{i=1}^{N}\frac{K_{ij}-1}{M_i} \tag{4.14}$$

式中，N 为功能模块总数，M_i 为设计功能模块 i 的总人数，K_{ij} 为功能模块 i 采用相同方案 j 的人数。如果某个功能模块的电路图相同、分析设计过程相同，则认定为相同方案。相似度 s 的取值范围为 0～1。然后根据相似度 s，将最终作品成绩 G 修正为

$$G=(1-\alpha s)G_0 \tag{4.15}$$

式中，G_0 为原总成绩，α 为权重。取 $\alpha=0.4$，总成绩修正结果见表 4.6。

表 4.6 根据相似度修正后的最终总成绩

相似度 s	1	0.8	0.5	0.2	0
最终作品成绩 G	$0.6G_0$	$0.68G_0$	$0.8G_0$	$0.92G_0$	G_0

四、实验内容

(1) 设计无线传输系统。

根据表 4.2 的电路参数，设计无线传输系统的各个功能模块，画出电路图，确定元器件型号和参数，列出元件清单，对各功能模块进行仿真。

(2) 制作无线传输系统。

设计和制作 PCB 板，或者使用通用 PCB 板，安装和焊接电路，并进行调试。

(3) 测试无线传输系统性能。

按照表 4.4，逐项测试性能指标，并记录测试数据。

(4) 撰写报告。

按照表 4.5 的要求，撰写实验报告。

五、研究与思考

(1) 当两个功能模块作为前后级互联时，需要考虑接口的哪些性能指标？

(2) 发射机、接收机功能模块和元器件布局时，需要遵循哪些原则？

(3) 在整机电路设计过程中，接地和滤波环节要注意哪些问题？

第5章　电路设计和仿真软件

5.1　概　述

随着现代通信电子技术的快速发展和频谱资源的日益短缺，通信类电子产品不断向高频和高速方向发展，电子线路的设计越来越依赖于电子设计自动化(Electronic Design Automatic，EDA)软件，使用EDA软件进行电路仿真已成为电路设计不可或缺的组成部分。因为通过仿真可以在开发早期检测出原理或布局错误，从而避免原型设计返工。另外，由于器件调换方便，可以快速验证不同设计方案存在的差异。学会电路设计和仿真软件的使用是当代电子工程师必备的技能。

5.1.1　EDA软件分类

EDA软件按照级别分为芯片级(IC)、电路板级(PCB)、系统级；按照仿真内容分为热仿真、磁仿真、电磁兼容仿真、电路仿真等；按照电信号类型分为模拟、数字和数模混合。EDA软件的应用领域有很多，如电力电子、自动控制、集成电路设计、移动通信和互联网设备、机电系统等，相应的仿真软件也有很多，有些功能强大的软件可以应用于多个领域。本章主要介绍模拟电路设计和仿真软件。

5.1.2　商用和非商用电路仿真软件

Synopsys(新思科技)、Cadence(楷登电子)、Siemens(西门子)EDA、Keysight(是德科技)等EDA软件公司的商用仿真软件(包含模拟电路仿真软件)功能强大。

Synopsys提供了设计平台Fusion Design Platform、Custom Design Platform用于芯片设计。Fusion Design Platform实现了从全系统架构到现场优化，跨越从设计开始的完整芯片生命周期，涵盖测试、验证、综合、布局布线以及签核。Custom Design Platform是一套统一的设计和验证工具套件，可加速开发高可靠性的定制和AMS(Analog/Mixed Signal)设计，具有领先的电路仿真性能及快速易用的版图编辑器，可完成寄生参数提取、可靠性分析和物理验证。Custom Design Platform包括Custom Compiler、PrimeSim Continuum、PrimeWave。Custom Compiler是全定制模拟、定制数字和混合信号IC设计的解决方案，提供混合信号设计输入、仿真管理、设计调试和分析报告功能。PrimeSim Continuum解决方案无缝部署SPICE和FastSPICE仿真引擎，以满足全方位的设计验证需求，可使用PrimeSim HSPICE、PrimeSim SPICE、PrimeSim Pro、PrimeSimXA等多个仿真工具。PrimeSim Continuum集成了PrimeWave设计环境和可靠性分析环境。PrimeWave设计环境用于模拟、射频、混合信号、数字和内存设计的仿真设置与分析，PrimeWave的可靠性环境

为全生命周期可靠性验证提供全面的解决方案。Synopsys 还提供了系统级的虚拟原型设计工具 Saber。

Cadence 公司提供了数字/模拟/射频芯片、PCB、多物理场系统的集成设计和验证技术与方法。其模拟和射频设计解决方案可以实现模块级和混合信号仿真、布线和特征参数提取等诸多日常任务的自动化，包括 Virtuoso 原理图编辑器、Virtuoso ADE 分析验证套件、Spectre 电路仿真平台、Virtuoso 布局和验证套件、特征库提取套件。Cadence 公司 AWR 设计环境平台为射频/微波工程师提供集成的高频电路、系统和电磁仿真技术与设计自动化，以开发可物理实现的电子产品，包括 AWR Microwave Office、AWR Visual System Simulator、AWR AXIEM analysis、AWR Analyst。Cadence 公司提供了两套 PCB 设计工具 Allegro 和 OrCAD。Cadence 公司的 Sigrity 解决方案为高速系统设计提供 PCB 和 IC 封装的互连建模、信号完整性(Signal Integrity，SI)和电源完整性(Power Integrity，PI)仿真，包括 SI/PI 分析、IBIS 建模、模型提取、热分析等组件。

Siemens EDA 公司(原 Mentor Graphics)提供了针对芯片、封装、系统设计的不同解决方案。其芯片设计解决方案包括数字芯片实现工具 Aprisa、验证平台 Calibre、电源完整性分析工具 mPower、FPGA 综合工具 Precision、HDL 仿真工具 ModelSim、验证与仿真平台 Questa、模拟验证平台 Eldo、纳米电路验证工具 Analog FastSPICE 等。Siemens EDA 公司的 PCB 设计解决方案包括 PCB 设计软件 Xpredition Enterprise、信号/电源完整性分析工具 HyperLynx 等。

Keysight 公司的 PathWave 软件套件融合了一系列电子设计自动化软件工具，无缝整合了电路设计、电磁仿真、版图功能和系统级建模等模块。其中 ADS 是射频、微波、信号完整性和电源完整性仿真平台，包括多个程序库、设计指南和仿真组件，如信号完整性分析组件 SIPro、电源完整性分析组件 PIPro。Genesys 是射频和微波电路合成与仿真工具，自动合成匹配网络、滤波器、振荡器、混频器、传输线、PLL 和信号路由结构的电路。GoldenGate 适用于综合性的混合信号射频集成电路的仿真和分析，该方案完全整合在 Cadence 模拟设计环境中。SystemVue 是一个专注于电子系统级设计的 EDA 环境，可提供自动生成算法建模接口(Algorithmic Modeling Interface，AMI)模型的功能，自动完成代码生成和模型编译。Model Builder 是一款完全基于芯片的交钥匙器件建模软件，集器件仿真、模型参数提取和优化功能于一身，支持各种常见的紧凑模型，包括用于直流、交流和射频的最新 BSIM-CMG、BSIM-IMG 和 BSIM6。

其他商用软件还包括 NI 公司的电路仿真软件 Multisim、Ansoft 公司的三维电磁仿真软件 HFSS、ANSYS 公司针对 PCB 和芯片封装的 SI/PI、EMC 仿真软件 SIwave、

非商用的电路仿真软件通常是半导体制造商提供的免费仿真软件，用于仿真该制造商的产品。这些软件的功能足以用于规模较小的电路仿真。常用的非商用电路仿真软件介绍如下。

(1) ADI 公司(亚德诺半导体技术有限公司)有两款电路仿真软件。

LTSpice 是一款高性能 SPICE 仿真器、电路图输入和波形查看器，并为简化开关稳压电源的仿真提供了改进方案和模型。

EE-Sim 用于模拟电路和开关电源电路的仿真，原属于 Maxim(美信)公司，已被 ADI 收购。

(2) TI(德州仪器)公司有两款电路仿真软件。

Tina-ti 是对各种基本电路和高级电路(包括复杂架构)进行设计、测试和故障排除的理想选择,无节点或器件数量限制。Tina-ti 可以选择输入波形,探测节点的电压和波形。

PSpice for TI 是基于 Cadence 公司的 PSpice 技术,有内建的 TI 模型库,使用 OrCAD Capture 软件创建电路,是一款功能强大的电路仿真和设计工具,可实现对系统级电路的评估、验证和调试。

5.1.3 电路仿真软件的局限性

电路仿真结果的准确性取决于所使用的器件仿真模型的精确与否。SPICE 模型是最早使用也是使用得较多的器件模型,电路仿真软件几乎都支持 SPICE 模型。为了提高仿真的速度并保护知识产权,出现了一些新的仿真模型,如 IBIS 模型。半导体厂商在网站上会公开有关器件的模型,一个器件可以有多种模型的描述。大型商业软件所包含的器件模型较多也较全面,芯片制造商的一些仿真软件主要包含其公司产品的模型,所以有时须将器件模型导入到仿真软件中,具体方法可参考仿真软件的帮助文件和相关文献。

制作的实际电路和仿真电路的结果有较大的差异,这是电路设计中常见的问题。产生差异的原因应该至少包含以下几点:

(1) 无源元器件的标称值和实际值有误差,其精度不够高。

(2) 器件模型的参数与器件的实际参数有差异。

(3) 器件模型的参数过于简化,不能反映实际使用电路的完整信息。

事实上,在低频时,实际电路几乎与仿真电路的结果一致,差异足以忽略。但是在高频情况下,即使仿真的结果正确,也难以保证实际电路的功能实现。究其原因,主要是电路仿真时只考虑了电路的功能,元器件是以集总参数表示的,并没有反映一些分布参数的影响。所以在高频电路设计时,首先要对模型参数与实际器件的性能条件进行对比验证,以确保所采用模型的精度达到要求。其次,电路的仿真还必须在板级进行,以模拟各种寄生效应和温度变化。对于高速模拟或混合信号电路设计,为了降低目标电路的风险,原型和试验板制作阶段是不能省略的。

5.1.4 电路设计软件

用于模拟电路设计的软件数量远比电路仿真的软件数量少。有些半导体制造商不仅提供了电路仿真软件,同时还提供一些电路设计工具,用于该制造商器件的电路设计。本小节主要简单介绍两大模拟芯片制造商 ADI 和 TI 的电路设计工具。

ADI 公司提供了一些在线或离线的电路设计工具,可以简化电路设计和芯片选型过程。

在线性电路设计方面,ADI 公司的 Precision Studio 中集成了以下信号调理电路的设计工具:噪声分析工具、模拟滤波器向导、光电二极管向导、仪表放大器钻石图、仪表放大器误差计算器。另外,在放大器设计方面,ADI 公司还有运算放大器误差预算计算器、差分放大器设计工具 DiffAmpCalc。

在时钟和定时电路设计方面,ADI 公司提供了 TimerBlox Designer、ADIsimCLK、ADIsimDDS 等工具。TimerBlox Designer 是一款基于 Excel 的选型和频率合成工具,用于

5 种 TimerBlox 小型时序器件:压控振荡器（VCO）、低频振荡器时钟、脉宽调制（PWM）、单次触发信号的产生和信号延迟，从而加快和简化设计过程。ADIsimCLK 是一款专门针对 ADI 公司的超低抖动时钟分配和时钟产生产品系列而开发的设计工具，能迅速开发、评估和优化设计，预测相位噪声和抖动。Precision Studio 中的 ADIsimDDS 是对 DDS 芯片进行选型和性能评估的工具，可选择并评估直接数字频率合成器的性能，包括外部重建滤波器的影响，查看二次和三次谐波的频率位置与幅度，并确定实现输出信号性能所需的滤波器要求。

在数据转换器设计方面，ADI 公司提供了 Visual Analog、精密 ADC 驱动器工具、精密 DAC 误差预算工具。Visual Analog 是高速 ADC 选型和分析的工具，将功能强大的仿真和数据分析工具与用户友好的图形界面集成在一起，允许定制输入信号和数据分析方法。Precision Studio 中的 Virtual Eval 是对 ADC 和 DAC 产品进行选型和性能仿真的工具。利用 ADI 公司的详细模型，Virtual Eval 可仿真关键部件的性能特征，对工作条件（如输入和外部抖动）以及器件特性（如增益或数字下变频）进行配置，性能特征包括噪声、失真和分辨率、FFT、时序图、频率响应图等。精密 ADC 驱动器工具可仿真精密 ADC 和驱动器组合的性能，标记驱动器选择、反冲建立和失真等潜在问题，并可以快速评估设计利弊，仿真和计算包括系统噪声、失真和 ADC 输入的设置。精密 DAC 误差预算工具用于计算精密 DAC 信号链的直流精度，可显示整个信号链中的静态误差状况，以快速评估设计利弊，可计算由基准电压源、运算放大器和精密 DAC 引起的直流误差。

在电源电路设计方面，ADI 公司提供了 LTpowerCAD、LTpowerPlay、ADI Power Studio。LTPowerCAD 是一款完整的电源设计程序，内含 LTpowerPlanner 工具用于系统级设计和优化。LTpowerPlay 支持 ADI 公司的电源系统管理（PSM）产品，包括 PMBus 电源系统管理器和集成 PSM 的 DC/DC 电源转换器。该软件支持许多不同的任务，包括离线模式（没有硬件），以便构建可在日后保存和重新加载的多芯片配置文件。ADI Power Studio 支持 ADI 公司的 Super Sequencer 电源产品，支持许多不同的任务，如通过连接至演示板系统来评估 ADI 芯片，并在离线模式下构建多芯片配置文件。

在射频电路设计方面，ADI 公司提供了 ADIsimPLL、ADIsimRF、RF 阻抗匹配计算器。ADIsimPLL 是一款 PLL 频率合成器设计和仿真工具，可模拟所有可能影响 PLL 性能的重要非线性效应，包括相位噪声、小数 N 分频杂散毛刺和消隙脉冲（anti-backlash pulse）等。ADIsimRF 是一款 RF 信号链计算工具，能够计算级联增益、噪声系数、IP3、P1dB 和功耗。级数最多可以达到 20 级。

TI 公司提供了在线工具 Webench Power Designer、Power Stage Designer 软件用于电源电路设计，Filter Designer 软件用于模拟滤波器设计，Clock tree architect 软件用于生成时钟树解决方案。TI 公司还提供了 60 多种放大器电路设计和 40 多种数据转换器子电路设计，由此可以组合创建复杂的电路系统。

电路设计软件中也有功能强大的商用软件，如滤波器设计软件 Filter Solutions。

5.2　器件模型

为了进行电路仿真，必须先建立元器件的模型，也就是对于电路仿真程序所支持的各种元器件，在仿真程序中必须有相应的数学模型来描述它们，即使用能用计算机进行运算的计算公式来表达它们。一个理想的元器件模型，应该既能正确反映元器件的电学特性又适合在计算机上进行数值求解。一般来讲，器件模型的精度越高，模型本身也就越复杂，所要求的模型参数个数也越多。这样计算时所占内存量增大，计算时间增加。而集成电路往往包含数量巨大的元器件，器件模型复杂度的少许增加就会使计算时间成倍延长。反之，如果模型过于粗糙，会导致分析结果不可靠。因此，所用元器件模型的复杂程度要根据实际需要而定。

如果要进行元器件的物理模型研究或进行单管设计，一般采用精度和复杂程度较高的模型，甚至采用以求解半导体器件基本方程为手段的器件仿真方法。二维准静态数值仿真是这种方法的代表，它通过求解泊松方程、电流连续性方程等基本方程结合精确的边界条件和几何、工艺参数，相当准确地给出器件的电学特性。而对于一般的电路分析，应尽可能采用能满足一定精度要求的紧凑模型(Compact Model)。

电路仿真的精度除了取决于器件模型外，还直接依赖于所给定的模型参数数值的精度。因此，希望器件模型中的各种参数有明确的物理意义，与器件的工艺设计参数有直接的联系，或能以某种测试手段测量出来。

目前构成器件模型的方法有两种。一种是从元器件的电学工作特性出发，把元器件看成“黑盒子”，测量其端口的电气特性，提取器件模型，而不涉及器件的工作原理，这种模型称为行为级模型。这种模型的代表是 IBIS 模型和 S 参数，MATLAB 的 Simulink 模型也是行为级模型。行为级模型的优点是建模和使用简单方便，节约资源，适用范围广泛，特别是在高频、非线性、大功率的情况下行为级模型几乎是唯一的选择。其缺点是精度较差，一致性不能保证，受测试技术和精度的影响大。另一种是以元器件的工作原理为基础，从元器件的数学方程式出发，得到的器件模型及模型参数，其与器件的物理工作原理有密切的关系。SPICE 模型是这种模型中应用最为广泛的一种。其优点是精度较高，特别是随着建模手段的发展及半导体工艺的进步和规范化，人们已可以在多种级别上提供这种模型，满足不同的精度需要。其缺点是模型复杂，计算时间长。

本文将介绍以下几种模型：SPICE、IBIS、Verilog-AMS/VHDL-AMS、BSDL、S/X 参数、Simulink、SiMKit 及 Sys-Parameters。

5.2.1 SPICE模型

SPICE(Simulation Program with Integrated Circuit Emphasis)模型是 SPICE 仿真器使用的基于文本描述的电路器件，它能够用数学公式预测不同情况下元器件的电气行为。SPICE 模型包括最简单的用一行描述的电阻等无源元件到使用数百行描述的极其复杂的电路。

SPICE 模型是较早出现的一种器件仿真模型。SPICE 模型由两部分组成：模型方程式和模型参数。由于提供了模型方程式，因而可以把 SPICE 模型与仿真器的算法非常紧密地联系起来，可以获得更好的分析效率和分析结果。SPICE 模型的分析精度主要取决于模型参数的来源即数据的精确性，以及模型方程式的适用范围。而模型方程式与各种不同的仿真器相结合时也可能会影响分析的精度。

采用 SPICE 模型在 PCB 板级进行信号完整性分析时，集成电路设计者和制造商须提供集成电路 I/O 单元子电路的 SPICE 模型和半导体特性制造参数的详细的准确描述。由于

这些资料通常都属于设计者和制造商的知识产权与机密，所以只有较少的半导体制造商会在提供芯片产品的同时提供相应的SPICE模型。除此之外，PCB板级的SPICE模型仿真计算量较大，分析比较费时，在仿真精度要求不高时，可用IBIS模型代替。

5.2.2　IBIS模型

IBIS(Input/Output Buffer Information Specification，输入/输出缓冲信息规范)是集成电路供应商向其潜在客户提供的关于其产品的输入/输出缓冲信息，供应商无须公开其知识产权及私有密钥。从IBIS 5.0版本开始，这一规范包含两种模型：传统的IBIS和IBIS-AMI(Algorithmic Modeling Interface，算法模型接口)。

传统模型生成的是文本形式，包含很多有关缓冲器的电压、电流关系和电压、时间关系的表格，以及某些寄生元件的值。这是一种标准的数据交换格式，供半导体器件供应商、仿真软件开发者和终端用户之间交换模型信息。IBIS模型通常用于代替SPICE模型来实现各种板级信号完整性仿真和时域分析。IBIS模型尤其适用于验证高速产品的信号完整性。IBIS-AMI模型在一种专用的SerDes(Serializer-Deserializer)信道仿真器中运行，而不是在SPICE类的仿真器中运行。该模型包含两个文本文件：*.ibs和*.ami。外加与平台有关的机器码可执行文件：Windows下的*.dll和Linux下的*.so。IBIS-AMI模型支持统计仿真和时域信道仿真，以及三种类型的IC模型：impulse-only、GetWave-only和dual mode。

IBIS模型文件具有后向兼容性，最新的6.1版本能兼容最早的ASCII文件形式的1.0版本。这归功于模型文件采用了符合业界标准的模板。通过对基本模板的修改，可能包括增加关键词和类别，使得IBIS模型数据可以采用更为复杂的模型。该模板很简单，足以使得半导体制造商和终端用户易于使用并修改。该模板又很规范，足以使EDA工具开发者写出可靠的解析器。由于模板须包含对整个器件的I/O的完整描述，因此每个文件里要定义几个模型，以及定义一个表格，将合适的缓存器与正确的引脚和信号名称对应起来。

IBIS可支持SPICE、IBIS-ISS(Interconnect SPICE Subcircuits，互连SPICE子电路)、VHDL-AMS和Verilog-AMS语言描述的文件。SPICE、IBIS-ISS、VHDL-AMS和Verilog-AMS本身不支持数字信号的处理，EDA工具会为它们提供AD和DA转换器来实现对数字信号的处理。

采用IBIS模型描述的器件类型有处理器、DAC、ADC、FPGA以及数字逻辑芯片。

与SPICE模型相比，IBIS模型的优点可以概括为以下几点：

(1) 在I/O非线性方面能够提供准确的模型，同时考虑了封装的寄生参数与ESD结构。

(2) 提供比结构化方法更快的仿真速度。

(3) 可用于系统板级或多板信号完整性分析仿真。可用IBIS模型分析的信号完整性问题包括：串扰、反射、振荡、上冲、下冲、不匹配阻抗、传输线分析、拓扑结构分析。特别地，IBIS能够对高速振荡和串扰进行准确精细的仿真，它可用于检测上升时间最坏情况下的信号行为以及解决一些用物理测试无法解决的问题。

(4) 模型可以免费从半导体厂商处获取，用户无须对模型产生额外开销。

(5) 兼容工业界广泛的仿真平台，几乎所有信号完整性分析工具都接受IBIS模型。

当然，IBIS不是完美的，它也存在以下缺点：

(1) 许多芯片厂商缺乏对IBIS模型的支持。而缺乏IBIS模型，IBIS工具就无法工作。

虽然 IBIS 文件可以手工创建或通过 SPICE 模型自动转换，但是如果无法从厂商得到最小上升时间参数，任何转换工具都无能为力。

(2) IBIS 不能理想地处理上升时间受控的驱动器类型的电路，特别是那些包含复杂反馈的电路。

(3) IBIS 缺乏对地弹噪声的建模能力。IBIS 模型 2.1 版包含了描述不同管脚组合的互感，从这里可以提取一些非常有用的地弹信息。IBIS 无法对地弹噪声建模的原因在于建模方式，当输出由高电平向低电平跳变时，大的地弹电压可能改变输出驱动器的行为。

5.2.3 Verilog-AMS/VHDL-AMS模型

与 SPICE 模型和 IBIS 模型相比，Verilog-AMS 和 VHDL-AMS 模型出现的时间较晚，它们是一种行为模型语言。作为硬件行为级的建模语言，Verilog-AMS 和 VHDL-AMS 分别是 Verilog 和 VHDL 的超集，而 Verilog-A(Analog，模拟信号)是 Verilog-AMS 的一个子集，VHDL-A 是 VHDL-AMS 的一个子集。

在 AMS 语言中，AMS 方程式能够在多种不同的层次上来编写，包括晶体管级、I/O 单元级、I/O 单元组等。唯一的要求是制造商能够提供描述端口输入/输出关系的方程式。

实际上，AMS 模型还能够被用于非电的系统元件。一般地，可以把模型写得简单以加快仿真速度，一个更详细的模型往往需要更长时间来仿真。在某些情况下，一个相对简单的行为模型比 SPICE 模型还要精确。

Verilog-AMS 和 VHDL-AMS 提供了连续时间和事件驱动两种建模句法，因此适用于模拟、数字以及数模混合电路的仿真，尤其适用于验证非常复杂的模拟、混合信号和射频集成电路。

5.2.4 BSDL模型

"边界扫描"是一种可测性设计技术，即在电子系统的设计阶段就考虑其测试问题。BSDL(Boundary Scan Description Language，边界扫描描述语言)文件是使用边界扫描进行电路板级和系统级测试以及在系统编程所必需的。BSDL 文件是描述一个 IC 中的 IEEE 1149.1或 JTAG(Joint Test Action Group，联合测试行动小组)设计的电子数据表，这些文件由 IC 供应商提供，作为其器件规范的一部分。

BSDL 是硬件描述语言 VHDL 的子集，用于通过 JTAG 对器件进行板级和系统级测试以及在系统中编程。BSDL 已成为 IEEE 1149.1 标准的一部分。BSDL 本身不是一种通用的硬件描述语言，它用于定义器件的数据传输特点，即它怎样捕获、改变和更新扫描数据。

BSDL 文件包含以下内容：实体声明、一般参数、逻辑端口描述、封装引脚映射、用户陈述、扫描端口识别、测试访问端口(Test Access Port，TAP)描述以及边界寄存器描述。边界扫描工具利用 BSDL 文件生成测试程序、进行错误诊断以及可测试性分析。

5.2.5 S/X参数模型

S 参数与 Y 参数、Z 参数、H 参数、T 参数不同，它使用匹配负载来对线性电路进行刻画，而不是用负载的开路或短路作为测试条件。S 参数使用 4 个参数来描述一个电气网络：

S_{12}为反向传输系数，也就是隔离；S_{21}为正向传输系数，也就是增益；S_{11}为输入反射系数，也就是输入回波损耗；S_{22}为输出反射系数，也就是输出回波损耗。它通常适用于射频或微波信号的分析，这时用功率或能量而不是电压或电流来描述信号，S 参数必须在特定的特征阻抗和工作频率下用网络分析仪测量得到，也可以用网络分析技术来计算。

Keysight 公司的 X 参数适用于大信号和小信号、线性和非线性器件，可表征元器件在所有端口处于大输入功率情况下所生成的谐波幅度和相对相位，正确表征阻抗失配和频率混叠特性，从而能够精确仿真级联的非线性 X 参数模块，如放大器和混频器。Keysight 公司的 SystemVue 软件支持 X 参数模型。

5.2.6　Simulink模型

Simulink 是 MATLAB 中的一种可视化仿真工具，是一个面向多域仿真和基于模型设计的模块框图环境。它支持系统级设计、仿真、自动代码生成以及嵌入式系统的连续测试和验证。

Simulink 提供图形编辑器、可定制模块库以及和求解器，能够进行动态系统建模和仿真。通过与 MATLAB 集成，不仅能够将 MATLAB 算法融入模型，而且还能将仿真结果导出至 MATLAB 做进一步分析。

Simscape 是 Simulink 的物理建模平台。Simscape 家族包含 6 种产品，可涵盖许多应用。在 Simscape 平台上可以使用附加产品的任意组合来为多域物理系统建模。这些附加的产品包含更为先进的模块和分析方法。

Simscape 电子(Simscape Electronics)是 Simpscape 的 6 种产品之一，其他 5 种产品分别为 Simpscape 平台、Simpscape 传动线、Simpscape 流体系统、Simpscape 三维机械系统和 Simpscape 电力电子系统。

Simscape 电子主要为电子系统和机电一体化系统进行建模和仿真。它的库模型包括：半导体(semiconductors)、电机(motors)、驱动器(drives)、传感器(sensors)和电动装置(actuators)。用这些组件可以建立一个机电系统模型，构建其行为模型供 Simulink 来评估模拟电路架构。

Simscape 电子可以帮助用户开发控制算法，用于车辆电子、航空伺服机械和音频功率放大等电子和机电系统。半导体模型(包括非线性和动态温度效应)可选的组件有放大器、电机驱动、模数转换器、锁相环和其他电路。可以使用 MATLAB 的变量和表达式将模型参数化。可以将模型用于其他仿真环境，包括硬件在环系统(Hardware In Loop，HIL)。可以使用 Simulink 编码器将 Simscape 电子模型转化为 C 代码，从而完成 HIL 测试和优化的批仿真。将模型转化为 C 代码使得在分享模型的同时还能保护知识产权。

5.2.7　SiMKit模型

SiMKit 紧凑模型是 NXP 公司对半导体器件的数学方程描述，用于模拟电路的仿真。它是一个与仿真器无关的紧凑晶体管模型库，通过适配器建立与仿真器的连接。单个模型库在不同的适配器库之间共享。在运行时，每个仿真器加载其相应的适配器库，然后该适配器库加载模型库。

所有配备紧凑型模型接口(Compact Model Interface,CMI)的 Cadence 仿真器,如 Spectre、APS 和 UltraSim,都可以使用 SiMKit。Keysight 公司的 ADS 仿真器集成了 SiMKit 模型。NXP 公司的 Mica、Siemens 公司 AFS、Keysight 公司的 GoldenGate, Synopsys 公司的 FineSim 和 CustomSim(XA),以及其他的仿真器如 AWR 的 APLAC/MWO 都提供了 SiMKit 模型的适配器。

NXP 公司提供的 SiMKit 模型有双极模型、高压模型、MOS 模型、JUNCAP 和高级二极管模型。这些模型都包含在名为 SiMKit 的动态加载库中。

(1) SiMKit 由两个专用的模型 Mextram 和 Modella 来描述双极型晶体管。

Mextram 用于竖向 NPN 和 PNP 的双极型晶体管,它的本征模型是一维的,包含了非本征区域和衬底(第四个引脚)的描述。本征模型包含了集电极外延层和现代 SiGe 晶体管的十分先进的描述。

Modella 专用于描述横向 PNP 晶体管。它的基本描述不够高级,唯一的特点是描述了横向双极型晶体管的二维电流扩展效应。

(2) 高压 MOS 器件的等效电路可以用增强型 MOSFET 与一个或多个耗尽型 MOSFET 串联来描述,前者用 MOS Model 9、MOS Model 11 或 PSP(Penn State-Philips,宾夕法尼亚大学-飞利浦公司),后者用 MOS Model 20、MOS Model 31 或 MOS Model 40。

为了描述在特殊工艺下具有横向漂移区的双极型晶体管,可将 Mextram 或 Modella 与 MOS Model 31 或 MOS Model 40 结合使用。

(3) 有三种模型用于描述 MOS 晶体管。

MOS Model 9 是在 20 世纪 90 年代早期开发的,拟用于数字和模拟电路的设计。它是一个基于阈值电压的模型,对晶体管各工作区域的电气失真特性进行了精确的描述,如亚阈值电流、衬底电流和输出电导。

MOS Model 11 是 NXP 的更为高级的紧凑 MOS 模型。它不仅用于数字和模拟电路设计,还用于 RF 电路设计。MOS Model 11 是基于表面电势的模型,对晶体管各工作区域的电气失真特性进行了极好的描述。另外,它包括了当代和未来 CMOS 技术的很多重要的物理现象,如栅极漏电流(gate leakage)、栅致漏极漏电流(gate-induced drain leakage)、多晶硅耗尽(poly depletion)、量子机械效应(quantum-mechanical effects)和偏置决定的叠加电容(bias-dependent overlap capacitances)。

PSP 模型是最近出现的紧凑 MOSFET 模型,它是由飞利浦研究院和宾夕法尼亚大学联合开发的。它是基于表面电势的 MOS 模型,包含了以下物理效应:流动性降低(mobility reduction)、速度饱和(velocity saturation)、漏极感应势垒降低效应(DIBL)、栅极电流(gate current)和横向掺杂梯度效应(lateral doping gradient effects),用于对深亚微米 CMOS 技术进行建模。与以前的 MOS 模型不同,源极/漏极结模型,也就是 JUNCAP2 模型,是 PSP 模型不可分割的一部分。

(4) JUNCAP 模型描述了二极管的行为,这些二极管由 MOS 器件中的源极、漏极或阱至体(Well-in-Bulk)结型组成。为了包含侧壁、底部及栅极边缘结型的差异效应,JUNCAP 模型中分别计算了这三个效应。

(5) NXP 公司的高级二极管模型是普通二极管模型的扩展,它对反向工作状态有了更好的描述。该模型包括以下物理机制:带间隧穿、陷阱辅助隧穿(正向和反向偏压之下)、

Shockley-Read-Hall 复合和雪崩击穿电压。

5.2.8　Sys-Parameters模型

ADI公司的 Sys-Parameters 模型包含行为参数，如 P1dB、IP3、增益、噪声指数和回波损耗，描述了器件的非线性和线性特性，覆盖了器件的完整工作频率范围，能针对整个 RF 信号链的误差矢量幅度（Error Vector Magnitude，EVM）和邻道功率比（Adjacent Channel Power Ratio，ACPR）等调制 RF 特性执行交互式预算分析。ADI 公司的 Sys-Parameters 库有 100 多个 RF 放大器和混频器，还有用于相位精确线性网络分析的 S 参数文件。Sys-Parameters 模型可用于 Keysight 公司的 Genesys 和 SystemVue 软件。

5.3　电路辅助设计软件

本节将对放大器、滤波器、电源、PLL 电路的设计软件进行介绍。

5.3.1　放大器设计

本小节介绍基于 BJT 的放大器设计软件 TransistorAmp 和 ADI 的差分放大器设计工具 DiffAmpCalc。ADI 还提供了关于运算放大器和仪表放大器的误差预算工具，以及仪表放大器的钻石图工具，以加速设计过程，实现设计优化。

一、TransistorAmp

TransistorAmp 是基于 BJT 的单级放大器设计软件，当选择了电路结构（共射、共基、共集），提供了电路参数（电源电压、放大倍数、下限频率、输入和输出电阻、BJT 的型号和电阻的精度）时，该软件将显示静态工作点参数和所用元件的参数，如图 5.1 所示。

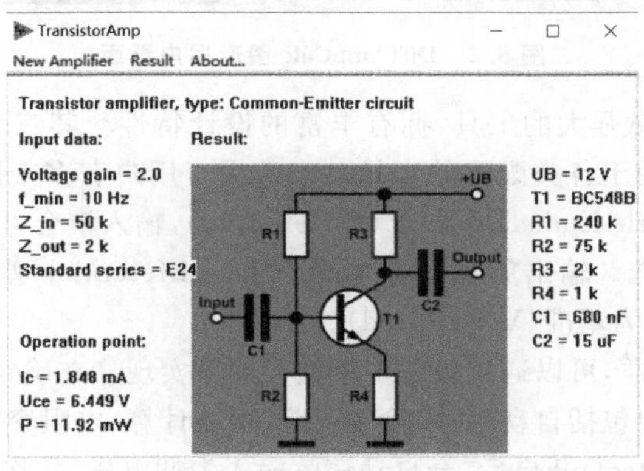

图 5.1　TransistorAmp 设计结果界面图

二、差分放大器设计工具 DiffAmpCalc

ADI 公司的 DiffAmpCalc 是一种交互式设计和参数仿真工具。它使耗时的计算自动化，从而轻松确定增益、终端电阻、功耗、噪声输出及输入共模电压的最佳水平。DiffAmpCalc 通过为工程师提供高效且直观的工具来减少设计风险。DiffAmpCalc 的强项在于其以设计为导向的特性、易用性和内置的差错检测功能。

该工具利用数据手册上的参数以数学手段模拟放大器的行为，可加快 ADI 公司多款差分放大器的选型、评估和故障排除。数据手册中未规定的参数，将根据数据手册中的值和图形进行外推。

模拟的全差分放大器(FDA)有三类：带用户可选增益的 FDA、带预设增益的 FDA 和全差分漏斗放大器。图 5.2 为 DiffAmpCalc 图形用户界面(GUI)。

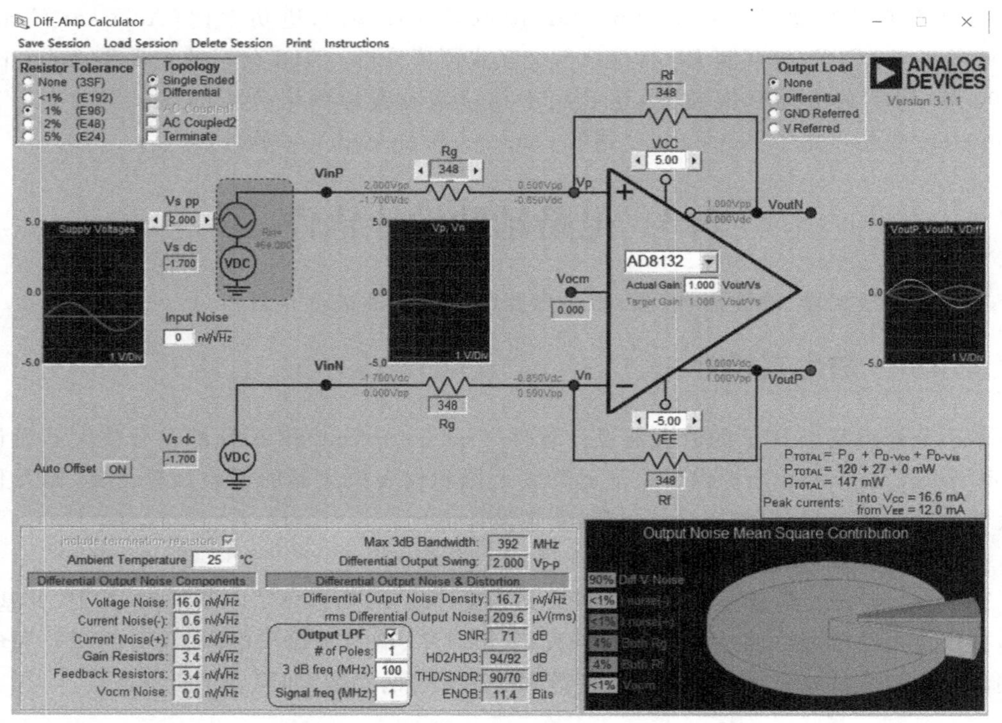

图 5.2　DiffAmpCalc 图形用户界面

DiffAmpCalc 是一款强大的工具，拥有丰富的设计特性。其三个主要设计特性是电路定制、优化首选项以及用于各类配置的大量动态数据。用户有多个设计定制选项。用户可选输入拓扑为单端(Single Ended)或差分 (Differential)，输入耦合可选为交流和/或直流，输入端接 (Terminate)可选。输出负载可选 None(无)、Differential(差分)、以地为基准(GND Referred)或以某个电压为基准(V Referred)。

如需较高的差分增益，可以通过级联多级放大器来实现。在确定设计尺寸之后，有多个优化特性可供使用，其中包括自动偏移、输入跟踪、增益计算、电阻容差和热效应。

自动偏移(Auto Offset)开启后，会自动调整输入失调电压，并将 Vocm 调到可用输入和输出电压范围的中心。此特性可使放大器的动态范围最大化。

若想要保持平衡输入，使能输入跟踪(Input Tracking)会很有用，因为它会自动平衡输入幅度和失调。这是通过迫使反相和同相节点相等来实现的。选择 Auto Offset 时，Input Tracking 会被禁用。

三、线性电路工具 Precision Studio

ADI 公司的 Precision Studio 中集成了以下放大器的设计工具：噪声分析工具、仪表放大器钻石图、仪表放大器误差计算器、光电二极管向导。

噪声工具可以构建、仿真和验证复杂的精密信号链，执行 AC 和噪声分析，找出传递函数、单个组件的噪声贡献、SNR 和 ENOB。信号链中 ADI 组件的高级建模可提供实验室质量的结果，以满足设计要求并实现快速虚拟验证。完整的信号链可以导出到 LTspice 进行进一步分析。

仪表放大器钻石图工具可为仪表放大器生成特定配置的输出电压范围与输入共模电压的关系图(也称为钻石图)。根据电源电压、增益和输入信号范围等用户输入，该工具可检测设计饱和情况，推荐输入信号在规格范围内以及配置有效的仪表放大器。该工具能避免设计饱和，找到适合设计的最佳仪表放大器。

仪表放大器误差计算器可以估计仪表放大器电路中的误差贡献，使用温度、增益、电压输入和源阻抗等输入参数来确定可能对整体设计产生影响的误差。

模拟光电二极管向导可设计跨阻放大器电路以与光电二极管连接。可从工具中包含的库中选择一个光电二极管，或输入自定义光电二极管规格，快速观察带宽、峰值和 ENOB/SNR 之间的权衡，修改电路参数，并立即在脉冲响应、频率响应和噪声增益图中查看结果。

除了 Precision Studio 外，ADI 还提供运算放大器误差预算计算器，可在线分析运算放大器的范围、增益和精度问题。

5.3.2　滤波器设计

ADI 公司的 Precision Studio 中的模拟滤波器设计向导和 TI 公司的 Filter Design Tool 软件的设计能力非常有限，不具有高频滤波器和无源滤波器的设计能力，只能用运放或专用芯片实现有限的功能，如 TI 软件只能设计截止频率 10 MHz 以下的滤波器。而 FilterSolutions 具有很强的功能，可设计无源滤波器、有源滤波器、模拟滤波器、数字滤波器、集总参数和分布参数滤波器，能实现各种频率响应，且可设计的频率范围很宽。

一、TI Filter Design Tool

TI Filter Design Tool 集成在 TI 公司的 Webench 中，为在线设计工具，如图 5.3 所示。首先选择滤波器的类型(高通、低通、带通、带阻)；其次输入滤波器的截止频率、增益大小、阻带特性参数，选择滤波器的响应类型，如巴特沃思、切比雪夫、贝塞尔、线性相位、经典高斯等，可选择多个响应类型进行比较，并有图示的比较结果，包括增益、相位、群时延和阶跃响应；再选择拓扑类型(Sallen-Key 或 Multiple feedback)，软件会给出各种响应的滤波器结构；然后选择生成设计，可以得到电路及滤波器的特性图形；最后导出设计结果和仿真结果。

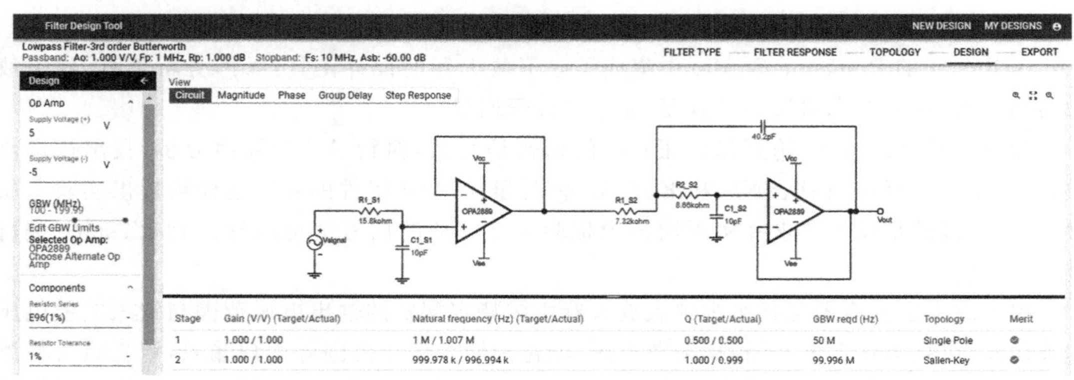

图 5.3　TI Filter Design Tool 设计结果界面

二、ADI 模拟滤波器设计向导

ADI 模拟滤波器设计向导(Analog Filter Wizard)是一款滤波器的在线设计向导。可选择滤波器的类型,定义通带及其增益、阻带的滚降参数、响应的快慢,上限频率必须在 50 MHz 以下。运算放大器可以从系统推荐的列表中选择,也可采用系统默认的。滤波器的结构不可选择,可以输出电路、幅度、增益、相位、群时延、噪声等多种结果,如图 5.4 所示。

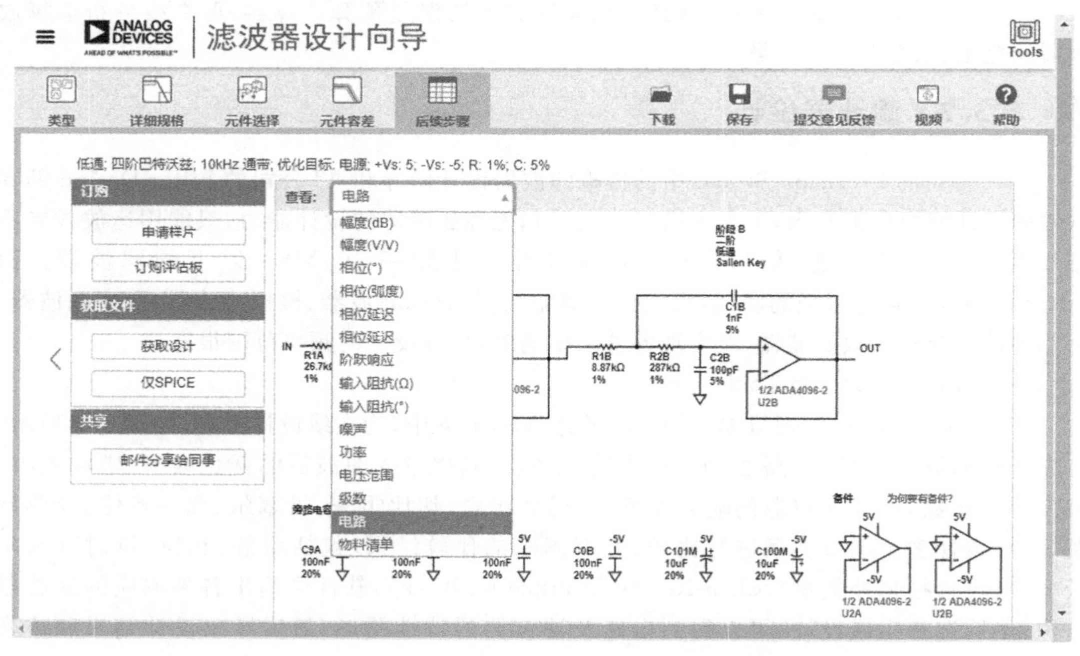

图 5.4　Analog Filter Wizard 设计结果界面

三、Filter Solutions

Filter Solutions 是一款基于 PC 的滤波器综合和分析软件,能提供集总参数无源滤波器、分布参数(传输线)无源滤波器、基于 IC 的有源滤波器、开关电容滤波器、不用电感的模拟滤波器和数字滤波器类型。它有 Advanced 和 FilterQuick 两种界面,见图 5.5。该软件已被 ANSYS 公司收购,在 HFSS 电磁仿真器中自动设置分析和优化。

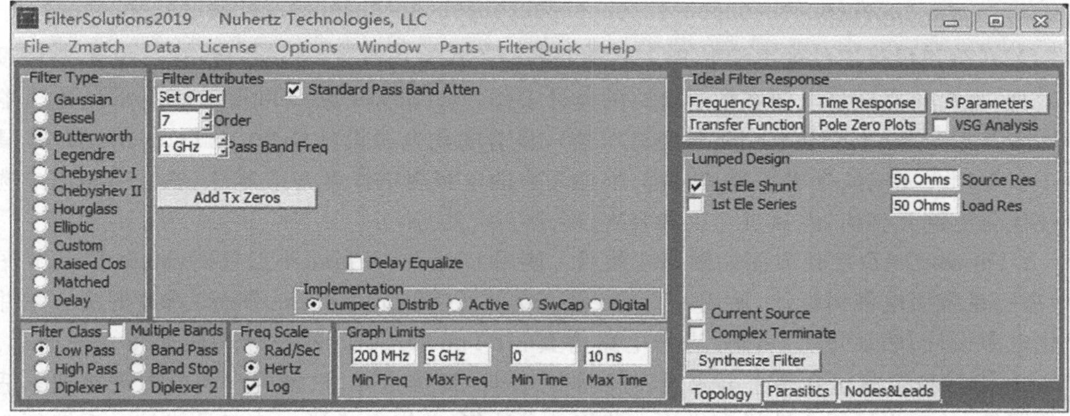

(a) Advanced设计界面

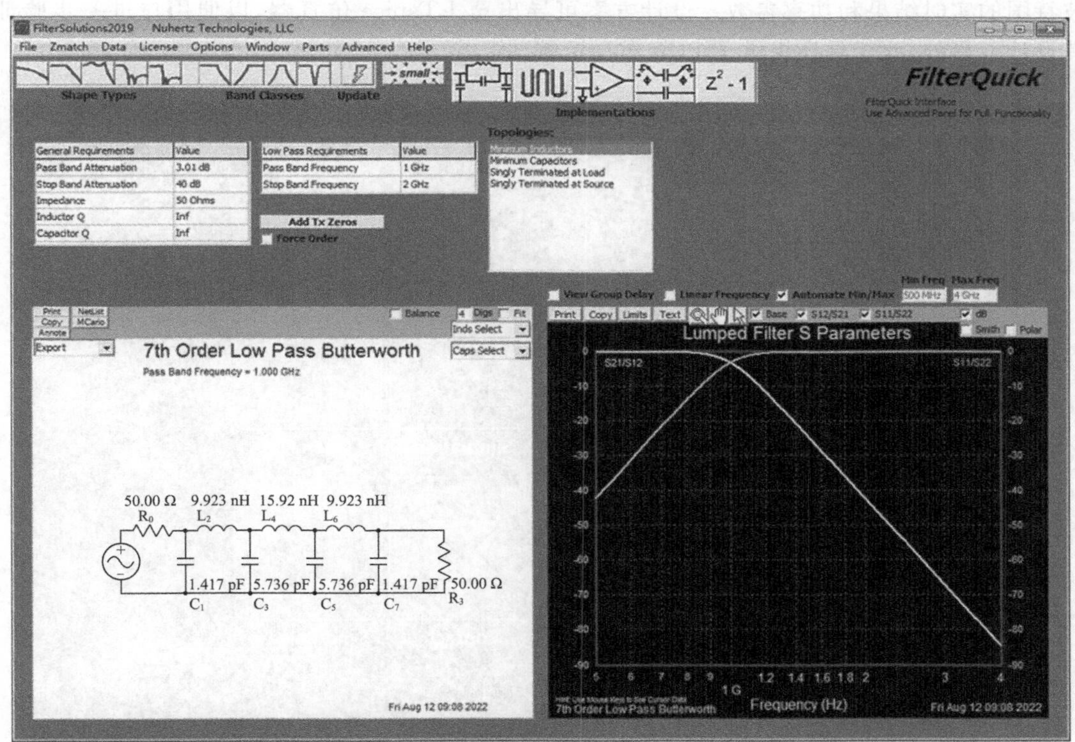

(b) FilterQuick设计界面

图 5.5 Filter Solutions 设计界面

5.3.3 电源设计

ADI 公司收购 LT 公司之后，电源设计软件采用了 LT 公司的 LTpowerCAD。TI 公司的 Webench Power Designer 是在线设计和仿真工具。ONSemi 公司的 WebDesigner Power Supply 也是一款在线设计和仿真工具，目前支持 DC/DC 降压拓扑。

一、LTpowerCAD

ADI公司提供完整的电源管理工具 LTpowerCAD，内置 LTpowerPlanner 电源架构设计工具，可简化高质量电源系统和电路的设计工作。LTpowerCAD 可用于 μModule 稳压器和许多其他产品（主要是单片降压型稳压器），显著简化电源设计任务。LTpowerCAD 工具逐步引导用户完成整个电源设计过程，根据用户的电源规格搜索合适器件；然后引导用户选择并优化电路元件值，并提供建议和警告。

LTpowerCAD 启动界面如图 5.6 所示。使用 LTpowerPlanner 工具（System Design 图标）进行系统级电源树设计，使用 LTpowerCAD 工具（Supply Design 图标）查找解决方案并优化电源设计，然后用 LTspice 进行电路仿真。LTpowerCAD 的设计界面如图 5.7 所示。LTpowerCAD 工具可在整个电源设计过程中为用户提供指导，根据用户的电源规格搜索适合的器件，随后指导用户选择和优化电路组件参数值，并提出建议。该工具能显示反馈环路波特图的实时结果和功率参数。设计方案可导出至 LTspice 仿真器，以便用户进一步验证其设计。另外，此工具还提供了 PCB 布局示例。

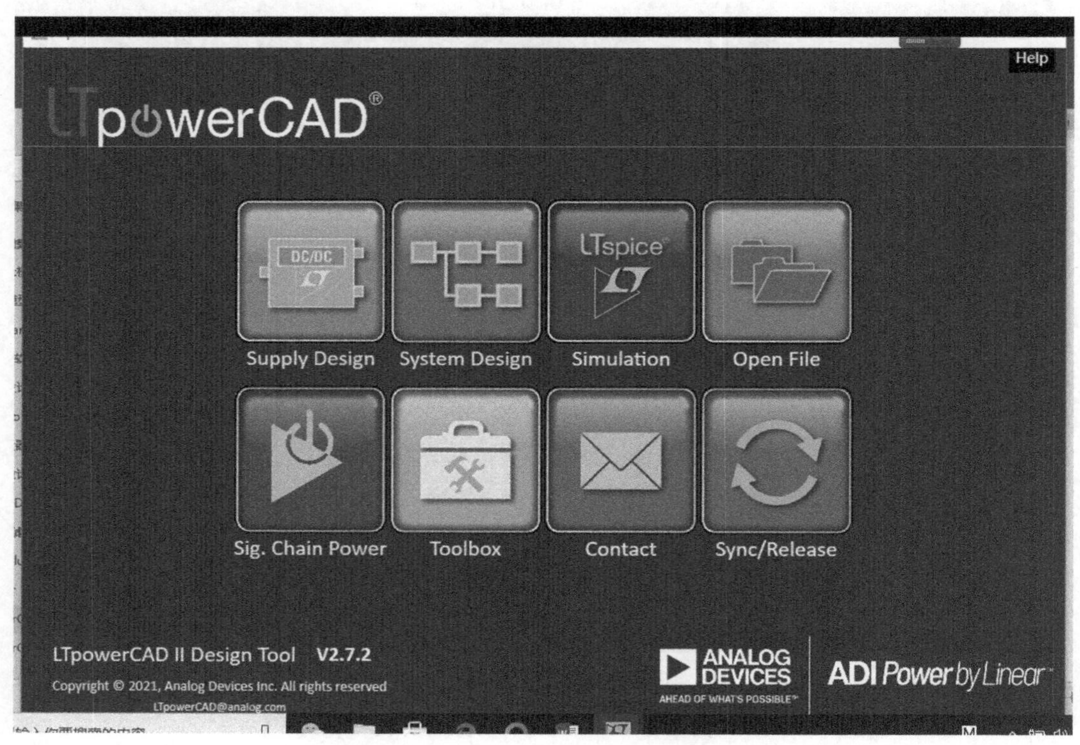

图 5.6 LTpowerCAD 启动界面

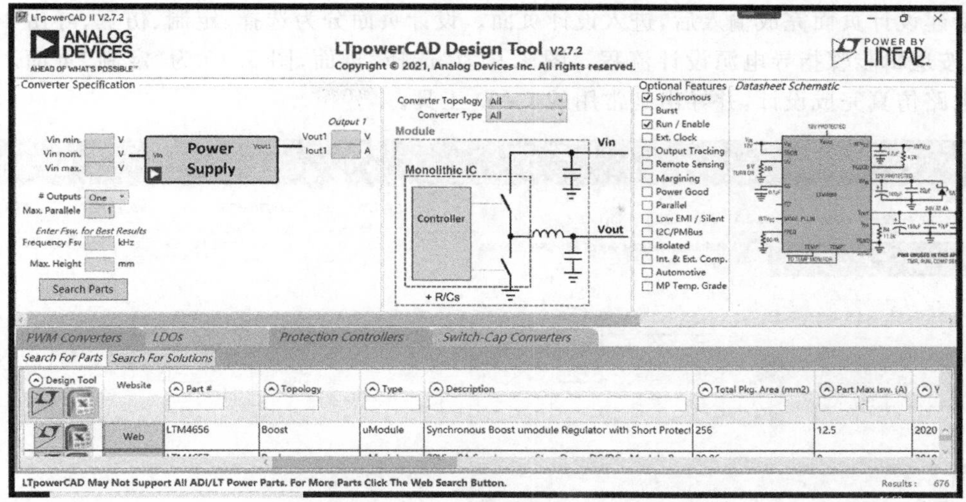

图 5.7　LTpowerCAD 设计界面

二、Webench Power Designer

TI 公司的 Webench Power Designer 可基于需求创建定制化电源电路，提供端到端电源设计功能，通过选择、定制、仿真、导出步骤轻松进行电源设计。Webench Power Designer 支持各种电源系统和子系统，包括电池管理、LED 照明、处理器和 FPGA 电源，可实现 DC/DC 和 AC/DC 的变换，支持从超小的毫微功耗模块到高功耗的反激式控制器。

Webench Power Designer 的新建设计页面如图 5.8 所示，可以快速查找 TI 器件，或使用输入/输出参数进行器件搜索，并提供了低成本、高效率等不同设计需求的选项。

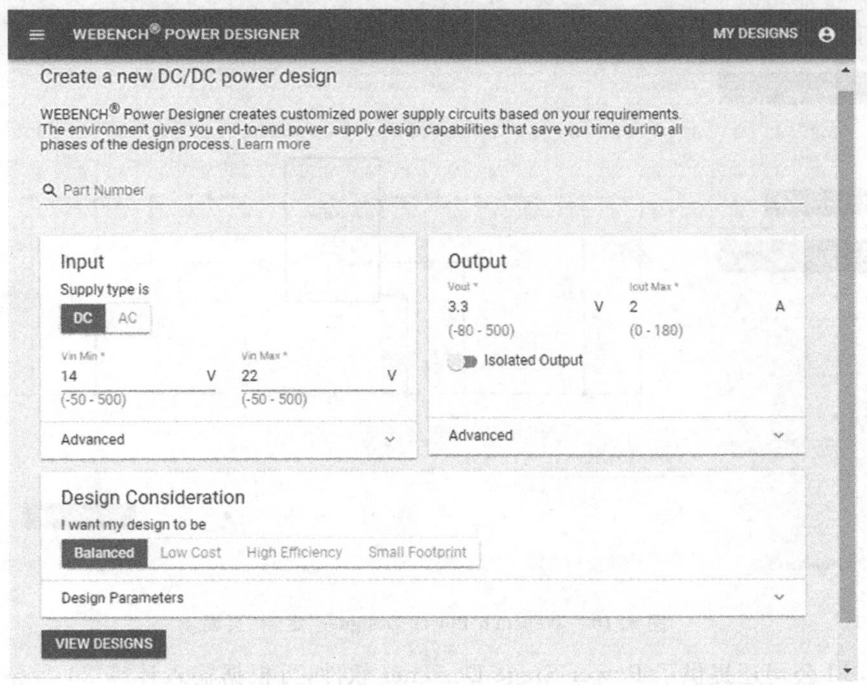

图 5.8　Webench Power Designer 的新建设计页面

新建设计页面完成输入后，进入设计页面。设计页面分为选择、定制、仿真、导出 4 个标签页，按逻辑步骤指导电源设计流程。图 5.9 为"选择"页面，图 5.10 为"定制"页面。可以运行电路仿真完成设计，并导出到常用的 CAD 工具。

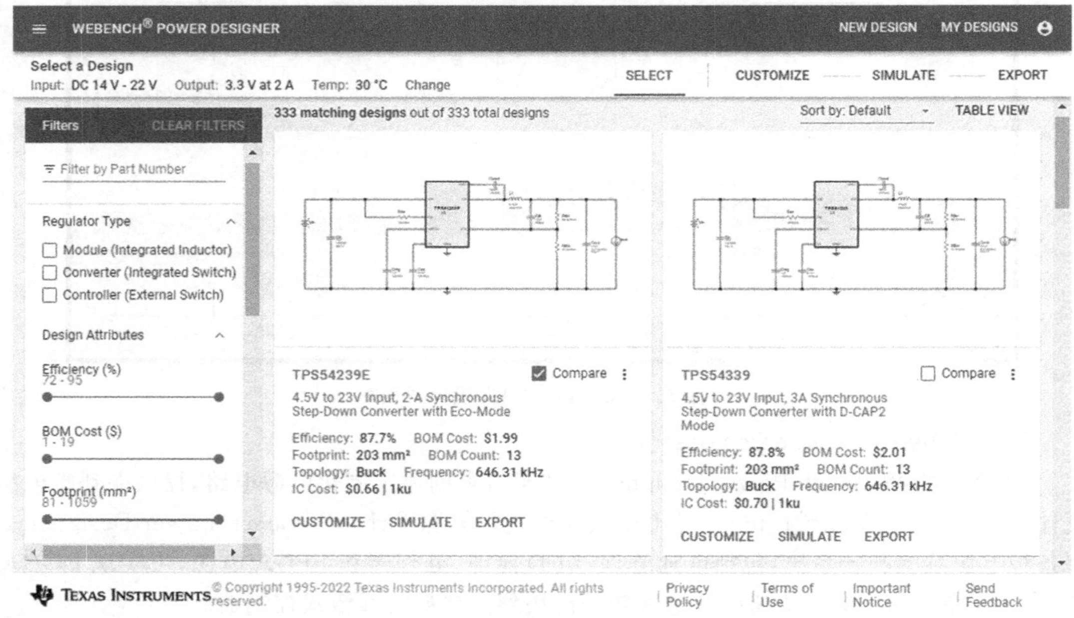

图 5.9 Webench Power Designer"选择"页面

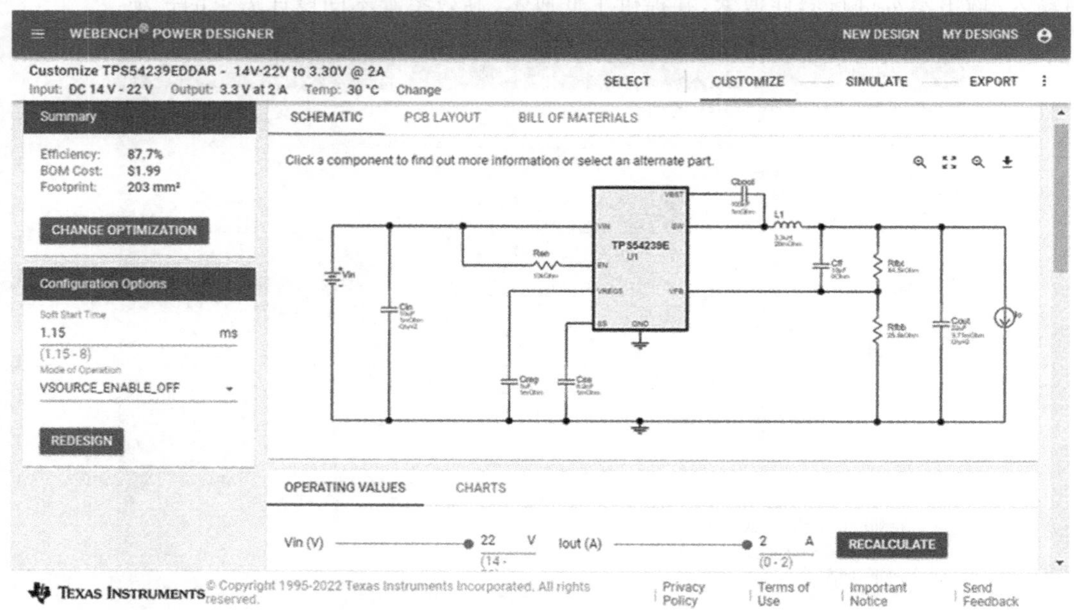

图 5.10 Webench Power Designer"定制"页面

另外，TI 公司还提供了 Power Stage Designer 软件，可根据输入计算 20 种拓扑的电压和电流，快速、直接地获得有关电源设计需求的反馈，计算 FET 损耗、控制回路、电容器电流

等,以正确选择电路元件。

5.3.4 PLL设计

ADIsimPLL 是 ADI 提供的 PLL 频率合成器设计和仿真工具,可以仿真影响 PLL 性能的所有关键非线性效应,包括相位噪声、分数分频的毛刺(Fractional-N spurs)、消隙脉冲(anti-backlash pulse),可用于 ADI 的 ADF 合成器等系列产品,包括用于基站和一般应用的集成度很高的 ADF4351 和用于卫星应用的集成宽带接收器 ADRF6850。

PLL 向导完成一个 PLL 设计需要 5 个步骤:规定频率的范围,选择一个 PLL 芯片和一些选项,挑选一个 VCO(芯片自带或外加 VCO 芯片),挑选一个参考振荡器,选择环路滤波器类型。ADIsimPLL 设计界面如图 5.11 所示。

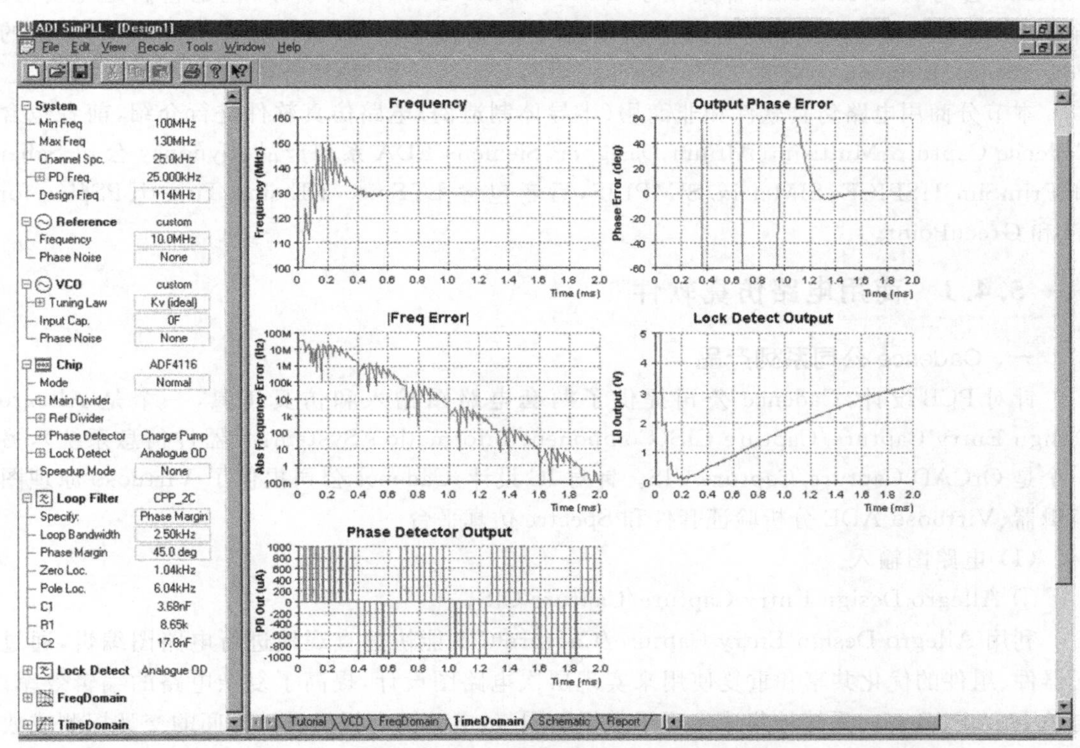

图 5.11　ADIsimPLL 设计界面

5.4 原理图仿真软件

SPICE 是一款通用的、开源的模拟电路仿真程序,可以实现对下列电路元件的仿真:电阻、电容、电感、互感、独立电压源、独立电流源、四种形式的受控源、无损和有损传输线、开关、理想的传输线、运算放大器,以及二极管、BJT、JFET、MESFET 和 MOSFET 5 个常用的半导体器件。相应的器件模型也叫作 SPICE 模型。仿真的内容有非线性直流分析、非线性瞬态分析、线性交流分析、噪声分析、灵敏度分析、失真分析、傅里叶分析、蒙特卡洛分析等。

SPICE最早是由加州大学伯克利分校电气工程和计算机科学系开发的，从20世纪70年代的SPICE1发展到今天的SPICE3F版本。以此为基础，各种学术、工业和商业的相应产品也应运而生。其中，最著名的商用软件要数Synopsys的HSPICE和Cadence的PSPICE。佐治亚理工大学开发的学术软件XSPICE也是由SPICE衍生而来的。National Instruments的Multisim是一款成功的商用软件，它是基于SPICE3F5和XSPICE的。Altium Designer的仿真支持XSPICE、SPICE3F5模型，同时也完全兼容PSPICE模型。

时至今日，少数芯片制造商，主要是一些大公司，都有为自身产品开发的基于SPICE的电路仿真软件。如ADI公司的LTSpice(原为LT公司所有)、TI公司的Tina-ti、PSpice for TI这些软件都是免费的。SIMetrix是一款用于数模混合仿真的软件，SIMPLIS是一款开关电源仿真软件，它们是需要软件使用许可的。Maxim公司(已被ADI收购)的EE-SIM和ONSemi公司的GreenPoint都采用了SIMetrix/SIMPLIS仿真引擎，但是它们是免费的。除此之外，也有一些公司的电路仿真软件不是直接基于SPICE模型，如IBM公司的PowerSpice、Infineon公司的Titan、Intel公司的Lynx，以及NXP公司的PStar。

本节分商用电路仿真软件和非商用(半导体制造商)电路仿真软件进行介绍，前者包含Cadence Capture、Multisim、Altium Designer、Siemens EDA系列产品、Synopsy公司Saber和PrimSim HSPICE、SIMetrix/SIMPLIS，后者包含LTSpice、EE-sim、Tina-ti、PSpice for TI和GreenPoint。

5.4.1 商用电路仿真软件

一、Cadence公司系列产品

针对PCB设计，Cadence公司提供了两套电路图输入和仿真工具，一个是Allegro Design Entry Capture/Capture CIS(Component Information System：元器件信息系统)，另一个是OrCAD Capture/Capture CIS。针对IC设计，Cadence公司提供了Virtuoso原理图编辑器、Virtuoso ADE分析验证套件和Spectre仿真平台。

(1) 电路图输入。

① Allegro Design Entry Capture/Capture CIS。

利用Allegro Design Entry Capture/Capture CIS能快速直观地进行电路图编辑，通过元器件、组件的优化共享和重复使用来实现层次电路图设计，提高了复杂电路的编辑效率。与AllegroPCB双向无缝地集成实现了数据的同步、电路图和板级设计之间的交叉探测或放置。强大的CIS使得用户可以快速查找所需器件，从而加速开发进程和降低项目成本。它自动集成了FPGA和PLD器件。

Allegro Design Publisher将电路图和PCB转换成一个PDF文件，PDF文件提供了层次浏览以及对设计属性和限制条件进行访问的功能，增加了设计的可读性，便于检查允许用户选择发布的内容，从而起到保护知识产权的作用。

② OrCAD Capture/Capture CIS。

OrCAD Capture是目前业界应用最广泛的原理图设计解决方案之一。OrCAD Capture提供但不限于核心原理图编辑功能。它可以高度集成OrCAD PCB Editor以实现物理PCB设计，集成OrCAD PSpice实现模拟和混合信号线路仿真，集成OrCAD PCB SI实现信号完整性分析和规划，集成OrCAD CIS实现元件参数优化、选择以及多样化设计，极大地扩展了

原理图设计流程。

OrCAD CIS 为便捷地查看公司元件信息库和器件信息提供了平台。OrCAD CIS 与 OrCAD Capture 无缝对接，通过复用器件、减少搜寻器件的时间、避免手工搜索元件信息，保持元件数据同步，极大地完善了器件选择和识别流程。可选的 OrCAD CIS 选项，可以在高度集成的设计流程中管理元件数据库。

(2) 模拟/混合信号仿真。

Cadence 模拟和混合信号仿真器，支持准确的元件建模、设计的验证和优化，从而减少设计的缺陷，降低存在的风险。Cadence 的模拟和混合信号仿真也有两套体系，一个是 Allegro PSPice Simulator，另一个是 OrCAD PSpice Designer。

① Allegro PSpice。

Allegro PSpice 用功能强大的仿真、调试、设计和分析工具为模拟和混合信号设计提供了布线前后的测试。它的核心还是 Cadence 的快速和精确仿真的 PSpice 技术。其功能包括灵敏度分析、基于目标的多参数优化、组件应力分析、可靠性分析和蒙特卡洛分析。参数画图工具可分析参数间的相互依赖性，将仿真数据转换为具有意义的结果。与 Allegro Design Entry HDL 的无缝集成，使得电路图能直接用于生成 PCB，从而大大降低了设计时间，杜绝了重画电路图可能带来的错误。仿真器包含了一个很大的模型库和行为建模技术，使得修改模拟和数字接口的工作变得直截了当，其特点如下：

a. 实现 AC、DC、噪声、瞬态和参数扫描分析。

b. 包括用于变压器和电感设计的磁性器件编辑器。

c. 使用大量的具有温度效应的精确内部模型。

d. 包括 33 000 多个常见器件和组件的模型库。

e. 提供自动电路优化器以提升性能。

f. 完成电路灵敏度、组件应力和产品结果的分析。

g. 提供与 MATLAB Simulink 工具的接口以便实现高级电气建模。

② OrCAD PSpice Designer/PLUS。

OrCAD PSpice 和高级分析技术结合了模拟、模数混合信号以及分析工具，以提供一个完整的电路仿真和验证解决方案。无论简单电路的原型设计，还是复杂的系统设计，或是验证元件的成品率和可靠性，OrCAD PSpice 技术都能提供最佳的、高性能的电路仿真方案，帮助分析和改进电路、元器件及参数。

OrCAD PSpice 是一个高性能、工业级的模拟和混合信号仿真工具与波形查看器。PSpice 从元器件供应商处为用户提供了大量的仿真模型，能够仿真从简单到复杂的电子电路、电源系统、射频系统的系统设计和 IC 设计。它自带数学函数、模拟行为模型、电路优化和机电一体化联合仿真等功能，使得 OrCAD PSpice 仿真环境远远超出了一般电路仿真工具的范畴，其特点如下：

a. 提供大量仿真元件库，支持模型关联和创建，支持多核仿真，与 OrCAD Capture 完全集成，提高了绘图效率和数据完整性。

b. MATLAB Simulink 接口可以实现系统级仿真，结合电气设计来评估真实应用。

c. 电应力分析功能可以发现过应力元器件，蒙特卡洛分析可以评估元器件误差对产品成品率的影响，从而减少现场失败和故障。

d. 各个 IC 厂家提供大量仿真模型，自带数学函数和模拟元器件，行为建模技术允许用户进行各种高度自定义仿真。

e. 功能强大的波形查看和波形后处理公式支持快速检查和分析结果，因而无须重新仿真。

f. 开放的架构和程序平台，允许用户自定义算法和对仿真结果进行后处理。

升级到 OrCAD EE(PSpice)Designer Plus，可以提供 PSpice 高级分析仿真，结合 PSpice 核心仿真可以最大限度地提升设计性能、降低成本和提高可靠性。这些高级仿真包括灵敏度分析、蒙特卡洛分析、电应力分析、优化分析和参数绘图分析，它们帮助用户处理由于电子元器件制造参数变化带来的问题，可以使用户更加深入地理解电路性能。在元器件参数变化的情况下电路性能会偏离基本设计，其特点如下：

a. 通过电应力分析可以找出哪些元器件超过实际安全工作范围，通过蒙特卡洛分析可以发现器件偏差对电路的影响，从而消除现场故障。

b. 通过灵敏度分析可找出哪些器件对性能影响最为关键，然后对敏感元器件提高精度要求，对非敏感元器件降低精度要求，从而控制成本。

c. 通过优化分析可找到能够满足设计性能指标和约束的最佳元器件值，帮助用户更加快速地微调设计。

d. 通过蒙特卡洛统计可分析仿真电路行为，当元器件值在其误差范围内变化时深入挖掘电路工作条件。

二、Multisim 和 Ultiboard

Multisim 软件结合了直观的原理图输入和功能强大的仿真，能够快速、轻松、高效地对电路进行设计和验证。凭借 Multisim 中完整的器件库，用户可以快速创建原理图，并利用工业标准 SPICE 仿真器仿真电路。借助专业的高级 SPICE 分析和虚拟仪器，用户能在设计流程中提早对电路设计进行迅速的验证，从而缩短建模周期。Multisim 与 NI LabVIEW 和 Signal Express 软件的集成，完善了具有强大技术的设计流程，从而能够比较仿真数据及进行实际建模测量。

Multisim 有基础版、完整版和 Power Pro 版可供选择，各个版本在电路搭建特性和仿真特性上有些差异。

ULTIboard 最早是一款 PCB 布局软件，包括了 3D 视图，能够进行实时电气规则检查。现在它与 Multisim 无缝集成在一起，叫作 NI Ultiboard。这样在同一个开发环境中，可以完成电路图的绘制、电路的 SPICE 仿真和 PCB 布局。

三、Altium Designer

Altium Designer 的混合电路信号仿真工具，在电路原理图设计阶段实现对数模混合信号电路的功能设计仿真，配合简单易用的参数配置窗口，完成时序、离散度、信噪比等多种数据的分析。Altium Designer 可以在原理图中提供完善的混合信号电路仿真功能，它使用的仿真引擎是 XSPICE，也完全兼容 PSPICE 模型。

由于 Altium Designer 采用了集成库技术，原理图符号中包含了对应的仿真模型，因此原理图即可直接用来作为仿真电路。Altium Designer 提供了大量的仿真模型，用户不仅可以编辑系统自带的仿真模型文件来满足仿真需求，还可以直接将外部标准的仿真模型导入系统中。Altium Designer 的仿真器可以完成各种形式的信号分析，支持直流工作点分析、

瞬态和傅里叶分析、交流小信号分析、蒙特卡洛分析、参数扫描、温度扫描等各种分析，并自带专业的波形显示分析器。

四、Siemens 公司 EDA 系列产品

在 Siemens EDA 针对 IC 设计的解决方案中，以下产品可用于模拟混合信号的验证：Analog FastSPICE(AFS)、Eldo、Symphony 和 Solido Variation Designer。

Analog FastSPICE 是纳米级电路验证平台，用于模拟信号、射频信号、混合信号和数字信号电路的仿真，如高速 I/O、PLL、ADC/DAC、CMOS 图像传感器、射频芯片和嵌入式存储器，有 2 千万元件的存储能力。它的速度比传统的 SPICE 仿真器快 5～6 倍，比并行的 SPICE 仿真器快 2～6 倍。

Eldo 平台是模拟电路验证平台，对模拟、射频和混合信号电路提供可靠性验证和全面的电路分析与诊断。它包括 Eldo Classic、Eldo Premier 和 Eldo RF 引擎，可以满足不同的模拟电路设计需求。通过 Questa ADMS，Eldo 与逻辑验证和仿真工具 Questa 集成，支持 SPICE 和所有标准的 HDL、HDL-AMS 语言，用于验证复杂的模拟混合信号片上系统，包括 ADC、DAC、PLL 和自适应滤波器。将 Questa 扩展到模拟和混合信号，为验证复杂 AMS SoC 提供全面的环境。

Symphony 模块化架构利用 AFS 为混合信号提供具有纳米 SPICE 精度的最快的仿真性能，在多种 IC 和 IC 子系统中得到验证，包括 ADC、收发器、电源管理、GHz PLL/DLL 和传感器。快速精确的混合信号仿真能力、完全可配置的架构、先进的验证和调试功能，使得 Symphony 在所有层级和所有 IC 的应用中能提供优良的设计验证功能、连结性和 A/D 接口性能。

Solido 是变异感知设计、IP 验证和库特征提取的解决方案。其中 Solido Variation Designer 提供一套完整的工具用于存储器、模拟芯片、射频芯片、混合信号电路和标准单元电路的变异感知设计及验证，使用机器学习加速仿真，以更少数量级的仿真覆盖整个设计。设计者可根据设计的类型、设计的阶段、目标精度和综合需求灵活选择最佳工具。

Siemens EDA 针对 PCB 设计的解决方案 Xpredition Enterprise，面向企业团队提供从系统设计定义到制造执行的集成。其中电路仿真和分析工具 Xpredition AMS 扩展了基于 SPICE 的标准电路分析，与 HyperLynx Advanced 3D 电磁求解器集成，可计算布局寄生效应，分析对电路功能的影响，将板级寄生效应的分析引入电路设计过程中。

PADS Professional 是面向硬件工程师和小型工作组的的 PCB 设计与验证工具，是 Xpredition Enterprise 的简化版本，与 Xpredition 技术兼容。PADS Professional 可实现机电协同设计，支持柔性/刚性柔性设计，可在同一 PCB 上设计 RF、模拟和数字电路，也可以从 Keysight ADS 导入射频电路。PADS Professional 可设计、仿真和分析模拟及混合信号电路，使用 SPICE、VHDL、Verilog 和其他行业标准语言进行全板功能仿真，内置的波形显示和分析引擎支持通过多个光标和交互式事件搜索来实现过渡点之间的测量，创建特殊图表，以及波形后处理，并支持基于云的仿真。PADS Professional 内置了 HyperLynx 信号完整性分析。

五、Saber

Synopsys 公司的 Saber 软件是物理系统设计、建模与仿真平台，可以为模拟/电力电子设备、发电/电力转换/配电系统以及电气系统/接线/线束设计和机电设备应用领域提供全

系统虚拟原型设计。

Saber 包括 SaberRD、SaberES Designer、CosmosScope。

SaberRD 是设计和分析电力电子系统及多域物理系统的直观、集成环境，可实现电力电子和机电系统的虚拟化。全面专业的仿真可以对不同的器件类型进行不同等级的抽象，以实现建模的灵活性。模型抽象等级可以从高层次的架构级模型，细化到模拟真实设备物理属性的详细行为级模型。SaberRD 可将物理系统与其他电子和软件设计连接起来，验证多域物理系统(电、热、机械、磁、液压等)的工作情况，支持 MAST 和 VHDL-AMS 语言标准，通过网格计算对数千个虚拟原型进行创建和仿真。SaberRD 兼容模拟、数字、控制量的混合仿真，进行前期的原理验证，指导器件选型，并模拟产品在各种实际工况下的特性，比如考虑元器件的容差、参数漂移、温度变化、线路或者器件故障等，根据系统响应进行设计优化。

SaberES Designer 是一体化汽车电气系统设计与验证的统一工具，提供从概念到制造的一体化流程，管理错综复杂的系统设计变量，实现并行工程设计，维持数据完整性，并且能够与 3D CAD 系统展开高效数据交换。

CosmosScope 是图形化波形分析器，可以对模拟和数字仿真结果执行后处理，使用真正的"所见即所得"制图(包括箭头、形状和文本)，将设计信息自动注释至图形，可使用 50 种测量值注释图形，对设计性能提供快速的可视化反馈。凭借强大的分析和测量功能、获得专利的波形计算器技术以及基于行业标准 Tcl/Tk 的脚本语言，CosmosScope 支持所有 Synopsys 仿真器，包括 HSPICE、SPICE、Saber 和 SaberHDL，还可以导入业内常用的格式。

六、PrimeSim Continuum

Synopsys 公司的 PrimeSim Continuum 解决方案融合了 PrimeSim SPICE、PrimeSim HSPICE、PrimeSim Pro、PrimeSimXA 等多个仿真工具。

PrimeSim SPICE 是用于模拟、射频和混合信号应用的高性能 SPICE 电路模拟器，可以在 GPU/CPU 上提供独特的多核/多机扩展和异构计算加速。PrimeSim SPICE 支持高频噪声分析、高效 S 参数处理，并为周期、非周期时域和频域应用提供高级分析功能。

PrimeSim HSPICE 仿真器是精确电路仿真的黄金标准，提供经过晶圆代工验证过的、具有先进仿真和分析算法的 MOS 器件模型，广泛应用于芯片/封装/板/背板的信号完整性仿真、存储器特性描述和模拟混合信号 IC 设计。HSPICE 模型经过大量半导体技术的证明，采用从紧凑建模协会标准模型，如 BSIM、PSP、HiSIM，到高压、显示等专用模型，如 HVNOS、TFT。HSPICE 模型采用符合三重数据加密技术的 192 比特的加密，确保第三方只能仿真而无从知晓加密的参数和节点电压。HSPICE 能进行可靠性、环路稳定性和瞬时噪声分析。对于大信号，它采用 Shooting Newton(SN)和 Harmonic Balance(HB)引擎进行周期性稳定状态、周期性噪声、相位噪声和周期性交流信号等分析。

PrimeSim Pro 仿真器用于 DRAM 和闪存设计进行快速、高容量的分析。新架构经过高度优化，可设计具有高带宽、大功率传输网络和严格密度要求的全芯片存储器及 CMOS 图像传感器。PrimeSim Pro 具有独特的异构 GPU 加速功能。

PrimeSim XA 是用于 SRAM、自定义数字和混合信号验证的 FastSPICE 仿真器，能自动识别器件、拓扑和层次结构，使用最有效的技术精确仿真各种设计。

七、SIMetrix/SIMPLIS

SIMetrix 是一款易于使用的模拟/混合信号仿真工具，速度快，结果精确，能可靠收敛。

SIMetrix 适合用来仿真通用非开关电路，如运算放大器、基准电压源、线性稳压器。

SIMetrix 仿真器的内核是由一个直接矩阵模拟仿真器和与之紧密联系的事件驱动门级数字仿真器组成的，它能有效地将模拟和数字电路一起仿真。

SIMetrix 的模拟仿真器是基于 SPICE 的，事件驱动数字仿真器是基于 XSPICE 的，它们能完全兼容 PSPICE 模型，以作为业界标准的 SPICE 模型。

SIMPLIS 可仿真开关电路的工作情况，相比于标准 SPICE，极大地提高了稳定性和速度，尤其适用于开关电源、PLL 和 ADC/DAC。它和 SPICE 一样工作在组件级，但是开关电路的暂态分析速度明显要快 10～50 倍。SIMPLIS 是采用直线分段来对器件进行建模的，所以比 SPICE 求解非线性方程要快得多。对于复杂拓扑，基于 SPICE 的仿真是不能完成的。SIMPLIS 可以通过增加分段数量以达到足够的精度。

SIMPLIS 有三种分析模式，即瞬态(Transient)、周期工作点(Periodic Operating Point)和交流(AC)。周期工作点是独特的分析模式，用于找到开关系统的稳态工作波形。AC 分析无须使用一般模型就可得到开关系统的频率响应，这对于没有一般小信号模型的控制方案或新的电路拓扑的研究是非常有用的。

SIMPLIS 目前可支持的器件类型有 MOSFETs、IGBTs、JFETs、BJTs、齐纳二极管和普通二极管。SIMPLIS 通过运行使用 SPICE 模型的 SIMetrix 仿真程序，生成合适的器件特性曲线，再采用曲线拟合算法计算 SIMPLIS 模型的分段。

SIMPLIS 集成在 SIMetrix 开发环境里中。SIMetrix/SIMPLIS 有经典、专业和精英三个版本，包含模拟器件和功率器件的仿真器及集成开发环境，集成开发环境集成了电路图编辑器、器件符号编辑器、波形查看器和脚本语言编辑器。SIMetrix 可支持的器件类型有标准 SPICE 器件、Laplace 转换器件、软恢复二极管、非线性磁性器件、任意信号源、Verilog-A 描述的模拟器件、IC 设计用晶体管和由 Touchstone 格式文件定义的器件。

5.4.2　半导体制造商的电路仿真软件

一、LTSPICE

LTSPICE 是一款高性能 SPICE 仿真器、电路图输入和波形查看器，并为简化开关稳压器的仿真提供了改进方案和模型。对 SPICE 所做的改进使得开关稳压器的仿真速度极快，较之标准的 SPICE 仿真器有了大幅度的提高，用户只需几分钟便可完成大多数开关稳压器的波形观测。凌力尔特提供 80%的开关稳压器的 SPICE 和 Macro 模型、200 多种运算放大器模型以及电阻器、晶体管和 MOSFET 模型。

其分析的内容有瞬态分析、AC 分析、DC 扫描、噪声分析、直流小信号传输函数和静态工作点分析。

二、EE-SIM

EE-SIM 有在线和离线版本，将设计和仿真集成在一起，提供电路图输入的全部功能，以及用于分析的 SIMetrix 和 SIMPLIS 仿真引擎。

在线的 EE-SIM 工具能根据用户的需求自动生成电路图，几分钟内完成参数设置和仿真。用户还可以分享设计、订购器件、打印完整的报告。

Maxim 公司提供了数以百计产品的 SPICE 和 PSPICE 模型。

三、Tina-TI

Tina-TI 是基于 SPICE 模型的电路仿真软件，是 TI 和 DesignSoft 共同开发的一款免费软件，仅供教育工作者和学生在教学中使用。Tina-TI 具有 DesignSoft 的仿真软件 Tina 的全部功能，但只加载了 TI 的宏模型库及有源和无源器件。

Tina 的原理图输入非常直观。Tina-TI 提供所有常规的直流、瞬态和频域分析等，Tina 广泛的后处理允许用户以需要的形式展示结果。虚拟仪器允许用户选择输入波形和测试电路节点的电压与波形。

Tina-TI 包含许多应用电路实例。修改电路实例是最快最容易的电路仿真的途径，实例电路修改后可以另存。这些电路也可以在 Tina 的完整版上运行，以实例中显示的分析类型仿真。这些文件位于 Tina-TI 程序软件的"examples"文件夹中。下载最新的版本后，在菜单栏的"file"下选择菜单项"open examples"可以看到有关信息。

噪声源(Noise Sources)和传感器仿真器(RTD Simulator)两个文件目前没有包含在"examples"文件夹中，可以通过链接下载。

TI 提供了 4 000 多种产品的 SPICE 模型，有 HSPICE、PSPICE、Tina-TI SPICE 和不依赖于仿真软件的通用 SPICE 模型四种形式。有些模型是加密的，只能在特定的软件及软件版本上使用。

四、PSpice for TI

PSpice for TI 是一款设计和仿真工具，用于快速选择器件和评估模拟电路的功能。该工具采用 Cadence 的 PSpice 技术，用 ORCAD Capture 软件创建电路，使用 TI 模型库和 PSpice 模拟行为模型，简化系统级电路仿真。

五、GreenPoint

ON Semi 公司的 GreenPoint 仿真工具提供交互式设计及验证环境，包括元器件选择、仿真及分析、电路图下载、物料单(BOM 表)及性能结果生成。GreenPoint 基于仿真闭环开关电源应用的高能效仿真引擎是 SIMetrix/SIMPLIS。

用 GreenPoint 实现 LED 发光电路设计需要 6 个步骤：选择 LED、输入设计要求、生成设计电路并仿真和分析、编辑 BOM、设计总结以及保存设计。

用 GreenPoint 实现 DC/DC 转换器电路设计，目前只有两款产品可仿真设计，即 LV5980MC 和 NCP3170 降压非隔离转换器。

5.5 PCB 仿真软件

在 IC 技术不断发展的今天，信号上升沿速度越来越快，导致信号完整性问题的产生。甚至以前被认为不会有影响的低频 PCB 设计也产生了高速问题。因此，拓扑结构探索、信号分析、约束规则的开发已成为当今电子产品设计不可或缺的一部分，板级电路和系统的仿真也已成为当今电子产品设计的重要环节。本节主要对有关信号完整性问题和电源完整性分析的几个 PCB 仿真软件作简单介绍，如 ANSYS SIwave、ADS SIPro/PIPro、Allegro Sigrity SI/PI、OrCAD PCB SI 和 HyperLynx。

5.5.1 ANSYS SIwave

ANSYS SIwave 是一个专用设计平台，可用于电子封装与 PCB 的电源完整性、信号完整性及 EMI 分析。在 SIwave-DC、SIwave-PI 与 SIwave 三个专用分析套件中提供该软件。上述产品可互相作为构建基础，从而能够非常灵活地为 PCB 与封装工程师提供所需的分析功能。

为加快模型创建，SIwave 能够从 Altium、Autodesk、Cadence、Siemens EDA 和 Zuken 等供应商导入 ECAD 文件。SIwave 还支持 GDSII、ODB＋＋和 IPC2581 等其他格式，提供构建完整 ECAD 系统的能力。为进行实际设备的建模，Q3D Extractor 能无缝地把数据传输给多种物理求解器，如 ANSYS Workbench 用于热设计的 ANSYS Icepak 和用于结构分析的 ANSYS Mechanical。

ANSYS SIwave 独一无二的 AC/DC 弯折算法使得 DC 和 AC 间的过渡结果得到无可匹敌的精度，为 HFSS 3D 布局计算 SIwave SYZ 带来好处。SIwave 中的 DDR 向导支持单个 IBIS AMI 模型。用户在 HFSS 3D 布局中利用 SIwave 解析器时，SIwave 能自动生成 HFSS 区域，这些区域在 3D 活动范围内(如 port 位置和过孔)自动产生，用户可以修改这些区域。

5.5.2 ADS SIPro/PIPro

Keysight 公司的 ADS 包括信号完整性分析组件 SIPro、电源完整性分析组件 PIPro。SIPro 和 PIPro 组件需要与 ADS Core 环境和 ADS 版图一起使用。

ADS SIPro 组件为复杂的高速 PCB 提供信号完整性分析，用 PowerAware 仿真引擎同时表征信号网络的损耗和耦合，最终提取出可以在 ADS 瞬态和信道仿真器中使用的精准电磁模型。该电磁模型能自动发送到 ADS 原理图用于瞬态和信道仿真，整个工作流程无缝衔接。借助网络驱动的接口，只需不到 20 次点击即可从版图快速、准确地获得结果。SIPro 组件还包括 RapidScan Z0，允许在进行电磁提取之前快速检查走线阻抗，从而缩短提取时间。

ADS PIPro 组件能够对配电网络(Power Delivery Network，PDN)进行电源完整性分析。仿真引擎包括直流压降分析、热和电热直流分析、PDN 交流阻抗分析、去耦电容器的优化，以及最终的电源层谐振分析。PIPro 中使用的电磁技术比通用电磁工具速度更快，效率更高，能够设置仿真，提取电磁模型并无缝导出测试台，从而实现全面的电磁完整性生态系统分析。PIPro 使用了网络驱动的高效接口，使得分析更精确。PIPro 可利用 PathWave ADS 中的通用设置和分析环境。

5.5.3 Allegro Sigrity SI/PI

Cadence 公司的信号完整性解决方案包括 SI/PI 分析、IBIS 建模、模型提取、热分析等组件。

Sigrity Aurora 软件为设计前、设计中和布局后的 PCB 设计提供传统的信号和电源完整性分析。集成 Allegro PCB 的编辑和布线技术，Sigrity Aurora 可直接在 Allegro PCB 数据库中进行读写，从而快速准确地集成设计与分析结果。Sigrity Aurora 提供基于 SPICE 的仿真器和 Sigrity 专利的嵌入式混合场求解器，提取 2D 和 3D 结构。必要时可支持带电源影响的 IBIS 行为模型，以及晶体管级模型。并行总线和串行通道架构可以在布局前进行探索、比较备选方案，在布局后对所有相关信号进行全面分析。直流电源完整性分析可测量源和负载之间的任一电压降，其结果可在设计窗口中以电压、电压降或电流密度的可视化方式呈现。设计人员无须离开 Allegro PCB 设计界面即可任意更改设计，并快速了解设计变更造成的影响。

Sigrity Advanced SI 软件帮助快速实现通用拓扑和标准接口，可对直流到 56 GHz 的串行和并行链路进行时域、频域、统计分析，识别潜在的反射和串扰问题。Sigrity Advanced SI 包括拓扑浏览器（Sigrity Topology Explorer）、并行和串行总线分析组件（Sigrity SystemSI）。

Sigrity Advanced IBIS Modeling 建模解决方案用于高速接口的精确仿真，能够创建描述发送器和接收器中均衡器行为的算法模型，以及将 SPICE 晶体管模型转换为 IBIS 模型的行为模拟前端。与 Sigrity Advanced SI 结合使用时，可以使用为 I/O 设备创建的模型来模拟串行链路和并行总线拓扑。Sigrity Advanced IBIS Modeling 由 Sigrity T2B、Sigrity AMI Builder、Sigrity System SI 模块组成。Sigrity T2B 晶体管到行为模型转换器以 IBIS 格式、精度增强的 Sigrity 行为模型格式提供输出模型，支持使用 Sigrity Advanced SI 或 Cadence Spectre、HSPICE 仿真器等的高效仿真。Sigrity AMI Builder 技术已为数以百计的 SerDes 和内存接口器件进行精确建模。

Clarity PCB 模型提取方案包括 Clarity 3D Solver、Sigrity Broadband SPICE、Sigrity Power SI、Sigrity Topology Explorer。Clarity 3D Solver 是 3D 电磁仿真软件工具，用于设计 PCB、IC 封装和 IC 上系统的关键互连，能创建高度精确的 S 参数模型，与 Microwave Office 相结合，提供一流的天线/相控阵设计和分析解决方案。Sigrity Broadband SPICE 将 N 端口无源网络参数（如散射、阻抗或导纳参数）转换为可用于时域仿真的 SPICE 等效电路，减少仿真问题并加快瞬态仿真运行，同时保持 HSPICE 或其他 SPICE 仿真器中高效瞬态仿真的准确性。Sigrity Power SI 提供了对完整 IC 封装或 PCB 的信号/电源完整性分析、设计阶段的 EMI 分析、S 参数模型提取和频域仿真。

Clarity IC 封装模型的提取方案包括 Sigrity XcitePI Extraction、Sigrity XtractIM、Sigrity PowerDC，以及 Clarity PCB 模型提取方案的所有功能。Sigrity XcitePI Extraction 生成一个表征芯片所有 PDN、I/O 网络以及用于信号、电源和接地之间电磁耦合效应的 SPICE 模型。Sigrity XtractIM 以 IBIS 或 SPICE 网表格式提供芯片封装的电气模型。Sigrity PowerDC 为芯片封装和 PCB 提供包含电/热协同仿真在内的直流分析。

5.5.4 OrCAD PCB SI

Cadence 公司的 OrCAD PCB SI 是一个集成的分析环境，提供强大的模拟仿真技术来帮助查找和处理从原理图设计到电路板布局和走线的整个设计过程中的信号完整性问题。OrCAD PCB SI 技术包括布线前拓扑结构探索，以及信号完整性分析和验证。使用 OrCAD PCB SI 可以增强电路可靠性，满足整个 PCB 设计流程中良好的信号互连的要求，减少设计修改的概率，从而提高生产效率。另外，也可以在器件布局以及走线完成后，根据 PCB 布线

网络来仿真、分析和确认信号完整性问题。其特点如下：

(1) 允许在布线前及布线后的任意时间进行信号探索及分析。

(2) 互连拓扑结构的探索、分析和设计可帮助增强电路可靠性、提高电路性能以及减少反复设计。

(3) 直接整合在 OrCAD PCB Editor 和 OrCAD Capture 中，减少不必要的设计数据转换。

(4) 分析结果可以直接转换到约束管理器，通过完整的设计流程来满足已验证的布线要求。

(5) 支持所有最新工业标准的 IBIS 模型、一般模型以及用户自定义模型来加速仿真过程。

5.5.5　HyperLynx

Siemens EDA 公司的 HyperLynx 是一款高速数字设计 PCB 仿真工具，它能实现信号完整性分析、电源完整性分析、3D 电磁建模和电气规则检查(DRC)，可与多种 PCB 工具配合使用。它结合先进的建模和仿真技术为主流系统设计者提供仿真能力，具有一步一步指导用户进行分析的自动流程。HyperLynx 产品系列将设计规则检查和全面的信号完整性、电源完整性仿真结合，提供了完整的分析流程。集成的 3D 电磁求解器可创建高度精确的互连模型。HyperLynx 产品包括 SI、PI、Advanced Solvers 和 DRC。

HyperLynx SI 使用布局前分析评估设计权衡点，使用布局后分析确保制造前设计的有效性。它支持 SerDes 信道、DDR 存储器接口和通用信号完整性在布局前后的分析。

HyperLynx PI 在一个易用的虚拟环境中设计和验证满足阻抗要求的电源分配网络(PDN)，对设计的性价比进行优化，可进行直流压降分析、交流去耦分析、PDN 优化。

HyperLynx Advanced Solvers 集成高精度、大容量三维电磁仿真(全波、准静态和混合)求解器，具有用于设计编辑和案例管理的通用图形界面。

HyperLynx DRC 为 PCB 设计师、系统设计师和 SI/PI/EMC 专家提供快速、基于规则的电气设计验证。

5.6　国产电路设计和仿真软件

目前 EDA 行业全球市场集中度较高。EDA 三巨头 Synopsys、Cadence、Simens EDA 公司能够提供完整的 EDA 工具，覆盖集成电路设计与制造全流程或大部分流程，市场占有率极高。

国内 EDA 公司与国际三巨头存在较大的差距。但近年来国家和市场对国产 EDA 行业的重视程度非常高，加之美国法案限制向中国出口设计 GAAFET(全栅场效应晶体管)结构集成电路所必须的 EDA 软件(主要限制 3 nm 以下高端芯片的发展)，为国产 EDA 厂商迎来更多机遇。

国内公司如华大九天已能提供模拟芯片设计的全流程工具。数字芯片的设计流程中涉及 120 个左右的点工具，一些国内公司的 EDA 工具的部分性能已达到世界先进水平，个别点工具功能强大，在某些细分领域具有优势。但国内 EDA 企业难以提供全流程产品。

下面介绍一款国内免费的 PCB 设计和仿真工具。立创 EDA 是一款国产在线 EDA 工具,具有原理图设计、PCB 设计、库绘制、工程管理、团队管理等功能,已创建超过 100 多万种实时更新的元件。设计人员可以导入自己常用的封装库,可在设计过程中检查元器件库存、价格等。

本章从器件的仿真模型、电路设计软件、电路仿真软件、PCB 仿真软件等方面进行了简单介绍,旨在让读者有初步的了解,与电路仿真有关的很多内容并没有涉及,如模型的导入、模型的转换、仿真误差的分析、热仿真分析、与 FPGA 的协同仿真等。软件的更新速度很快,加上公司重组或并购,不少软件也在不断地更名,用户可在生产厂商的官方网站查找最新版软件。

参考文献

[1] 康华光,张林.电子技术基础模拟部分[M].7版.北京:高等教育出版社,2021.

[2] 童诗白,华成英.模拟电子技术基础[M].5版.北京:高等教育出版社,2015.

[3] 马建国等.电子系统设计[M].北京:高等教育出版社,2004.

[4] 冯军,谢嘉奎.电子线路:线性部分[M].5版.北京:高等教育出版社,2010.

[5] 瞿安连.应用电子技术[M].北京:科学出版社,2003.

[6] 周仲.家用电子线路手册[M].上海:上海科学技术文献出版社,1996.

[7]《无线电》编辑部.无线电制作精汇[M].北京:人民邮电出版社,2001.

[8] 张友汉.电子爱好者电子线路设计应用手册[M].福州:福建科学技术出版社,2000.

[9] 张肃文.高频电子线路[M].5版.北京:高等教育出版社,2009.

[10] 路勇.电子电路实验及仿真[M].2版.北京:清华大学出版社,2010.

[11] 罗杰,谢自美.电子线路设计·实验·测试[M].4版.北京:电子工业出版社,2008.

[12] 杨翠娥.高频电子线路实验与课程设计[M].哈尔滨:哈尔滨工程大学出版社,2001.

[13]《数字通信测量仪器》编写组.数字通信测量仪器[M].北京:人民邮电出版社,2007.

[14] 楼才义,徐建良,杨小牛.软件无线电原理与应用[M].2版.北京:电子工业出版社,2014.

[15] 包伯成.混沌电路导论[M].北京:科学出版社,2013.